"十二五"国家重点图书出版规划项目

防灾减灾技术丛书

农村综合防灾减灾对策与措施

丛书主编　宋波

苏经宇　田杰　刘朝峰　编著

U0363774

中国水利水电出版社
www.waterpub.com.cn
·北京·

内 容 提 要

　　本书为"防灾减灾技术丛书"分册之一,该丛书由国内防灾减灾领域科研一线的中青年专家学者编写。本书全面总结了农村综合防灾减灾领域的最新理论研究与技术实践,共分为8章,包括:绪论、农村灾害成因与特征、农村综合防灾减灾的管理对策、农村综合防灾减灾规划体系、农村综合防灾减灾的工程措施、农村综合防灾减灾的监测预警、农村灾害应急救援与恢复重建、我国地方农村抗震减灾的经验。

　　本书适合防灾减灾专业相关科研、工程人员参考借鉴,也可为政府管理人员作出相关合理决策提供支持,亦可作为相关专业院校师生教辅使用。

图书在版编目(CIP)数据

　　农村综合防灾减灾对策与措施 / 苏经宇, 田杰, 刘
朝峰编著. -- 北京 : 中国水利水电出版社, 2016.12
　　(防灾减灾技术丛书)
　　ISBN 978-7-5170-5070-4

　　Ⅰ. ①农… Ⅱ. ①苏… ②田… ③刘… Ⅲ. ①农村—
灾害防治 Ⅳ. ①X4

中国版本图书馆CIP数据核字(2016)第322158号

书　　名	防灾减灾技术丛书 **农村综合防灾减灾对策与措施** NONGCUN ZONGHE FANGZAI JIANZAI DUICE YU CUOSHI	
作　　者	丛书主编 宋　波 苏经宇　田杰　刘朝峰　编著	
出版发行	中国水利水电出版社 (北京市海淀区玉渊潭南路1号D座　100038) 网址:www. waterpub. com. cn E - mail: sales@waterpub. com. cn 电话:(010) 68367658 (营销中心)	
经　　售	北京科水图书销售中心 (零售) 电话:(010) 88383994、63202643、68545874 全国各地新华书店和相关出版物销售网点	
排　　版	中国水利水电出版社微机排版中心	
印　　刷	北京纪元彩艺印刷有限公司	
规　　格	203mm×253mm　16开本　13.5印张　316千字	
版　　次	2016年12月第1版　2016年12月第1次印刷	
印　　数	0001—2000册	
定　　价	**35.00元**	

凡购买我社图书,如有缺页、倒页、脱页的,本社营销中心负责调换

在我国，农村地区的人口数量和土地面积都很大，孕灾环境和致灾因子复杂多样，导致农村地区是自然灾害频繁发生的地方，也是自然灾害严重威胁的对象。随着人类跨入 21 世纪，社会经济的发展将会达到更高水平，自然灾害的威胁也与日俱增。因此，开展农村地区的防灾减灾对策研究迫在眉睫。

为了使农村地区的民众及专业防灾人员能够较为系统地了解农村地区的防灾减灾基本知识、防灾技术与对策等，我们于 2012 年开始组织编写《农村综合防灾减灾对策与措施》一书。本书共分为 8 章内容，包括绪论、农村灾害成因与特征、农村综合防灾减灾的管理对策、农村综合防灾减灾规划体系、农村综合防灾减灾的工程措施、农村综合防灾减灾的监测预警、农村灾害应急救援与恢复重建及我国地方农村抗震减灾的经验。

本书由北京工业大学苏经宇教授主编，北京工业大学田杰副教授、河北工业大学刘朝峰讲师担任副主编。全书由苏经宇教授统稿。

由于防灾减灾涉及的专业知识面很广，学科交叉性强，而且每种自然灾害及其防御技术均有各自较为庞大的体系，在有限的篇幅内想要全面覆盖防灾知识、详细阐述防灾技术，相当困难。因此，本书在内容取舍、防灾技术阐述等方面难免存在不足，甚至不当之处，特恳请读者多加批评指正，以便今后修订完善。

本书在编写过程中，参考引用了大量的科技论文、著作、技术标准、新闻图片等文献资料，在此特向各位被引用文献的科技工作者表示衷心的感谢。如若本书各章所列参考文献有遗漏，则请其作者给予指正和谅解。

本书在编写出版过程中，还得到了中国水利水电科学研究院和中国水利水电出版社的大力支持，特此一并表示感谢。

作　者

2016 年 8 月

目 录
Contents

第1章 绪 论

农村是以从事农业生产为主的人口聚居地区，包括乡镇体制下所有村庄的地域范围。因此，农村与城镇有着本质区别，又有着多种联系。农村地区覆盖面广，涉及的灾害种类多样，导致农村地区的灾害形势相当严峻，给农村地区的防灾减灾建设提出了挑战。

1.1 城镇与农村的内涵及特点

1.1.1 城镇与城市的内涵

目前，关于城镇和城市的内涵、关系界定主要有三种不同的观点[1]：

（1）"城镇"包含"城市"。城镇包括城市和建制镇，而城市包括建制市的市区。城市与城镇之间是一种所属关系[2]，如图1.1（a）所示。"城镇化"体现了城市化的主张和乡镇化的导向[3]。

（2）"城镇"并非"城市"。城镇是指建制镇镇区，而城市是建制市的市区，它们是不相容的关系[4-5]，如图1.1（b）所示。"城镇化"是"城市化"的起始阶段[6]。

（3）"城镇"等同"城市"。镇是规模较小的城市；将"镇"归入"城市"的范围，将其统一称为城市[7-10]。它们之间是一种全同关系[11]，如图1.1（c）所示。城镇化等同于城市化。

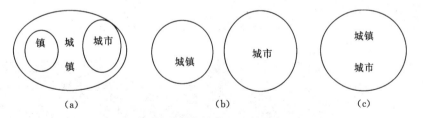

| (a) | (b) | (c) |

图1.1 城镇与城市的关系（刘冠生，2005）

1.1.2 乡村与农村的内涵

关于乡村与农村的内涵、关系界定主要有两种观点：

（1）"乡村"包含"农村"。乡村是由乡（集镇）和村庄（农村）构成，农村是乡村的主体[12,13]。它们是一种所属关系[16]，如图1.2（a）所示❶。

---

❶ （国统字〔2006〕60号）《关于统计上划分城乡的暂行规定》，2006.
　（国统字〔1999〕114号）《关于统计上划分城乡的规定（试行）》，1999.

（2）"乡村"等同"农村"。乡村包括集镇及其周边村落，它是与"城市"和"建制镇"相对应的概念[16-18]。农村是指以农业生产为主体的地域，城镇以外的地域。它们是一种全同关系[19-21]，如图 1.2（b）所示。

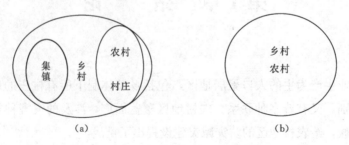

图 1.2 乡村与农村的关系（刘冠生，2005）

1.1.3 我国农村主要类型

（1）按照地理位置将农村分为：平原农村、水乡农村、山地农村、高原农村、沿海农村等，如图 1.3 所示。

（a）平原农村　　　　　　　　　　　（b）水乡农村

（c）山地农村　　　　　　　　　　　（d）高原农村

图 1.3 农村类型

（2）按照发展阶段将农村分为：既有农村、新建农村、灾后重建农村等。

（3）按照交通线路将农村分为：沿线式农村、围点式（中心式或核心式）农村、网络式农村、自由散落式农村等。

1.1.4 我国农村主要特点

（1）分散性。我国农村的分布范围比较广，比较分散，尤其在边远山区这种分散性更为明显，农村间的联系也较弱。在经济较发达的一些平原地区，农村由于发展需要渐渐出现了互相融合的现象，农村之间道路的畅通使其联系逐渐紧密，促进了农村的发展进步，增强了农村之间的合作。

（2）数量多，规模小。据第六次人口普查结果现实，我国有约 50.32% 的人口仍旧居住在农村。农村分布比较零散，多数农村的规模比较小。

（3）群体性。一个地区的多个农村往往以集镇为功能中心组成一个发展群体，农村居民的日常生活均在村里，但集镇在工业、商业、医疗等生活设施上的优势使村民与其联系紧密。

（4）住宅功能多样。对城市来说，居住建筑只有单一的居住、生活的功能。但农村住宅不仅可满足村民日常居住生活需求，还有生产功能。

1.2 灾害系统及其基本概念

1.2.1 灾害的形成与发展

根据区域灾害系统论[22-26]的观点，自然灾害系统是由孕灾环境、承灾体、致灾因子和灾情共同组成具有复杂特性的地球表层变异系统，它是地球表层系统的重要组成部分。其中，灾情是孕灾环境、承灾体和致灾因子共同作用的产物，其程度由孕灾环境的稳定性（敏感性）、致灾因子的风险性以及承灾体的脆弱性共同决定的。区域灾害系统各组成部分间的相互作用关系及概念模型如图 1.4 所示。

区域自然灾害系统（D_s）的结构体系是由孕灾环境（E）、致灾因子（H）、承灾体（S）复合组成的，即 $D_s = E \cap H \cap S$，如图 1.5 所示。同时，该系统还表明了致灾因子、承灾体与孕灾环境在灾害系统中的作用具有同等的重要性。其中，致灾因子（H）是自然灾害产生的充分条件，承灾体（S）是放大或缩小自然灾害的必要条件，孕灾环境（E）是影响致灾因子（H）和承灾体（S）的背景条件。

由区域灾害系统理论分析可知，区域自然灾害的发生和发展是由孕灾环境、致灾因子和承灾体 3 个子系统中相互作用而形成，其相关关系如图 1.6 所示。这三种因素在不同时空条件下，对灾情形成的作用会发生改变。

自然灾害经历孕育和发展演化等过程而构成一个周期，一般由孕育期、潜伏期、预兆期、爆发期、持续期、衰减期和平息期 7 个阶段构成。但是各种或各次自然灾害的各阶段持续时间、表现形式和灾情严重程度等都不完全相同，每个自然灾害过程，时间有长短、灾害有轻重，具体由各灾种而定[27]。自然灾害的形成过程如图 1.7 所示。

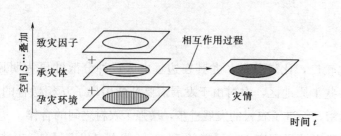

图 1.4 区域自然灾害系统概念模型图（潘耀忠，1997）

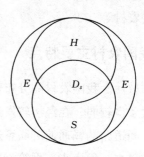

图 1.5 灾害系统的结构（史培军，2005）

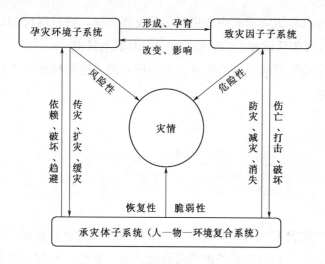

图 1.6 自然灾害形成机制

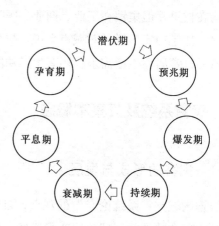

图 1.7 自然灾害形成过程

1.2.2 灾害的概念及构成

灾害是致灾因子（事件）和易损性（脆弱性）共同作用造成人员伤亡和财产损失的过程，具有社会性、破坏性、突发性、连锁性等特点，可用下式表达[28-29]：

$$灾害 = 致灾因子 \times 易损性$$

其中，致灾因子是造成生命损失、财产损失和环境破坏可能的威胁事件，它是形成灾害的主要原因。一般而言，致灾因子可分为三大类。

（1）自然性因子，包括突发性的台风、大暴雨、泥石流、火山爆发、地震等，以及缓慢性的干旱、沙漠化等，由其引发的灾害称之为自然灾害。

（2）技术性因子，包括火灾、爆炸、交通事故、环境污染等，由其引发的灾害称之为人为灾害。

（3）社会性因子，如战争、骚乱、凶杀、恐怖袭击等，由其引发的灾害称之为社会灾害。

易损性是指对能引发灾害的事件的敏感程度，又称为脆弱性，它是承灾体的本质属性。一个区域脆弱性越大，其致灾因子的不利影响程度越大，发生灾害后损失程度越大。城镇或乡村易损性是指城镇或乡村在面临致灾因子威胁时，其受到伤害或损伤的程度或敏感性，它反映了城镇或乡村对灾害的承受能力和敏感性。

一般来说，并不是所有致灾因子的出现就会引发灾害事件，而是只有当致灾因子和易损性并存时才能发生灾害事件。如地震发生在无人区，不管地震强度多大，由于其影响范围内没有任何人员和财产，都不会造成严重的地震损失和人员伤亡。

自然灾害则是因自然作用而形成的灾害总称，是指各种自然变异作用（包括自然变异作用和人为诱发变异作用）对人类的生存与发展造成的危害，是致灾作用与受灾对象（人、物、设施等）相遇的结果。

1.3 农村灾害形势

1.3.1 农村灾害种类多样

我国特殊的地理位置，强烈的地壳运动，多山的地形，不稳定的季风气候等因素导致区域孕灾环境复杂，致灾因子种类多样，进而可能引发重大自然灾害。而我国农村占国土面积的绝大部分，农村灾害形势恶劣，严重威胁着我国农村人民的生命财产安全。农村灾害呈现种类多样，群发性、连发性、损失严重等特征。因此，我们应该高度重视农村防灾减灾工作。

1.3.2 农村灾害损失严重

我国农村是受地震灾害影响最严重的地区，农村地震灾害危险性远大于城市市区，其中西藏、新疆、云南、青海、甘肃、四川等西部省（自治区）地震发生最为频繁。而我国农村居民的住房仍多以砖、木、土、石承重结构类型为主，且只考虑重力荷载，不懂得如何考虑地震等水平作用影响，导致抗震能力低。地震灾害对农村的破坏主要是毁坏农村民房，造成重大生命和财产损失。这些地区大部分位于山区、丘陵戈壁等地区，容易引发泥石流、崩塌滑坡、堰塞湖等次生灾害，灾后救援难度很大。

我国东部地区洪灾发生的频率大于西部区域，尤其是从辽东半岛、辽河中下游平原，并沿燕山、太行山、伏牛山、巫山至雪峰山等一系列山脉以东地区，以及南岭以南西江中下游地区，洪灾造成农村地区受损严重；而山地丘陵地区洪灾破坏力很大，极易诱发崩塌滑坡、泥石流等地质灾害，对农村的建筑物和人员冲击大，造成的灾害损失更严重。

由于我国农村的房屋建筑耐火等级较低，村内防灾布局不合理，消防设施落后，村民的防灾意识淡薄等原因，造成近年来我国农村的火灾频繁发生，而且呈上升趋势，对我国农村的造成的损失日趋严重。

1.4 农村综合防灾减灾

1.4.1 农村防灾存在的问题

近年来我国农村防灾减灾取得了一定的成效，但是仍然存在许多缺陷，需要进一步改善和提高，以确保农村的防灾减灾工作进展顺利和农村安全健康、可持续发展。

1. 缺乏农村防灾减灾规划与建设方面的法律法规

虽然我国在防灾应急方面的法律体系建设取得了长足的进步，但是同日、美等先进国家相比，我国的防灾应急法律体系还相对不健全。目前实施的《建筑抗震设计规范》（GB 50011—2010）、《中华人民共和国防震减灾法》《中华人民共和国城市规划法》等很多法律和规范主要是针对城市建立起来的一整套技术标准体系，在农村方面尚不完备，更没有一部专门针对农村防灾减灾的法律法规，只是在一些标准中有所涉及。所以，在规划的编制过程中很多问题都没有严格的法律依据。大多数小城镇没有防灾减灾管理，抗震防灾规划、防洪规划、消防规划等或是没有编制，或是落实不到位，灾害隐患严重。

2. 农民防灾意识薄弱，缺乏必要的防灾知识

由于农村民房是自主建造，何时建造，采用何种结构型式、何种建筑材料等，完全由房主根据自己的经济状况、传统习惯等因素与建筑工匠议定，建房用料的随意性大、传统观念强，给农村房屋带来相当大的灾害隐患。如大多数农民不知道在地震地区应对房屋进行抗震设防，不了解抗震防灾技术措施。另外农村居民的防灾减灾意识十分薄弱，自我保护和救助能力较差。虽然我国自然灾害频繁发生，但对农村居民的风险防范意识教育远远不够，大多数农村居民缺乏必要的防灾救灾常识，往往造成不必要的伤亡和财产损失。

3. 建筑防灾标准较低，房屋抗震水平有待提高

受经济水平和自然条件的约束，我国西南、西北和华北等一些地震高发地区的农村普遍缺乏砖、石、木材甚至砂子等房屋的主体建筑材料。并且，居民房屋在设计、建筑等方面存在许多问题，房屋抗震性能与城市房屋相差悬殊。

4. 灾前投入资金少，重灾后重建，轻灾前预防

目前国家的财政在救灾救助上投入经费较多，而预防资金较少。资金投入主要是用于灾后恢复重建，而不注重将资金用于灾前对房屋采取抗震措施，没能提高农村房屋的抗震能力。另外，防灾减灾资金不足且城乡分配不均，削弱了农村抵抗自然灾害的能力。

5. 缺少管理约束机制

在目前农村居民修建个人住房的审批手续中，各级管理部门对农村个人建房的审批重点是新建房屋是否占用耕地，对房屋本身并没有任何相关抗震性能的要求规定，也不存在房屋抗震设计的监督审批手续。尽管上述建筑抗震设计规范并不只是针对城市建筑物，但是由于农村个人住房缺乏相应的监督管理体系和管理机构，规范在我国农村无法实行，农村住房也不可能达到其相应的抗震设防等级。

1.4.2 农村灾害的防灾管理

灾害防御管理是试图通过对灾害进行系统的观测与分析，改善有关灾害防御、灾害减轻、灾害准备、灾害预警、灾害响应和恢复对策的一门应用科学。从组织、物资、预警和公众意识等各方面对致灾因子和承灾体采取预防、防御措施，最大限度地减小灾害风险[30]。

一般来说，不同主体在防灾管理中关注的角度不同，防灾管理的方式也会不同。科学界关注的是致灾因子，如一些国家应用地理信息系统，提高了对自然致灾因子监测和预测的能力；而民政部门更关注所辖社区的易损性，通过建立区域内灾害信息数据库，可根据易损性特征，对各种致灾因子采取不同的防御措施。

（1）防灾管理的主要方式如下[31]。

1）行政管理：通过行政手段指挥与协调减灾行为。

2）法律管理：通过法律强制地限制与杜绝人们的致灾行为，保护减灾行为。

3）商业性管理：对灾害或减灾的科技资料、通信线路、能源等的使用进行有偿管理。

4）条件控制性间接管理：指通过经济手段或其他非强制手段，创造一个有利于减灾而不利于致灾行为的环境，并鼓励人们积极参与减灾。

5）引导性管理：采用新闻引导、心理引导、决策引导、减灾知识培训等方式进行灾害防御管理。

6）科技制约性管理：如大型抗灾工程的位置、规模、投资等，地震预报的发布等，虽然最终表现形式为行政或法律管理，但其前期的科学研究与论证对有关决策以及管理方式都具有决定性作用。

7）协商、协助或指导性管理：某些减灾行为是社会公益性事业，参加者一般处于自愿。

（2）灾害防御管理的内容。主要包括灾害目标管理、灾害过程管理、减灾项目管理与减灾智能管理4类[32]。

1）减灾目标管理主要包括减灾中长期规划管理、减灾短期计划管理和减灾应急预案管理。

2）灾害过程管理主要包括灾害的监测、预报、预防、抗御、救助与灾后重建6个环节。

3）减灾项目管理主要包括减灾研究开发项目管理、减灾工程建设项目管理、减灾信息与通信系统管理以及减灾宣传教育培训管理。

4）减灾职能管理主要包括减灾战略决策与对策管理、减灾方针政策管理、减灾立法执法管理、减灾机构人员管理、减灾经济与效益管理等内容。

农村综合防灾减灾应在灾害管理内容、方式、手段等多个方面进行，构建完善健全的农村防灾减灾体系。立足于各类灾害的预防和治理，将灾害的预防、预警、救治和灾后重建纳入到一个完整的体系中，这个体系涉及防灾减灾的各个方面，如灾情的早期预防、灾情的监测和预警、群众性灾害防治的知识与技能的宣传、灾害救治决策层的建立、救灾物资的储备、救灾人员的调集与分配、灾民心理的抚慰、次生灾害的防治等。

这个体系将灾害的预防与救治的各个环节纳入到了一个一体化的管理系统中，克服了传统的单纯为了救灾而忽视灾害的预防预警和防灾减灾体系的系统化与制度化建设的弊端，并能够有效地调动一切可以动用的资源用于防灾减灾。这个体系有别于传统的救灾方法，它融入了先进的管理制度和技术手段，突出了以人为本的理念，将更好地服务于民众和社会，也将更有效地提升全国农村防灾减灾总体水平[33]。因此，农村防灾减灾体系的构建，必将有利于提高农村防灾减灾的能力和水平，使农村有较强的抗灾能力。

1.5 农村综合防灾对策

在城镇综合防灾建设方面，规划发挥着举足轻重的作用，特别是近几年我国城市人口密度的不断增加，不断追求经济的稳定发展，使防灾规划处于不被重视的地位。而占国土面积较大的广大农村地区，更是综合防灾最薄弱的区域，也是自然灾害高发的地区。一些农村盲目追求经济发展，严重忽略了防灾减灾的战略任务，使农村承受灾害的能力愈加脆弱[34]。基于上述思考，结合农村特殊的地理位置、灾害的多样性和各种灾害特征，对农村防灾减灾体系的建立进行初步的探讨，提出农村防灾减灾基本对策，对防灾的关键节点与系统的稳定发挥积极作用，为农村的经济建设和社会稳定发展提供帮助。

1.5.1 农村综合防灾减灾体系的框架

1. 基本原则

农村综合防灾减灾体系的构建应遵从以下几条原则：

（1）坚持以防为主，防、抗、避、救、治相结合，大力开展减灾建设，不断增强减灾综合效益。打破传统的救灾思维模式，采取更加积极有效的措施，把被动应对自然灾害变为主动防灾减灾，把更多的资金投到防灾减灾设施建设和防灾减灾体系建设上，最大限度地减少灾害损失。

（2）坚持政府统一领导，统一规划，分级管理，分工合作。强化组织领导，广泛发动群众，组织社会力量参与，调动一切积极因素，充分发挥各级政府和各行各业积极性，群防群治，共同减灾。

（3）坚持统揽全局，突出重点，兼顾一般。集中有限的资源和资金，解决减灾中的重大问题；加强重点减灾工程建设和重点地区的综合减灾工作；将减灾工作与生态环境保护和建设相结合，逐步改善生态环境。

（4）坚持科技减灾，充分发挥科技在减灾中的作用。加强减灾基础和应用科学研究，加快科技成果转化为实际减灾能力的进程，逐步应用高新技术，全面提高综合减灾能力；将普及教育和专业教育相结合，面向社会广泛开展减灾宣传，提高市民减灾知识水平，增强减灾风险防范意识。

（5）坚持依法减灾，依法治灾。建立减灾工作地方行政法规体系，健全和完善各项管理制度，使减灾工作实现规范化、制度化。

（6）坚持自力更生为主，国家扶助为辅。不断提高人民的生活水平，增强民众自防自救和抵御自然灾害的能力，积极探索在社会主义市场经济条件下减灾工作的有效途径和方法。

2. 基本框架

结合农村综合防灾减灾的经验和基本原则，从灾害发生时序和防、抗、救、治等多方面入手，构建了农村综合防灾减灾体系的基本框架，如图1.8所示。

（1）防灾减灾规划：地震、火灾、洪灾、风灾、雪灾、地质灾害等防灾规划，防灾基础设施规划。

（2）建筑抗灾措施：农村房屋建筑的地震、洪灾、火灾、地质灾害等防御工程措施。

（3）灾害监测预警：农村灾害的监测预警、信息发布形式等。

（4）应急救援与恢复重建：农村灾后应急救援响应、启动和救灾对策，灾后恢复、重建规划措施。

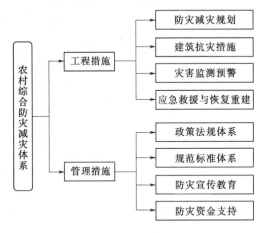

图1.8 农村综合防灾减灾体系基本框架

（5）政策法规体系：涉及农村防灾减灾的法律、法规、规章、制度等防灾依据文件。

（6）规范标准体系：涉及农村防灾减灾的技术标准体系。

（7）防灾宣传教育：农村防灾减灾宣传、教育与培训措施。

（8）防灾资金支持：安排专项资金支持农村防灾减灾建设。

1.5.2 农村综合防灾减灾体系的内容

根据农村综合防灾减灾体系的基本框架，梳理各个防灾减灾分项的主要内容或基本对策[35-38]，见表1.1。

表1.1   农村防灾减灾体系的主要内容

项 目	农村防灾减灾体系的主要内容与对策
防灾减灾规划	针对各灾种编制农村防灾减灾规划，给出各防灾减灾规划的规划内容、要求和要点
建筑抗灾措施	依据相关规范标准，梳理出农村房屋建筑对不同灾种的抗灾设计和加固措施
灾害监测预警	加强监测体系的建设。实行固定监测和流动监测相结合、传统监测与现代监测相结合、专业监测和群众相结合，对区域灾害实施全方位、多角度、立体式监测。对严重威胁农村安全的中小河流及地质灾害多发区要加强监测台、站、网、点的建设，建立以主管部门为中心、专业检测台站为主体、广大群众和社会各界积极参与的监测网络。对重点路段、重点工程、重点部位、重大隐患要加密监测，彻夜值守，防患于未然。 加强预警体系建设。各地要广泛采用广播电视、互联网、电话传真、报纸杂志、高音喇叭、手机群呼、鸣锣示警等有效形式，将重大灾害性天气、地质灾害、防洪防汛、防雹防雷、防疫防火等信息以最快的速度发送到公众。要重点关注警报盲区和老、弱、病、残、幼人群，让这部分地区和这部分人及时知晓灾害前兆信息。要将防御指南告之公众，让他们知道如何面对灾难

续表

项 目	农村防灾减灾体系的主要内容与对策
应急救援与恢复重建	实施应急救援救助。自然灾害发生后，要按照属地管理、分级响应的原则及时启动自然灾害应急预案，高效有序地开展应急处置工作。紧急疏散转移险区群众，搜救失踪和被困人员。对因灾转移出来的受灾群众，各地必须在24小时内为他们提供食品、衣被、帐篷等生活必需品。 规划周密。要统筹规划，分轻重缓急，制定切实可行的重建方案。要列出时间表，倒排工期，抓紧城乡供水、供电、供气、交通、通信、广播电视工程恢复。做好校舍排险和恢复工作，确保学生正常上学。加强卫生监测检查、环境清理等工作，确保灾区饮水卫生、食品卫生、环境卫生，灾后无疫。 完善机制。要切实加强对灾后恢复重建工作的领导，健全完善政府统一领导、属地管理、分级分部门负责的灾后恢复重建工作机制。要成立专门的灾后恢复重建领导小组，负责灾后重建工作的组织协调和重大问题解决。要建立领导责任制，签订责任书，层层落实责任
政策法规体系	依据现有的涉及农村防灾减灾的法律法规、政策方针等文件，推出各地适用的法规细则，提高法规的可操作性。结合本地灾害现状，综合考虑村民的经济水平、当地建材及习惯做法，修改并完善通用设计图集，力求简明扼要、操作性强，提高其在建房中的可接受度；尽快出台地方规划法规，杜绝宅基地区域批复，细化相关要求如房屋间距，建筑密度等；出台对农村工匠的资格审核的方法，杜绝无证施工，保证施工质量；出台对村民采取防灾措施的鼓励政策，提高村民在防灾上的积极性
规范标准体系	建立一整套各灾种的农村防灾减灾规划标准体系，使得农村的防灾减灾规划能够有据可依，有规可循，使得农村的防灾减灾规划编制工作逐步走向正规化
防灾宣传教育	规范农村建筑防灾减灾工作，加强对农村施工人员的专业培训。针对目前农村施工人员缺乏建房专业知识，凭经验施工以及缺乏防灾减灾意识等问题，组织对农村工匠的定期培训，普及专业民房建设技术，提高他们的专业能力，特别加强在重点环节的培训如图纸阅读、质量控制、基础开挖、墙体砌筑、楼板屋架安装、砂浆混凝土搅拌等，培养整个建房过程中的防灾意识，增强房屋抗震、抗雹、抗风、抗火以及防雷的能力，从而提高农村住房质量和安全水平。 做好防灾减灾的科普宣传教育工作，使广大群众了解和掌握基本的灾害知识，使他们了解灾害的发生原理、机制和发展过程，不同发展阶段的不同表现。使他们可以在灾害防御和灾害发生时有所作为，还能使人民群众意识到灾害离我们并不遥远，从而增强防灾减灾的责任感和自觉行为。同时，在宣传教育中普及灾害中的自救和互救常识，普及和提高群众救生的知识和技能
防灾资金支持	增大投入。目前，中央对地方的救灾补助主要有：灾民生活救济费、卫生救灾经费、防汛抗旱经费、汛前应急度汛经费、水毁道路补偿经费、文教行政救灾补助经费、农业救灾经费和恢复重建补助经费等。地方政府专门安排了救灾专项资金，并明确规定在遭受重大、特大自然灾害后，根据需要可以动用财政预备费。今后，要进一步发挥受灾群众和企业的投入主体作用，将公共财政更多地向农村防灾救灾建设倾斜，落实相关税费减免政策，探索救灾资金补助灾民的有效做法，建立多层次、多渠道、多形式的帮助灾区恢复生产、重建家园的救灾投入机制

本 章 参 考 文 献

［1］ 程前昌．乡村（农村）、城镇（城市）与区域（空间）之间的内涵关系辨析［J］．资源环境与发展，2010，（3）：15-20.

［2］ 刘冠生．城市、城镇、农村、乡村概念的理解与使用问题［J］．山东理工大学学报（社会科学版），2005，21（1）：54-57.

［3］ 俞宪忠．是"城市化"还是"城镇"化——一个新型城市化道路的战略发展框架［J］．中国人口·资源与环境，2004，14（5）：86-90.

［4］ 中国大百科全书出版社简明不列颠百科全书编辑部．简明不列颠百科全书［M］．北京：中国大百科全书出版社，1985.

［5］ 周加来．城市化、城镇化、农村城市化、城乡一体化——城市化概念辩析［J］．中国农村经济，2001（5）：

40 -44.

[6] 赵春音 . 城市现代化：从城镇化到城市化 [J]. 城市问题，2003 (1)：81 - 85，6 - 12.

[7] 中国大百科全书总编辑委员会《中国地理》编辑委员会 . 中国大百科全书·地理卷 [M]. 北京：中国大百科
全书出版社，1990：32 - 37.

[8] 冯俊 . 中国城市化与经济发展协调性研究 [J]. 城市发展研究，2002，9 (2)：24 - 35.

[9] 刘伟德 . 推进我国人口城市化进程的若干建议 [J]. 城市规划，2000，24 (11)：25 - 28.

[10] 周世祥 . "城市"概念若干问题质疑 [J]. 西昌师专学报，1998 (2)：1 - 4.

[11] 孔凡文，许世卫 . 论城镇化速度与质量协调发展 [J]. 城市问题，2005 (5)：58 - 61.

[12] 秦志华 . 中国乡村社区组织建设 [M]. 北京：人民出版社，1995，2 - 3.

[13] 陈勇，陈国阶 . 对乡村聚落生态研究中若干基本概念的认识 [J]. 农村生态环境，2002，18 (1)：54 - 57.

[14] 张小林 . 乡村概念辨析 [J]. 地理学报，1998，53 (4)：365 - 371.

[15] 杨懋春 . 近代中国农村社会之演变 [M]. 台北：巨流图书公司，1980，49 - 58.

[16] 祝怀刚 . 农村城镇化研究述评 [J]. 山地农业生物学报，2005，24 (5)：448 - 452.

[17] 周如昌 . 对我国乡村城镇化的一些看法 [J]. 中国农村经济，1985 (12)：1 - 8.

[18] 杨建军 . 关于逆城市化的性质 [J]. 人文地理，1995，10 (1)：28 - 32.

[19] 王小伟，朱红梅 . 我国与发达国家的逆城市化现象对比分析 [J]. 资源开发与市场，2006，22 (4)：353 -355.

[20] 史培军 . 论灾害研究的理论与实践 [J]. 南京大学学报（自然科学版），1991 (11)：37 - 42.

[21] 史培军 . 再论灾害研究的理论与实践 [J]. 自然灾害学报，1996，5 (4)：6 - 17.

[22] 史培军 . 三论灾害系统研究的理论与实践 [J]. 自然灾害学报，2002，11 (3)：1 - 9.

[23] 史培军 . 四论灾害系统研究的理论与实践 [J]. 自然灾害学报，2005，14 (6)：1 - 7.

[24] 史培军 . 五论灾害系统研究的理论与实践 [J]. 自然灾害学报，2009，18 (5)：1 - 9.

[25] 张继权，刘兴明，严登华 . 综合灾害风险管理导论 [M]. 北京：北京大学出版社，2012.

[26] 孟庆楠 . 灾害及灾害管理研究评价 [J]. 辽宁气象，2002，(3)：42 - 43.

[27] 张继权，冈田贤夫，多多纳裕一 . 综合自然灾害风险管理 [J]. 城市与减灾，2005，(2)：2 - 5.

[28] 马玉宏，赵桂峰 . 地震灾害风险分析及管理 [M]. 北京：科学出版社，2008.

[29] 贤武 . 灾害管理的 7 大方式 [J]. 新东方，2003 (2)：10.

[30] 刘波 . 具有中国特色的灾害管理模式初探 [J]. 国土资源科技管理，2000 (1).

[31] 勒培杰 . 探析中国地方政府防灾减灾体系的构建 [J]. 经济研究导刊，2011 (21)：200 - 201.

[32] 孙长征，马福生，周静海 . 浅析散落居民点村庄的综合防灾规划 [J]. 小城镇建设，2010 (9)：54 - 57.

[33] 刘柳 . 农村防灾减灾规划对策研究与震害预测评价 [D]. 广州：广州大学，2011.

[34] 刘柳，冼巧玲 . 农村防灾减灾规划：一个不容忽视的问题 [J]. 小城镇建设，2010 (9)：51 - 53.

[35] 方佳军，罗敬军 . 构建五大防灾减灾体系，为社会主义新农村建设提供保障 [J]. 重庆行政，2006 (2)：
20 -22.

[36] 葛学礼，申世元，朱立新 . 农村抗震：存在问题与改进措施 [J]. 城市住宅，2008 (6)：34 - 35.

第2章 农村灾害成因与特征

在我国，乡村的范围一般是指县城以下的广大地区，包括乡镇、村庄及其所管辖的行政区域[1-3]。2006 年，中国城市建成区面积为 3.37 万 km^2，加上建制镇镇区用地面积也不足 6 万 km^2，余下的乡村地域占全国国土面积的 99.38%；2006 年中国的乡村人口占到总人口的 56.1%[4]。目前，中国仍有 7.13 亿农村人口以及上百万个村落与集镇，农村人口占全国总人口的比重仍高达 53.4%，农村聚落依然是中国人口的主要聚居形式[5]。可见，乡村复合承灾体呈现区域性特征，它的地域面积大，覆盖范围广。

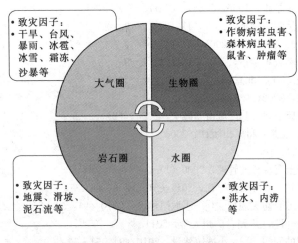

图 2.1 孕灾环境与致灾因子图

中国地势从海拔 8000 多 m 到海平面有着三大台阶的跨越[6]，沟壑纵横，山势陡峭。水系地域分布也极不均匀，外流流域面积占全国总面积的 64%，多处于湖泊周围低洼地和江河两岸及入海口地区；而内流流域占全国总面积的 36%，多位于西北山地，河道淤浅，雨季都易泛滥成灾[7]。我国处于欧亚地震带和环太平洋地震带交界处，绝大部分地区被地震区和地震带所覆盖[8]，全国共分为 10 个地震区，其中包括 23 个地震亚区，这些亚区又分为 30 个地震带，这些地区地震灾害频发（图 2.3）。可以看出，在岩石圈、大气圈、水圈和人类社会环境的作用下，农村区域极易产生区域性致灾因子和诱发灾害（图 2.1）。而我国的特殊的地理位置、强烈的地壳运动、多山的地形、不稳定的季风气候等导致城乡区域的孕灾环境复杂、致灾因子种类多样，导致重大自然灾害频发，这些情况对我国农村建设防灾减灾工作提出了严峻的挑战。

受城乡"二元化"政策、制度的影响，中国乡村灾害防御研究远远滞后于城市，随着中国城乡差距的不断扩大以及乡村发展过程中建房占地与聚落空废化现象并存，农村发展无序、村庄布局散乱、基础设施落后、公共服务不足等问题的日益凸显。由于历史原因，我国城乡一直实行二元化管理，多年来防灾的重点是城市为主，农村整体抗灾设防水准较低，各种自然灾害频繁发生，造成了小灾大损现象屡屡发生。党的十七大和十八大报告中明确了促进城乡发展一体化战略，农村地区防灾减灾问题需统筹考虑。面对这种形势，如何将我国未来城镇化和城乡一体化进程中防灾工作统筹考虑，提高农村地区的防灾减灾能力，使农村致灾因素逐步减小，为农村聚落发展提供安全环境，是一个急需开展研究的课题。

2.1 农村地震灾害

地震（俗称地动），是一种自然现象，即因地下某处岩层突然破裂，或因局部岩层坍塌、火山喷发等引起的振动以波的形式传到地表引起地面的颠簸和摇动，这种地面运动称之为地震[8]。其中，地球内部造成地震发生的地方叫震源，震源在地表的投影叫震中，地面上某一地方到震中的距离称为震中距，震中附近的地区称为震中，震源至地面的垂直距离叫震源深度（图2.2）。

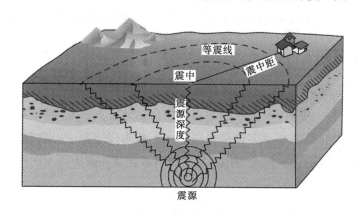

图2.2 地震构造图

地震按震源深度可分为：①浅源地震：震源深度在60km以内；②中源地震：震源深度在60~300km；③深源地震：震源深度超过300km。

地震按其成因可分为：①构造地震：由于地下深处岩石破裂、错动把长期积累起来的能量急剧释放出来，以地震波的形式向四面八方传播出去，到地面引起的房摇地动称为构造地震。这类地震发生的次数最多，破坏力也最大，约占全世界地震的90%以上。②火山地震：由于火山作用，如岩浆活动、气体爆炸等引起的地震称为火山地震。只有在火山活动区才可能发生火山地震，这类地震只占全世界地震的7%左右。③塌陷地震：由于地下岩洞或矿井顶部塌陷而引起的地震称为塌陷地震。这类地震的规模比较小，次数也很少，即使有，也往往发生在溶洞密布的石灰岩地区或大规模地下开采的矿区。④诱发地震：由于水库蓄水、油田注水等活动而引发的地震称为诱发地震。这类地震仅仅在某些特定的水库库区或油田地区发生。⑤人工地震：地下核爆炸、炸药爆破等人为引起的地面振动称为人工地震。人工地震是由人为活动引起的地震。如工业爆破、地下核爆炸造成的振动；在深井中进行高压注水以及大水库蓄水后增加了地壳的压力，有时也会诱发地震。

地震灾害是一种危及人类生命财产安全、破坏性极大的突发性自然灾害，它分为直接灾害和次生灾害；并且在人口密集、政治、经济、工业和科技技术发达的城市和地区造成的地震损失尤为惨重。如1976年唐山7.8级大地震，造成24万人死亡，16万多人伤残，直接财产损失达100亿元以上。地震无疑对大城市、大工矿等人口集中、建筑物密集的地区会造成巨大的损失，但我国大多数破坏性地震发生在农村地区，中国农村居民是地震灾害的最大受害者和风险承担者。据统计，1992—2005 年 14 年间在地震多发区云南省就发生了 56 次 5.0 级以上地震，有 53 次地震的震中位于农村地区，即 95％的地震极灾区分布在农村地区，其中绝大多数地震的宏观震中分布在山区农村。地震造成农村民房倒塌或局部倒塌 394 万多间，占倒塌房屋总面积的 84％；地震造成农村地区死亡 390 人，占死亡总数的 91％；农村受伤人员 3.6893 万人，占受伤总数的 97％；经济损失 65.9 亿元，占总损失的 72％。由此看来，将经济发达、人口密集的大中城市作为重点监视防御区是十分正确的和完全必要的。但在中国农村经济落后，居民房屋在设计、建设等方面存在较多问题，房屋抗震性能与城市房屋相差悬殊，地震灾害对农村造成的损失，主要是农村居民住房的破坏，约占总损失的 80％以上。因此，对居住着约 7 亿多人口的广大农村的抗震减灾问题也不得不引起社会的广泛关注。

2.1.1　农村地震灾害的成因

根据自然灾害系统理论，致灾因子强度和承灾体的脆弱性共同决定了灾情的大小。中国农村地区地震灾害发生较为频繁，而我国农村乡镇的居民住房是地震灾害最主要的承灾体，农村地震灾害主要造成的是房屋破坏。由于农村承灾体仍多以土木、砖木房屋为主，建造时只考虑重力荷载，不考虑水平地震作用，抗震能力差，因此，因房屋破坏造成的直接损失所占比例较大。

1. 农村地震致灾因素分析

将我国公元前 2300 年至 2000 年的历史强震记录按照各次地震的震中位置所在的行政单元（2000 年行政区划）类别进行分类汇总，得到表 2.1。

表 2.1　中国各行政单元发生不同次数地震的单元个数（公元前 2300 年至 2000 年，$M_s \geqslant 5$）

行政单元	发生地震次数/次 1	2～3	4～9	≥10	发生地震总次数	发生地震单元的平均发生次数
直辖市区（4 个）	2	0	1	0	10	10/3＝3.33
地级市区（259 个）	38	23	8	0	133	133/69＝1.93
县级市（400 个）	53	27	14	5	283	283/99＝2.86
县（旗）（1674 个）	259	159	87	33	1622	1622/538＝3.01
总计（2337 个）	352	209	110	38	2048	2048/709＝2.89

分析各市县、乡镇破坏性地震的发生次数，得到如下几条结论[9]：①大陆 2337 个行政单元中有 709 个单元发生过 5 级以上地震，共 2048 次；②在直辖市中，北京市区发生过 8 次，天津、重庆各 1 次，上海市区没有；③在 259 个地级市区中，有 69 个市区发生过破坏性地震，占单元总数的 27％；④在直辖市和地级市市区，历史上共发生过 143 次 5 级以上的地震，仅占总发生次数的 7％；⑤剩余的 1905 次，约 93％的破坏性地震则都是发生在 538 个县级市和县（旗）单元上，占其单元总数的 32％，这些单元近 800 年来的平均发生地震次数为 2.86 次、3.01 次；⑥此外，我国大陆历史上震级

$M_s \geqslant 8$ 级的强地震共有 16 次，只有 1976 年 7.8 级唐山地震发生在城市，其他的 15 次均发生在农村乡镇地区。

破坏性地震在我国每个省份的农村地区均有发生，其中影响较为严重的是表 2.2 所列的西藏、新疆、云南、宁夏、青海、甘肃等省（自治区），这些省（自治区）有 60％ 以上县（县级市）发生过 5 级及以上地震，近 10％ 以上的单元发生过 7 级及以上强地震，地震灾害是这些地区最主要的自然灾害之一。

表 2.2　　　　　　　　　　　　受地震影响的主要省份县级行政单元分析表

省　　名	西藏	新疆	云南	宁夏	青海	四川	山西	河北	陕西	山东
县和县级市单元总数	72	85	120	17	39	140	97	138	87	92
发生过 5 级及以上地震的单元数	56	65	85	12	25	61	37	42	23	21
所占比例/％	23	78	76	71	71	62	44	38	30	26
发生过 7 级及以上地震的单元数	11	17	16	4	3	13	4	4	3	3
所占比例/％	3	15	20	13	24	13	9	4	3	3

由表 2.2 分析可知[9]：①共有 637 个县级市、县（旗）发生过 5 级及以上地震，它们主要分布在我国西部地区；②有 325 个行政单元发生过 2 次以上破坏性地震，共发生了 1510 次地震；③新疆乌恰县、阿图什市、伽师县等；西藏尼玛县、班戈县；青海格尔木市等地区，是我国地震发生最为频繁的县域，在 1600—2000 年共 400 年内，平均每个县（市）发生地震的次数都在 20 次以上；④由上述数据说明地震的重发率较高，历史上发生过地震灾害的县域再次遭受地震的概率远大于没有发生过地震的地区。

根据上述中国地震灾害致灾因素分析，我国农村乡镇是受地震灾害影响最严重的地区，农村地震灾害危险性远大于城市市区，其中西藏、新疆、云南、青海、甘肃、四川等西部省区地震发生最为频繁，这些省的大部分县域都发生过破坏性地震，我国历史上 7 级以上强震也主要发生在这几个省区。

2. 农村承灾体分布特点

据国家统计局对农村居民的住房情况[9]：①农民人均纯收入高的省份，住房面积较大，钢筋混凝土结构房屋比例也相对较大，尤其是沿海省、直辖市，如上海市、浙江省、江苏省等。例如浙江省农村居民人均住房面积 47.82m²，其中钢筋混凝土结构房屋 23.44m²，占住房面积 49％；砖木承重结构房屋 22.11m²，占 46％；②而在我国西部经济落后地区，砖木承重结构和钢筋混凝土结构房屋比例仍然偏少，多以土木承重结构为主。例如云南省农村居民人均住房面积 22.42m²，其中钢筋混凝土结构房屋 3.17m²，仅占 14％；砖木承重结构房屋 3.96m²，占 18％；土木等承重结构占68％；③根据我国 1990 年以来的地震灾情损失评估报告，钢筋混凝土结构大多为框架结构，还有砖混结构，其他则以土木承重结构为主。农民自建的、未经抗震设防房屋的抗震能力从大到小排序：混凝土框架结构、砖混结构、砖木承重结构、土木承重结构；④从大的地区差异来看，收入相近的地区，南方省份的住房面积、结构类型上都要好于北方地区。江南丘陵地区优于华北地区，巴蜀地区优于东北地区，云贵地区优于新疆、陕甘地区。例如内蒙古、黑龙江、吉林、新疆等北方省份

（自治区）的钢筋混凝土结构房屋面积都只占很少的比例，这种住房的南北差异与当地的气候影响有很大关系。钢筋混凝土防雨、抗水性能好。由于南方多雨，再加上台风、洪涝等其他自然灾害的影响，我国沿海各省、南方各省的农村居民房屋都愿意新建钢筋混凝土结构房屋。北方干燥、少雨，钢筋混凝土结构房屋没有太大的优势，造价相对又高。因此，即使在农民收入较高的北京、天津、河北等地区，农民房屋仍然以砖木承重结构为主。其他少数民族省（自治区），如内蒙古、新疆、西藏、青海、甘肃等省（自治区），居民多以牧业为主，对住房结构有一些特殊需求，多年的生活习俗，形成了有自己民族特色的住房。

3. 农村地震灾害灾情

在《中国大陆地震灾害损失评估报告汇编》（1990—1995 年）和 1996—2000 年版中共记录了1993—2000 年共 111 份地震灾害损失评估报告，这些损失由 109 次破坏性地震引起，其中只有 2 次发生在地级市辖区，分别为：1995 年 10 月 6 日河北唐山古冶 4.7 级地震；1996 年 5 月 3 日内蒙包头西 6.4 级地震。其他 107 次地震都发生在县区或县级市。震害主要集中在新疆、云南、青海、西藏、四川 5 个省（自治区），尤其是新疆伽师、青海共和地区发生地震次数较多。内蒙古、甘肃、宁夏、辽宁、河北、河南、山东、山西、重庆、广东、福建分别有 1～3 次破坏性地震发生[9]。这些范围涵盖了我国地震的几个频发区，这些灾情报告基本反映了目前我国农村地震损失的具体情况。

1990—2000 年我国 109 次地震灾害中，因房屋破坏造成的经济损失是最主要的部分，大多占总经济损失的 70%～90%，有的甚至为 100%，平均在 80% 左右。其中房屋损失比例最少的为 1996 年内蒙古自治区包头市的 6.4 级地震，地震造成房屋等建筑物经济损失 18.65 亿元，仅占总经济损失的 55.1%；生命线等基础设施损失 7.4 亿元，地震损坏工业设备 6029 台（套），包括大型工矿企业的生产科研设备，如精密仪器、数控机床等，直接经济损失达 7 亿元，二者损失比例总和为 42.6%。综上所述，目前我国农村乡镇的居民住房是地震灾害最主要的承灾体，农村地震灾害主要造成的是房屋破坏，这是农村地震与城市地震灾情最大的差异。

通过以上对中国农村乡镇地震致灾因子、承灾体和灾情的分析，可以得到农村地震灾害的主要特点：①中国农村乡镇发生地震的概率远远高于我国大中城市，西藏、新疆、云南、宁夏、青海、甘肃等西部农村乡镇是我国地震灾害最为严重的地区；②地震灾害对农村乡镇造成的损失，主要是农村居民住房的破坏，约占总损失的 80% 以上；③我国农村乡镇居民的住房仍多以土木、砖木房屋为主，且未经抗震设计，建造质量较差，抗震能力低。

2.1.2　农村地震灾害的特征

近年来，国内外地震灾害频繁发生，给农村、农民、农业带来十分严重的影响。绝大多数农村住房结构简易，建筑材料强度低，抗震性能差，地震中房屋倒塌、破损现象普遍，生命线工程（供排水系统、供电系统、通讯系统、交通系统）和水利设施（水库、大坝、引水渠道等）破坏严重，生命安全遭到威胁，给农村经济、社会稳定造成广泛而深重的影响。将近代国内外的强烈地震灾害案例进行总结，见表 2.3。

表 2.3 典型地震灾害案例

震　　例	灾　情　描　述
1976 年 7 月 28 日 中国唐山 7.8 级地震[10]	1976 年 7 月 28 日凌晨 3 点 42 分, 当大多数人还处在梦乡中时, 唐山地区发生的 7.8 级强烈地震, 震中烈度高达Ⅺ度; 同日 18 时 45 分, 又在距唐山 40 余 km 的滦县商家林发生 7.1 级地震, 震中烈度为Ⅸ度。 　　这次地震造成 24 万 2000 余人死亡, 16 万 4000 余人受伤; 使唐山这座人口稠密、经济发达的工业城市遭到极其严重的损失, 损失总计约为 100 亿元。 　　Ⅸ度区长轴长 10.5km, 宽 3.5~5.5km, 面积为 4.7km²; Ⅹ度区长轴长 35km, 最宽处达 15km, 面积为 370km²; Ⅸ度区长轴长 78km, 短轴长 42km, 面积约为 1800km²; Ⅷ度区长轴长 120km, 短轴长 84km, 面积约为 7270km²; Ⅶ度区长轴长 240km, 短轴长 150km, 面积约为 33300km²; Ⅵ度区大致以承德、怀柔、房山、肃宁、沧州一线为界; 破坏范围超过 30000km²; 震撼冀东, 殃及京津, 波及辽、晋、豫、鲁等 14 个省、直辖市、自治区。 　　国家地震部门以前对唐山定的建筑防震标准是抗 6 度烈度, 然而这次地震震中烈度达到Ⅸ度。显然, 对于Ⅸ度以上强烈度地震, 唐山就是一座没有设防的城市
2005 年 11 月 26 日 江西九江 5.7 级地震[11-13]	2005 年 11 月 26 日 8 时 49 分在江西九江县城门乡发生了 5.7 级地震, 之后余震发生 314 次, 该地区在中国东部属于少震区之一。 　　Ⅶ度区长轴约 24km, 短轴约 15km, 面积约 260km²; Ⅵ度区长轴约 61km, 短轴约 45km, 面积约 1800km²; 殃及到九江、南昌、上饶、抚州、宜春、景德镇、赣州等市范围内的 50 多个县 (市、区)。 　　九江、瑞昌两地抗震设防烈度为Ⅵ度, 而这次地震震中烈度达到了Ⅶ度。 　　共造成 13 人遇难, 82 人重伤, 693 人轻伤; 转移安置 60 余万人, 280 万人紧急避险, 倒塌房屋 1.8 万间, 损坏房屋 15 万多间, 大多数空斗墙承重房屋遭到较严重破坏, 直接经济损失为 203759.39 元
2008 年 5 月 12 日 中国汶川 8.0 级地震[14]	2008 年 5 月 12 日 14 时 28 分中国四川省阿坝藏族羌族自治州汶川县境内, 发生 8.0 级地震。造成近 69227 人死亡, 17923 人失踪, 8451 亿元人民币的经济损失。 　　映秀Ⅺ度区: 长轴约 66km, 短轴约 20 km, 北川Ⅺ度区: 长轴约 82km, 短轴约 15km, 面积 2419km²; Ⅹ度区: 长轴约 224km, 短轴约 28km, 面积约 3144km²; Ⅸ度区: 长轴约 318km, 短轴约 45km, 面积为 7738km²; Ⅷ度区: 长轴约 413km, 短轴约 115km, 面积约 27786km²; Ⅶ度区: 长轴约 566km, 短轴约 267km, 面积约 84449km²; Ⅵ度区: 长轴约 936km, 短轴约 596km, 面积约 314906km²; 破坏面积合计 440442km², 波及川、甘、陕、渝等 16 省 (直辖市、自治区)、417 个县 (市、区)、4624 个乡镇, 其中川陕甘三省震情最为严重。 　　此次地震还触发了 1 万多处崩塌、滑坡、泥石流、堰塞湖等地质灾害。 　　在此次地震之前, 汶川地区的抗震设防烈度为 7 度, 理论上所能抵御的大震不倒的罕遇烈度约为 8 度, 而这次地震烈度在一些地区已经达到了Ⅹ~Ⅺ度, 造成人员伤亡和经济损失极其严重
2010 年 1 月 13 日 海地太子港 7.3 级地震[15,16]	2010 年 1 月 13 日 5 时 53 分, 加勒比海岛国海地发生 7.3 级地震, 震中离海地首都太子港 15km; 据海地政府的统计, 造成了 222650 人死亡 (相当于其总人口的 2%), 310930 人受伤, 共有 403176 栋建筑物遭到破坏, 经济损失达 78 亿美元, 相当于 2009 年的国内生产总值。 　　震中烈度约为Ⅹ度, 长 105km, 宽 15km, 面积约 1575km²; Ⅸ度区长 125km, 宽 35km, 面积约 4375km²; Ⅷ度长 160km, 宽 65km, 面积约 10400km²。Ⅷ度以下区域影响范围更大

（来源: http://news.sohu.com/s2010/haidiearthquake/）

续表

震　例	灾　情　描　述
2010 年 2 月 27 日 智利康塞普西翁市 8.8 级地震[17,18]	2010 年 2 月 27 日在智利康塞普翁市东北部 91km 处发生 8.8 级地震，震源深度为 33km，造成 279 人死亡，损失达 300 亿美元。 地震影响场长轴分布方向与灾区海岸线方向平行，陆地上地震烈度（MMI）只有Ⅷ度，长约 500km，宽约 110km，面积超过 5 万 km²；本次地震的高烈度区范围较大；不仅波及 Constitucion、Tome、Parral 等多个城市，还波及包括澳大利亚、秘鲁、阿根廷等多个国家；引发的海啸冲击了一些环太平洋岛国 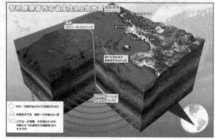 （来源：http://news.sohu.com/s2010/zhilidizhen/）
2010 年 4 月 14 日 中国玉树 7.1 级地震[14]	2010 年 4 月 14 日 7 时 49 分青海省玉树藏族自治州玉树县发生 7.1 级地震，余震不断，造成 2698 人遇难，270 人失踪，246842 人受灾，610 多亿元经济损失。 8 度破坏区集中在玉树结古镇，东西 70～80km，南北 20km 左右的区域； 此次地震还引发了崩塌、滑坡等多种地震次生灾害发生
2010 年 9 月 4 日 新西兰 克赖斯特彻奇 （基督城） 7.2 级地震[19]	当地时间 2010 年 9 月 4 日凌晨，新西兰南岛发生里氏 7.2 级地震，震中位于克赖斯特彻奇（基督城）以西 30km 处，震源深度 20km。发生多起余震，余震最高震级达里氏 5.2 级。 截至 2010 年 9 月 4 日 10 时，地震已造成 2 人重伤，另有数人受轻伤。 克赖斯特彻奇城内到处是断壁残垣，部分建筑完全损毁。多处发生天然气和自来水泄漏、电力供应中断等  （来源：http://news.sina.com.cn/z/Nz2010earthquake/）

续表

震 例	灾 情 描 述
2011年2月22日 新西兰 克赖斯特彻奇 （基督城） 6.3级地震[20]	2011年2月22日中午12时51分，新西兰克莱斯特彻奇发生6.3级强烈地震，震源深度仅有5km。发生多次余震，最大余震5.7级。 地震共造成182人遇难，成为新西兰80年来死伤最为惨重的地震。 当地80%的地区停电；多处建筑物严重受损、倒塌；路面多处震裂、扭曲，有轨电车轨道变形  （来源：京华时报，http://www.jinghua.cn；http://www.huanqiu.com/zhuanti/world/xxldz/）
2011年3月11日 日本东海岸 9.0级地震[21]	2011年3月11日14时46分日本东北部宫城县以东太平洋海域发生9.0级地震并引发海啸，造成福岛核电站爆炸，发生核泄漏事故，对周边地区的环境造成严重核污染； 造成15843人死亡，3469人失踪，经济损失达16兆9000亿日元（内阁府）。 由中国地震信息网发布的烈度估算图：岩手县大部分地区为XI度烈度，宫城县、富岛县、岩手县等县的许多地区烈度达到X度；VI度区覆盖日本沿海绝大部分地区 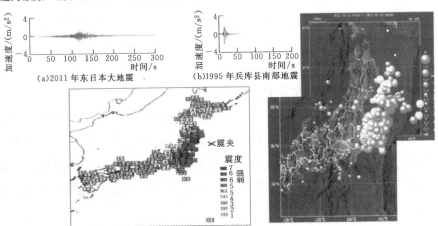 （来源：周福霖等，2012）
2012年8月11日 伊朗阿哈尔市 6.2级地震[22]	当地时间2012年8月11日16时53分，东阿塞拜疆省首府大不里士附近的阿哈尔市发生里氏6.2级地震，11分钟后，距震中约20km的瓦尔扎甘地区发生6级地震。之后，这一地区又发生了至少20次余震。大约110座村庄因地震受损，近300人死亡，约2600人受伤。阿哈尔地区至少4座村庄完全被毁，大约60个村子房屋受损程度超过50%；瓦尔扎甘周边12座村庄几乎全毁

续表

震例	灾情描述
2012 年 9 月 7 日 云南昭通 5.7 级地震[23]	2012 年 9 月 7 日 11 时 19 分云南省昭通市彝良县与贵州省毕节市威宁彝族回族苗族自治县交界处发生 5.7 级地震。造成 70 万余人受灾，50 人死亡（彝良县 49 人，昭阳区 1 人），150 人受伤，紧急转移安置 10 余万人，房屋倒损 2 万余户。 此次地震可能受灾范围为 3500 多 km²，震中达到Ⅷ度以上，而云南省昭通市彝良县抗震设防烈度 7 度，贵州省毕节市威宁抗震设防烈度 7 度。 震中的洛泽河镇地处峡谷地带，地形陡峻，极易引发泥石流、滑坡等次生地质灾害 （来源：http://news.sohu.com/s2012/zhaotongdizhen/；http://news.qq.com/zt2012/ynztdz/）
2013 年 4 月 9 日 伊朗西南部 6.3 级地震[24]	北京时间 2013 年 4 月 9 日 19 时 52 分，伊朗西南部（北纬 28.5°，东经 51.6°）发生 6.3 级地震，震源深度 20km。截至 10 日地震已造成至少 30 人死亡，另有约 800 人受伤，两座村庄完全被毁

对表 2.3 中地震灾害进行综合分析，得到其主要特征如下：

（1）地震灾害具有突发性。地震是突发性的自然事件，给人类社会造成的灾害具有突发性。地震来临之前有时没有明显的预兆，以至人们来不及逃避，造成大规模的灾难；一次地震持续的时间往往只有几十秒，在如此短暂的时间内造成大量的房屋倒塌、人员伤亡。如汶川地震发生在中午 14 时 28 分，这时正是人们上班工作、学校上课的时候，没有任何预兆的情况下发生，造成重大的人员伤亡和经济损失，其社会影响也是非常严重的。

（2）地震灾害具有区域性特征，其破坏性大，成灾面积广。地震波到达地面以后形成地震灾害影响场，往往会殃及多个行政区域，影响范围达数千、数万平方公里，远超单个城镇的面积；造成了大面积的房屋和工程设施的破坏，造成大量人员伤亡和巨大的经济损失。例如 2008 年汶川地震，波及范围甚广，共造成四川、甘肃、陕西、重庆等 10 省（直辖市）的 400 多个县（市、区）不同程度受灾。

（3）地震灾害具有不确定性。地震的发生具有较大的不确定性，我们还无法准确地预测其在什么地方发生、什么时候发生，其活动规模和破坏损失多大，致使地震实际发生的强度与既定的抗震设防烈度存在很大的差异，使区域抗震防灾工作达不到预期效果，造成经济损失极大，人员伤亡惨重。例如 2005 年江西九江地震，在九江、瑞昌两地抗震设防烈度为 6 度，而这次地震震中烈度达到了Ⅶ度，超过了人们的预期设防烈度，出现了小震大灾的现象。

（4）地震灾害具有连锁性。地震灾害是以灾害链的形式在时间和空间尺度上被层层放大。地震不仅产生严重的直接灾害，而且不可避免的产生次生灾害，如火灾、水灾、海啸、山体滑坡、泥石流、毒气泄漏、传染病、放射性污染等，有的次生灾害的严重程度甚至大大超过直接灾害造成的损害。例如汶川地震时地震引发地质灾害，然后产生堰塞湖，形成洪水威胁。日本3·11地震引发了海啸和核电站爆炸等次生灾害。

（5）震后余震持续时间较长。主震之后的余震往往持续很长一段时间，也就是地震发生以后，在近期内还会发生一些比较大的，虽然没有主震大，但影响时间较长，这些余震有时也会产生不同程度的震害。例如2012年9月7日云南省昭通市彝良县5.7级地震，震后余震不断发生，最大震级达到了5.6级。

（6）山区地震灾害救灾难度大。严重的破坏性地震发生后，以极震区为中心的广大区域，一切经济活动中断，社会功能部分或全部损失，因很多发生地震的农村位于山地地区，塌方、滑坡、泥石流等地质灾害导致交通中断，与外界失去联系，甚至导致灾区基本丧失自救和自我恢复能力，社会生活一时陷入瘫痪状态，抢险救灾工作主要依靠外部救援，因此救援难度大。如汶川地震灾害和云南昭通彝良地震灾害发生在山区，造成山体滑坡封堵道路，通信中断，地震灾害救援难度较大。

（7）地震灾害经济损失和社会影响严重。强烈地震过后，不但人员伤亡惨重，经济损失巨大，严重影响人们的正常社会活动和经济活动，而且对人们的心灵也造成巨大创伤，这种创伤不是短时间能愈合的。人们世代劳动积累的财富毁于一旦，在农村主要表现为农民的房屋倒塌。恢复生产、重建家园需要几代人的努力，甚至需要全国和国际社会的支援。所以大的地震灾害造成的影响远比其他灾害大得多。如汶川地震灾害造成严重的经济损失和人员伤亡（图2.3）。

图2.3 汶川地震灾害

地震灾害会对民众身心带来巨大的伤害，心理上产生极度恐慌。地震发生后，灾民犹如惊弓之鸟，特别是破坏性较大的地震所造成的严重震灾还会波及邻区群众，使其产生恐震情绪；对于一些后效异常往往疑为当地或邻区即将再次发生地震的前兆现象，一些地震谣言往往不胫而走，影响了人们的理性判断能力，从而造成纷纷出逃的局面。灾民对未来可能发生地震的恐惧、恢复重建的迷茫等，使得大多数居民的心理压力很大，严重影响和制约了震后重建工作和经济秩序，严重影响了灾民生活，给社会带来了不应有的损失。

2.2 农村洪水灾害

"洪"，指江、河、湖、海所含的水体超过常规水位从而引起水道急流、山洪暴发、河水泛滥、淹没农田、毁坏环境与各种设施等现象。洪水灾害是指洪水给人类生活、生产与生命财产带来的危害与损失。农村洪水灾害是指洪水对农村地区的人类生命、社会生活及财产造成的危害及损失。由于我国特殊的地理位置，不稳定的季风气候，易形成季节性和局部性的暴雨、台风等气候致灾因子，威胁着广大的城市和乡村地区，易诱发洪水灾害。

2.2.1 农村洪涝灾害的成因

洪水灾害是在岩石圈、大气圈、水圈和生物圈的自然因素和人类活动因素的相互作用下形成的。按洪水的成因分析，我国将洪水分为：暴雨洪水、山洪、融雪洪水、溃坝洪水、冰凌洪水和风暴潮等[25]，其中，暴雨洪水发生的最为频繁，影响范围广大，危害也最为严重，洪水灾害类型、成因及分布见表2.4。

表2.4　　　　　　　　　　　洪水灾害类型、成因及分布

类型	成　因	分　布　区　域
暴雨洪水	它是由较大强度的或较长时间的降雨形成的。其主要特点是峰高量大，持续时间长，灾害波及范围广	主要分布在长江、黄河、淮河、海河、珠江、松花江、辽河7个江河的下游和东南沿海地区
山洪灾害	山区溪沟中发生的暴涨暴落的洪水。具有突发性、水量集中、破坏力大等特点。山洪及其诱发的泥石流、滑坡，常造成人员伤亡，毁坏房屋、田地、道路和桥梁等，甚至可能导致水坝、山塘溃决，对国民经济和人民生命财产造成严重危害	主要分布在山区、丘陵地区
融雪洪水	融雪洪水由积雪融化形成的洪水	融雪洪水在春、夏两季常发生在中高纬度积雪地区和高山积雪地区
冰凌洪水	河流中因冰凌阻塞和河道内蓄冰、蓄水量的突然释放，而引起的显著涨水现象。冰凌洪水可分为冰塞洪水、冰坝洪水和融冰洪水3种	主要发生在黄河、松花江等北方江河上
溃坝洪水	溃坝洪水是大坝或其他挡水建筑物发生瞬时溃决，水体突然涌出，造成下游地区灾害，波及范围不太大，但是破坏力很大；或是堰塞湖崩溃形成的地震次生水灾，其损失有时比地震直接损失还要大	主要分布在大坝、挡水建筑物的滞洪区、岩土松散的山区等地

2.2.2 农村洪涝灾害的特征

我国洪水灾害的地域分布范围很广，除了人烟稀少的高寒地区和戈壁沙漠外，全国各地都存在不同程度的洪水灾害。由于受地理条件及气候等多种因素的影响，洪水灾情的性质和特点在区域上也具有很大的差别。

一般说来，对于山地丘陵地区洪灾，破坏力很大，但是受灾范围一般不大；平原地区洪灾，主要是漫溢或堤防溃决所造成的，积涝时间长，灾区范围广。此外，东部地区洪灾发生的频率大于西部区域，尤其是从辽东半岛、辽河中下游平原，并沿燕山、太行山、伏牛山、巫山至雪峰山等一系列山脉以东地区以及南岭以南西江中下游，这些地区处于我国主要江河中下游，受西风带、热带气旋等气象因素影响，暴雨频繁且强度大，常常发生大面积洪涝灾害。这些区域内历史上典型洪水灾害案例见表2.5。

表 2.5 典型洪水灾害一览表

洪灾案例	灾情描述
1963 年 8 月 海河洪水	8 月河北省连续 7 天下了 5 场暴雨，过程总雨量在 1000mm 以上的面积达 5560km²，淹没 104 个县市 7294 多万亩耕地，水库崩塌，桥梁被毁，京广线中断，天津告急，2200 余万人受灾，直接经济损失达 60 亿元
1981 年 7 月 四川洪水	7 月 9—14 日，四川岷江、沱江和嘉陵江流域出现连续持久的大暴雨，暴雨强度很大，7 月 14—16 日期间，发生大洪水。全省 1500 多万人受灾，86.7 万 hm² 农田受淹，直接经济损失达 110 亿元
1998 年 6—8 月 长江流域洪水灾	1998 年汛期长江流域发生了次于 1954 年的又一次全流域性的大洪水，其洪水量大、洪水位高、高水位历时长、同时遭受溃坝、山洪、泥石流、山体滑坡的范围广。据湖南省、湖北省、江西省、安徽省、江苏省统计，受灾范围遍及 334 个县（市、区），倒塌房屋 212.85 万间，死亡 1526 人
2006 年 7 月 湖南资兴水灾	2006 年的 7 月 15 日洪灾害是历次洪灾中灾情最严重，损失最大的一次，被气象专家定性为"500 年难遇的特大剧烈气象事件"，国家地质部称之为"7·15"特大山洪地质灾害。此次洪灾的主要受灾地区为资兴市所辖范围内的农村地区。经查明，因灾死亡 246 人，失踪 95 人，倒房 6464 户，其中全倒房 4546 户，半倒房 1918 户
2007 年 8 月 陕西安康市水灾	8 月 7 日，岚皋县和汉滨区 32 个乡镇遭受特大暴雨袭击，导致山洪暴发及多处滑坡和泥石流灾害，损毁房屋 28412 间，其中倒塌 13070 间，损坏 15342 间，直接经济损失 2.8 亿元
2009 年 8 月 湖北水灾	8 月 26—29 日，湖北 28 个县市区遭受大风雷电暴雨，湖北宜昌、襄樊等地出现大风、雷电、暴雨天气。十堰暴雨成灾，40 多个乡镇遭受暴雨袭击，直接经济损失达 5000 余万元，农作物受灾 12028hm²，绝收 1794hm²

由上述分析及典型案例可知我国农村洪水灾害主要有以下几个特征[25]：

（1）山区丘陵地区农村洪水灾害往往易引发滑坡、泥石流等次生灾害。洪水灾害经常会在山区引起山体滑坡、泥石流等自然灾害，进一步加剧灾难。如 2007 年 8 月陕西省安康市水灾，岚皋县和汉滨区 32 个乡镇遭受特大暴雨袭击，导致山洪暴发及多处滑坡和泥石流灾害。

（2）农村洪水灾害具有季节性和周期性特征。我国各地的洪水，随着降雨和气温在年内的变化而具有明显的季节性。我国大部分地区降水集中在夏季数月中，绝大部分地区 50% 以上降水集中在 5—9 月，并多以暴雨形式出现。其中淮河以北和西北大部分地区，西南、华南南部，台湾大部分地区有 70%～90% 降水集中在 5—9 月，淮河到华南北部的大部分地区有 50%～70% 降水集中在 5—9 月。所以洪水灾害发生具有明显的季节性特征，主要集中在夏季。

严重的洪水灾害存在周期性变化。从暴雨洪水发生的历史规律来看，造成严重洪水灾害的历史特大洪水存在着周期性的变化。根据全国 6000 多个河段历史资料分析，近代主要江河发生过的大洪水，历史上几乎都出现过极为类似的洪水，且洪水分布情况极为相似。如 1963 年 8 月海河南系大洪水与 1668 年同一地区发生的特大洪水十分相似；1921 年、1954 年长江中下游与淮河流域的特大洪水，其气象成因和暴雨洪水的时空分布基本相同。一般认为，暴雨洪水有大体重复发生的规律，大洪水也存在着相对集中的时期。

（3）农村洪水灾害造成土地淹没，农作物损失和房屋设施损失严重。在平原农村地区，农田地势较居住用地低洼，洪水灾害往往淹没农田，冲毁房屋和工程设施。如 2009 年 8 月湖北水灾，造成 40 多个乡镇遭受暴雨袭击，农作物受灾 12028 公顷，绝收 1794hm²。1981 年 7 月四川水灾，淹没 104 个县市 7294 多万亩耕地，水库崩塌，桥梁被毁。

2.3　农村地质灾害

地质灾害是指包括自然因素或者人为活动引发的危害人民生命和财产安全的山体崩塌、滑坡、泥石流、地面塌陷、地裂缝、地面沉降、岩土膨胀、砂土液化、土壤盐碱化以及地震火山等与地质作用有关的灾害。农村地质灾害类型主要有滑坡、崩塌、泥石流、地面沉降、地面塌陷等，这些是最为常见的、也是最重要的地质灾害类型。地质灾害造成的损失是巨大的，它不仅能够造成建筑物破坏，而且会破坏生态环境，造成巨大的经济损失和人员伤亡。

按照成因，地质灾害可分为自然地质灾害和人为地质灾害。前者主要由自然变异导致的地质灾害，而后者主要由人为作用诱发的地质灾害。按照地质环境或地质体变化的速度，地质灾害可分为突发性地质灾害与缓变性地质灾害。前者如滑坡、崩塌、泥石流等，即狭义的地质灾害；后者如水土流失、土地沙漠化等，又称为环境地质灾害。按照地理或地貌特征，地质灾害可分为山地地质灾害，如滑坡、崩塌、泥石流等，平原地质灾害，如地面沉降。

2.3.1　农村地质灾害的成因

1. 滑坡灾害

滑坡是指斜坡上的土体或岩体受自然外动力（如河流冲刷、地下水活动、地震）和人为动力作用的影响下，使土体或岩体在重力作用下，沿着一定的软弱面或软弱带，整体地或者分散地顺坡向下滑动的自然现象，俗称"走山""垮山""地滑""土溜"等（图 2.4）。通常，一个发育完全的、比较典型的滑坡，在地表显示出一系列滑坡形态特征，这些形态特征成为正确识别和判别滑坡的主要标志[25]（图 2.5）。滑坡是山区铁路、公路、水库及城市或乡村建设中经常遇到的一种地质灾害，而发生在农村地区的滑坡是由于山坡或路基边坡发生滑移，摧毁公路铁路，使交通中断，影响交通；掩埋村庄和农田，对山区农村的经济发展和村庄规划建设危害很大。

滑坡的形成和发展是在一定的地貌、岩性条件下，由于自然因素或人为因素影响的产物。本书从以下几个方面对滑坡的形成条件[26]进行了综合分析，见表 2.6。

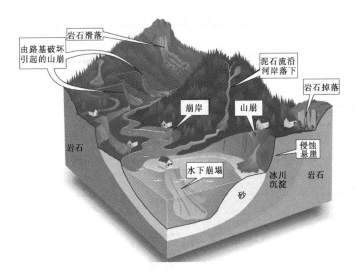

图 2.4 滑坡示意图

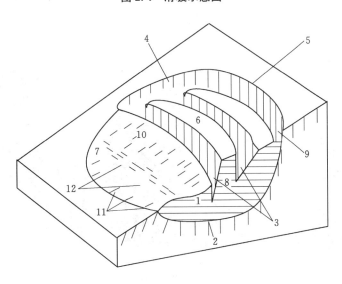

图 2.5 滑坡形态特征

1—滑坡体；2—滑动面；3—滑坡床；4—滑坡周界；5—滑坡
壁；6—滑坡台阶；7—滑坡舌；8—张裂隙；9—主裂隙；
10—前裂隙；11—鼓张裂隙；12—扇形裂隙

表 2.6   滑坡的构成要素和形成条件

影响因素	性 质 描 述
地层岩性	地层岩性是滑坡产生的物质基础。虽然几乎各个地质时代、各种地层岩性中都有滑坡发生，但滑坡发生的数量与岩性有密切关系
地形地貌条件	具备临空面和滑动面是产生滑坡的充分条件，其多在丘陵、山地和河谷地貌单元内发生
地质构造条件	沿断裂破碎带滑坡往往成群分布；各种构造结构面，控制了滑动面的空间位置及滑坡的范围；地质构造决定了滑坡区地下水的类型、分布、状态和运动规律，从而不同程度地影响着滑坡的产生和发展

续表

影响因素	性　质　描　述
水文地质条件	各种软弱层、松散风化带容易聚水，若山坡的上方或侧面有丰富的地下水补给时，则易促进滑坡的形成和发展
人为因素和其他作用的影响	人工开挖边坡、坡体上部加载（如修筑路堤、堆料、弃渣等），改变了坡体的外形和坡体内部的应力状态，相对减小了斜坡的支撑力，从而引起滑坡。如铁路、公路沿线遇到的大型古老滑坡，往往是在工程修建时复活的，说明人类活动对斜坡稳定性产生不良影响。此外，破坏斜坡植被及覆盖层，促使斜坡风化，使地表水易于渗入，人工渠道漏水，大量的生活用水倾倒等，都可能引起斜坡的滑动。振动作用（包括地震或人工大爆破）能使岩土破碎松散，强度降低，也有利于滑坡的产生

2. 崩塌灾害

陡坡上的岩（土）体在重力和其他外力作用下，突然向下崩落的现象，叫作崩塌（图2.6）。这种现象和典型滑坡有4点不同：①滑坡运动多数是缓慢的，但崩塌快，发生猛烈；②滑坡多数沿固定的面或带运动，而崩塌不沿固定的面或带；③滑坡发生后，多数仍保持原来的相对整体性，而崩塌体的整体性完全被破坏；④滑坡的水平位移大于垂直位移，而崩塌正相反。

图2.6　崩塌

崩塌是在一定地质条件下形成的。它的形成受许多条件如地形地貌、地层岩性和地质构造的控制，而它的发生、发展和规模又受许多因素如降雨、地下水、地震和列车振动、风化作用以及人为因素等的影响。

崩塌按照不同的分类标准可以分为不同崩塌类型[26]：①按崩塌体的物质组成分为岩崩和土崩；②按照一次崩塌形成的崩落体的体积，可分为小型崩塌（岩土崩落的体积小于1万m^3），中型崩塌（岩土崩落的体积为$1\times10^4\sim10\times10^4m^3$），大型崩塌（岩土崩落的体积为$10\times10^4\sim100\times10^4m^3$），特大型崩塌（岩土崩落的体积大于$100\times10^4m^3$）；③按照崩塌体规模、范围、大小可分为剥落、坠石和崩落3类，按崩塌的形成机理可分为5类，即倾倒式崩塌、滑移式崩塌、鼓胀式崩塌、拉裂式崩塌和错断式崩塌。

3. 泥石流灾害

泥石流是山区特有的一种自然地质现象。由于降水（包括暴雨、冰川、积雪融化水等）使沟谷或山坡上产生的一种夹带大量泥沙、石块等固体物质的特殊洪流，是高浓度的固体和液体的混合颗粒流（图2.7），即为泥石流。它的运动过程介于山崩、滑坡和洪水之间，是各种自然因素（地质、地貌、水文、气象等）、人为因素综合作用的结果。泥石流灾害的特点是规模大、危害严重，活动频繁、危及面广，且重复成灾。

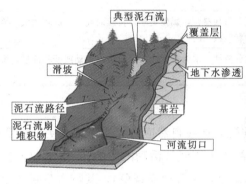

| （a）典型泥石流示意图 | （b）实际发生的泥石流 |

图2.7 泥石流

泥石流的形成必须同时具备3个条件：①陡峻的便于集水、集物的地形地貌；②丰富的松散物质；③短时间内有大量的水源。因此，我国山区面积占全国总面积的2/3，地质构造复杂，岩性多变，地震强烈，再加上气候和人类工程活动影响，使我国成为世界上泥石流最为发育的国家之一。泥石流主要沿着山地的地震带和地质构造断裂带发育，分布在沿河两岸山间盆地的山前地带；我国西南、西北、华北、东北和中南23个省（自治区）都有泥石流发生，其中以西北、西南地区为最多、最活跃，规模也最大。

为了防治泥石流，提出有效的整治措施，必须对泥石流进行合理的分类，而这种分类应能反映出泥石流的形成条件、流域形态、物质组成、流体性质及发育阶段和趋势等。按常用的方法归纳泥石流的类型[27]，见表2.7。

表2.7　　　　　　　　　　泥石流分类及其特征

分类标准	泥石流类型	特 征 描 述
按流域的地质地貌特征分类	标准型泥石流	典型的泥石流，流域呈扇状，流域面积一般为十几至几十平方千米，能明显地区分出泥石流的形成区、流通区和堆积区
	沟谷型泥石流	流域呈狭长形，流域上游水源补给较充分。形成泥石流的松散固体物质主要来自中游地段的滑坡和崩塌
	山坡型泥石流	发育在斜坡面上的小型泥石流沟谷。它们的流域面积一般不超过 $2km^2$，流域轮廓呈哑铃形，沟坡与山坡基本一致，沟浅、坡短，流通区很短，甚至没有明显的流通区。沉积物棱角明显，粗大颗粒多搬运在锥体下部

续表

分类标准	泥石流类型	特 征 描 述
按泥石流流体的物质组成分类	泥石流	由浆体和石块共同组成的特殊流体，固体成分从直径小于 0.005mm 的黏土粉砂到几米甚至 10～20m 的大漂砾
	泥流	发育在我国黄土高原地区，以细粒泥沙为主要固体成分的泥质流。泥流含有少量碎石、岩屑，黏度大，呈稠泥状，结构比泥石流更为明显
	水石流	在大理岩、白云岩、石灰岩、砾岩或部分花岗岩山区，由水和粗砂、砾石、大漂砾组成的特殊流体。水石流的性质和形成类似山洪
按泥石流流体性质分类	黏性泥石流	含大量黏性土的泥石流或泥流。黏性大，石块悬浮，爆发突然，持续时间短，破坏力大，堆积物在堆积区不散流，停积后石块堆积成"舌状"或"岗状"
	稀性泥石流	水为主要成分，黏性土含量少，有很大分散性。水为搬运介质，石块以滚动或跃移前进，堆积物在堆积区呈扇形散流，停积后似"石海"

4．地面沉降

地面沉降又称为地面下沉或地陷，在广义上是指地壳表面在自然应力作用下或人类活动影响下（如受开采石油、煤、地下水等资源以及工程施工、灌溉等人工经济活动的影响），由于地下松散土层固结压缩，导致地壳表面标高降低的一种局部下降运动（或工程地质现象），其特点是垂直运动为主，而只有少量或基本没有水平向位移，如图 2.8 所示。

图 2.8　地面沉降

20 世纪 20 年代初，中国最早在上海和天津市区发现地面沉降灾害，至 20 世纪 60 年代两地地面沉降灾害已十分严重。20 世纪 70 年代，长江三角洲主要城市及平原区、天津市平原区、华北平原东部地区相继产生地面沉降；20 世纪 80 年代以来，中小城市和农村地区地下水开采利用量大幅度增加，地面沉降范围也由此从城市向农村扩展，在城市上连片发展，同时地面沉降地区伴生的地裂缝加剧了地面沉降灾害。

地面沉降成因主要包括开发利用地下流体资源（地下水、石油、天然气等）、开采固体矿产、岩溶塌陷、软土地区与工程建设有关的固结沉降等，此外还包括新构造运动、动土融化等因素。地面沉降的产生需要一定的地质、水文地质条件和土层内的应力转变（由水所承担的那部分应力不断转移到土颗粒上）条件。从地质、水文地质条件来看，疏松的土层包括多层含水体系其中承压含水层的水量丰富，适于长期开采。在开采层的影响范围内，特别是它的顶板、底板具有厚层的正常固结甚或欠固结的可压缩性黏性土层时，对于地面沉降的产生是特别有利的。从土层内的应力转变条件来看，承压水位大幅度波动式的趋势性降低，是造成范围不断扩大的、累进性应力转变的必要前提[28]。在我国，很多城市或农村出现了地面沉降，按发生地面沉降的地质环境可分为3种模式，见表2.8。

表 2.8 地 面 沉 降 模 式 分 类

地面沉降模式		分 布 情 况	特 征 描 述
现代冲积平原模式		主要发育在河流中下游地区现代地壳沉降带中。我国东部许多河流冲积平原，如黄河与长江中下游、淮海平原和松嫩平原等地的地面沉降受此种地质环境控制	一般来说，这些沉积物为多层交错的叠置结构，平面分布呈条带状或树枝状，侧向连续性较差，不同层序的细粒土层相互衔接包围在砂体的上下及两侧
三角洲平原模式		分布在河流冲积平原与滨海大陆架的过渡带，即现代冲积三角洲平原地区。我国长江三角洲就属于这种类型。常州、无锡、苏州、嘉兴等地的地面沉降均发生在这种地质环境中	河口地带接受陆相和海相两种沉积物沉积，其沉积结构具有陆源碎屑物（以含有机黏土的中细砂为主）和海相黏土交错叠置的特征
断陷盆地模式	近海式	位于滨海地区，如我国宁波等	常受到近期海浸的影响，其沉积结构具有海陆交互相地层特征
	内陆式	位于内陆近代断陷盆地中，如西安、大同的地面沉降	沉积物源于盆地周围陆相沉积物

5. 地面塌陷

地面塌陷是指地表岩体或土体在自然作用下或人为原因作用下面，向下陷落，并在地面上形成塌陷坑（洞）的一种地质灾害现象或过程（图2.9），多发生在岩溶地区，在非岩溶地区也能见到。地面塌陷多为人为局部改变地下水位引起的，如地面水渠或地下输水管道渗漏可使地下水位局部上升，基坑降水或矿山排水疏干引起地下水位局部下降。地面塌陷危害很大，如破坏农田、水利工程、交通线路，引起房屋破裂倒塌、地下管道断裂等。

图 2.9 地面塌陷 (图片来源：新华网)

地面塌陷类型根据不同的分类角度，可得到多种多样的地面沉降类型，主要有以下几种分类标准[25]：

（1）根据形成塌陷的主要原因分为自然塌陷和人为塌陷。

（2）根据塌陷区是否有岩溶发育分为岩溶地面塌陷和非岩溶地面塌陷。岩溶地面塌陷主要发育在隐伏岩溶地区，是由于隐伏岩溶洞隙上方岩体、土体在自然或人为因素作用下，产生陷落而形成的地面塌陷。岩溶地面塌陷是我国最重要的地质灾害类型之一。我国岩溶塌陷分布广泛，从南到北，从东到西都有发育。其中，广西、广东、江西、湖南和辽宁等5个省（自治区）的岩溶塌陷较严重。非岩溶地面塌陷又根据塌陷区岩、土体的性质可分为黄土塌陷、火山熔岩塌陷、冻土塌陷和软土塌陷等许多类型。其中，黄土塌陷是因湿陷性黄土浸水后，在自重或外部荷载作用下结构迅速破坏而发生下沉，主要分布于河北、青海、陕西、甘肃、宁夏、河南、山西、黑龙江等省（自治区）。根据统计资料，地面塌陷中以采空塌陷的危害最大，造成的损失最重，岩溶塌陷次之，黄土湿陷相对小也较集中。

（3）按照地面塌陷所形成的单个塌陷坑洞规模分为：①小型塌陷：塌陷坑洞1～3处，合计影响面积小于$1km^2$，如黄土塌陷规模都比较小；②中型塌陷：塌陷坑洞4～10处，合计影响面积1～$5km^2$；③大型塌陷：塌陷坑洞11～20处，合计影响面积5～$10km^2$；④特大型塌陷：塌陷坑洞超过20处，合计影响面积$10km^2$。

2.3.2 农村地质灾害的特征

中国地域辽阔，经度和纬度跨度大，自然地理条件复杂，地质构造运动强烈，极易诱发各类地质灾害，这些条件使得中国自然地质灾害种类繁多，灾情严重。同时，中国又是一个发展中国家，经济社会发展对资源开发的依赖程度相对较高，大规模的资源开发和工程建设以及对地质环境保护重视不够，人为地诱发了很多地质灾害，使中国成为世界上地质灾害最为严重的国家之一。据国土资源报报道，1995年以来，中国仅崩塌、滑坡、泥石流等突发性地质灾害就造成10499人死亡、失踪和65356人受伤，造成经济损失达575亿元；到2003年共查出地质灾害隐患点16万多处，重大隐患点2000多处，1150万人和2000亿元财产受到严重威胁，50%以上的国土面积受到地质灾害的严重影响。我国发生地质灾害的典型案例，见表2.9。

表2.9 典型地质灾害案例

灾害案例	灾情描述	灾害图片
1980年6月3日湖北省远安县盐池河磷矿岩石崩塌	1980年6月3日湖北省远安县盐池河磷矿发生了岩石崩塌。高程830m的部分山体从700m高程处俯冲到500m标高的谷地。 乱石块挟盖面积南北长560m，东西宽400m，石块加泥土厚度20m，崩塌堆积的体积共100万m^3。盐池河上筑起一座高达38m的堤坝，构成一座湖泊。 乱石块把磷矿区的五层大楼掀倒、掩埋，死亡307人，还毁坏了该矿的设备和财产，损失十分惨重	

续表

灾害案例	灾 情 描 述	灾 害 图 片
2004年5月29日贵州省六盘水市水城县金盆乡营盘村鱼岭滑坡	2004年5月29日18时至30日凌晨4时（集中降雨时间从0时至4时），贵州省六盘水市水城县金盆乡营盘村鱼岭组一带受强降雨的影响发生滑坡。滑坡长90m，宽24m，平均厚3m，体积约6500m³。 造成3户村民房屋被掩埋，11人死亡，重伤4人，轻伤1人	
2005年5月9日山西吉县吉昌镇崩塌	山西省吉县吉昌镇桥南村水洞沟209国道右侧发生一起大型黄土崩塌地质灾害。崩塌体长约220m，宽约15～30m，顶部高程943m左右，底部标高863m，崩塌体高度约80m，体积约60万m³。 此次灾害造成24人被掩埋，209国道吉县至乡宁段完全中断	
2010年6月28日贵州省关岭县岗乌镇滑坡	受持续强降雨影响，贵州省关岭县岗乌镇大寨村发生特大山体滑坡，滑坡造成的泥石流总长1.5km左右。 共造成岗乌镇大寨村大寨、永窝两个村民组38户107人被埋	
2010年8月8日甘肃省舟曲县泥石流灾害	甘肃省甘南藏族自治州舟曲县发生强降雨引发泥石流灾害，造成县城由北向南5km长、500m宽的区域被夷为平地（约250万m²）。 截止到14日，泥石流形成堰塞湖，县城一半被淹，一个村庄整体被淹没。 共造成1501人死亡、264人失踪	
2012年6月1日南宁四村落地面沉陷灾害	广西南宁市西乡塘区坛洛镇第二中学校门外出现地面沉陷，学校外围4个自然村亦出现不同程度地面沉陷。地面沉陷导致1栋房屋坍塌，6栋房屋倾斜以及1栋开裂。 涉事村落800多村民撤离地陷区域，无人员伤亡。 据专家研判，导致地陷的主要原因是地下岩溶发育，地下水位发生变化	

灾害案例	灾 情 描 述	灾 害 图 片
2013 年 2 月 18 日贵州凯里市龙场镇山体崩塌灾害	凯里市龙场镇一处山体发生崩塌，崩塌山体已超过 5000m³。截至 22 时，5 人被埋，70 余名村民被紧急转移。 发生崩塌的山体十分陡峭，相对高度 100m 以上，大量崩塌石方已将煤矿部分办公区、宿舍区掩埋，并将附近一条溪沟截断。 受持续零星崩塌及降雨影响，现场很难对被埋人员进行施救	

注　部分图片来源于中新网、人民网等网络资源。

由表 2.9 中地质灾害的典型案例分析可知，我国农村地区的地质灾害主要特征有：①山区农村多发生崩塌、滑坡和泥石流灾害，往往产生连锁反应引发一系列的地质灾害。②平原农村多发生地面沉降、地面沉陷和地裂缝等地质灾害。③农村地质灾害主要承灾体是房屋建筑和基础设施，损失严重。④农村地质灾害具有季节性和周期性，多伴随着强降雨出现。⑤农村地质灾害影响范围不太大，但是分布点较多。

2.4　农村火灾

近几年来，我国的农村经济和农民生活发生了翻天覆地的变化，农村社会稳定，农民生活日益富裕。但从农村消防工作的现实情况来看，仍然存在较大差距。随着农村经济的迅猛发展和农民生活水平的不断提高，许多新能源、新产品、新工艺的广泛应用，给农村消防安全带来了许多新情况、新问题，农村火灾也不断增加。尤其在近几年，农村火灾起数、死亡、伤人、直接财产损失 4 项指标均占同期全国火灾总数的 50％以上，严重影响了广大农民群众的正常生产和生活，给农民脱贫致富带来了极大的负面影响。

2.4.1　农村火灾的成因

由于我国地域幅员辽阔，地区间气候条件、地理环境、文化风俗习惯、经济发展状况差异显著。经济发展较快的东南沿海地区，农村的工业化特征明显，城镇化水平已经较高，各方面条件基本与城市相差无几。在经济比较落后的地区，许多以传统农业为主的农村仍处于自然发展阶段，缺乏整体的规划与管理。在开展农村消防规划与防火技术研究时，首先需要充分了解当前我国农村地区的火灾成因。从引发火灾的直接原因看，主要有以下几方面的因素[29]。

（1）因电线短路、超负荷、电器设备故障等违反电气安装使用规定引起的火灾最多。近年来，随着农村大力开展"电改"工程，农村基础设施得到显著改善。例如，山西省境内多数村庄内近几年已经完成了电网的扩容改造。为每家每户都专门敷设电气线路，并统一在墙外安装了电表，电路容量较充裕，很少出现跳闸、断电现象。村民用电以照明、电视、电脑、电热毯、电磁炉为主，许多地区互联网已接入村中。然而住宅内电气线路安装随意性很大，随着农村居民生活条件的不断改善，农户家中的各种家用电器越来越普及；但农村住户内一些电气线路私拉乱接，开关直接安装在可燃材料构件上，线路穿墙不设穿墙管等做法，电气开关和线路过载、接触不良、线路老化、绝缘层破损开裂导致漏电、短路等现象，以及电器电线使用不合格产品都大大提高了电气火灾的危险性（图 2.10）。

(a) 电器开关残破　　　　　　　　　　(b) 住宅电气线路私搭乱接

图 2.10　农村电线电器引发火灾原因

（2）因农村家庭生活用火不慎引发火灾。通过对农村火灾进行调查，发现用火不慎已成为引发农村火灾的主要因素。目前我国农村的生产、生活中大量使用烧柴草和煤炭的炉灶用火。为此，每家每户都储存了大量的柴草和煤炭，这些燃料的堆放是农村火灾主要的诱因。在冬春季节，有些地区的农民还习惯于烧荒，容易引燃树木造成林地火灾。在北方地区冬季取暖使用火炉、火炕而引发火灾的现象时有发生。调查发现目前在我国农村，到了收获季节，各家各户存储的粮食、柴草、饲料会大量增加，导致居户院落内的可燃荷载大大提高，这也使因用火不慎导致火灾以及火灾难以控制并蔓延的几率大大增加（图 2.11）。另外，农村地区还普遍存在人们防火意识淡薄、疏于管理等问题，导致因儿童玩火和人为纵火的火灾事例也大量存在。

（3）此外还有吸烟、玩火、生产作业不慎原因引起的火灾。虽然政府和公安消防部门加大了消防工作的宣传力度，人民的消防意识有了一定的提高，但是由于受传统观念、文化素质、经济条件等诸多因素的制约，大多数村民接受集中教育和培训的机会相对较少，消防安全意识淡薄、消防知识匮乏、自防自救能力较差。对火灾发生初起处置能力较弱，在火灾发生时，邻里之间互帮互助意识较差，大部分人都在袖手旁观，"看热闹"现象普遍存在，导致了火灾的蔓延趋势，造成了财产和生命的损失。另外，在许多地区，近年来出现的成年人大量外出务工，流动人口增加，留守老人、儿童由于疏忽和玩火造成火灾的危险增加，一旦发生火灾，他们的应对和逃生能力更弱，更易造成伤亡。因此，儿童玩火和人为纵火的火灾事例也大量存在。

（a）屋顶堆放杂物　　　　　　　　　　　　（b）院里堆放柴草及粮食

（c）在户舍内存储煤炭　　　　　　　　　　（d）户舍内灶边堆放可燃物

图 2.11　农村家庭用火引发火灾原因

（4）农村严重缺乏消防规划。随着经济的发展，农村消防基础设施仍然滞后于经济和社会的发展步伐，大部分消防规划不到位，许多建筑以木板房和土房为主（图 2.12），院落堆放大量柴草，并且左右相连，毗邻成网状，部分农户在家中从事生产经营性活动，例如存放可燃、易燃材料和货物，或者维修中、小型农业机具，发生火灾时极易蔓延扩大，导致"火烧连营"现象的发生，使房屋财产毁于一旦。而且，村庄连片建设区域面积过大，院落户舍之间缺乏有效地防火分隔，容易造成建筑火灾大面积快速蔓延。走道狭窄，有些走道还是单方向袋形走道，进深过大，造成扑救困难，同时影响人员安全疏散（图 2.13）。

（a）传统砖木承重结构房屋　　　　　　　　（b）新建砖混结构房屋

图 2.12　农村房屋主要结构类型

(a) 随意堆放易燃柴草　　　　　　　　(b) 房间距宽度较小

图 2.13　农村缺乏消防布局规划

（5）消防设施薄弱，水源紧缺。农村地域广、范围大，有些村庄位置偏远，而且常用的灭火工具非常简陋。一旦火灾发生，由于消防扑救力量不能及时到位，或者灭火装备差使得初期火灾无法及时有效控制而酿成大灾。

2.4.2　农村火灾的特征

近年来，全国农村平均每年发生火灾 6.7 万起，死亡 1500 余人，伤 2200 余人，直接经济损失 6.7 亿元，受灾住户达 4.4 万户，至少有 15 万农民受灾，相当于一个中小规模县的人口。近年来的农村火灾典型案例，见表 2.10。统计分析显示，我国农村消防工作发展不平衡，经济较发达的乡镇

表 2.10　　　　　　　　　　　　　　农村火灾案例

案　例	灾情描述	灾害图片
2003 年 4 月 30 日内蒙古自治区呼伦贝尔市满归镇火灾	因居民住宅电线短路失火，火灾次日被扑灭。受灾居民 402 户、1133 人，过火面积 7.88 万 m²，直接财产损失 83 万元。 土木房屋耐火等级低，防火间距不足，消防通道不畅，消防水源缺乏，容易与木院墙、木仓房、木烧柴连成一体	
2004 年 2 月 15 日浙江省海宁市黄湾镇五丰村火灾	2 月 15 日下午，浙江省海宁市黄湾镇五丰村 60 多名老年村民聚集在自行搭建的草棚内从事迷信活动，因焚烧纸钱失火引起草棚燃烧坍塌，造成 40 人死亡。失火的草棚为毛竹结构，着火后很快坍塌将人员困住，当距离火场 9km 的袁花镇专职消防队赶到时，火已基本熄灭	

续表

案　　例	灾情描述	灾害图片
2004年10月9日广西壮族自治区三江侗族自治县富禄乡岑牙村上寨屯火灾	电线短路引燃蚊帐发生火灾，造成2人受伤，烧毁吊脚楼238间，受灾196户，烧死生猪181头，烧毁粮食27万km，直接损失164.8万元。 村寨房屋为木质吊脚楼，耐火等级非常低，且房屋防火间距不足，水源匮乏	
2007年2月24日贵州省桃江乡乔兑村火灾	一村民因用火不慎造成重大火灾，受灾户45户177人，死亡1人，烧毁房屋49栋共153间，直接经济损失32.7万元。 村寨的干栏式木质建筑，耐火等级很低，且位于山区，防灾水源匮乏	
2008年12月5日贵州黔东南州从江县往洞乡高传村火灾	12月5日凌晨，贵州黔东南州从江县往洞乡高传村发生一起农村火灾。据初步统计，大火烧毁房屋29栋，救火时紧急破拆相邻房屋9栋，火灾一共导致39户人家194人受灾，大量生产、生活物资在火海中化为灰烬，幸无人员伤亡	

注　上述图片来源于网络资源。

在消防基础设施建设、多种形式消防力量建设、消防监督管理、消防宣传教育等方面，取得显著成绩。总体上看，我国大部分农村缺乏消防规划、消防基础设施、消防组织和火灾扑救力量。此外，农民的消防观念和安全意识依然淡薄，致使农村火灾呈多发态势。

农村作为一个基础薄弱的区域，其火灾发生的规律及防火消防工作都有特殊性，制约着农村经济的发展和社会稳定的步伐。为了加强农村地区的防火工作，有必要分析历史火灾案例的特征，为以后农村的消防工作提供依据。农村火灾主要有以下几方面的特征[26]。

（1）建筑物的耐火等级较低、火灾负荷大、燃烧猛烈、蔓延迅速、易垮塌。农村建筑房屋大多以砖木、土坯房为主，布局密集、结构简单、耐火等级偏低，且没有消防通道、防火间距，一旦发生火灾，燃烧猛烈、蔓延迅速，极易发生垮塌等事故。与此同时，农村电气线路零乱、裸露、老化，私拉乱接现象较为普遍。另外，还有一些村民法律意识淡薄，擅自开设小作坊、小旅馆、小饭店、卡拉OK厅、农家乐等经营场所，未进行开业前消防安全检查，导致许多火灾隐患不能及时发现和消除，这些都是引发火灾的不安全因素。

（2）农村建筑布局不合理，容易造成大面积燃烧，不利于扑救。各建筑之间间距较小、道路狭窄、水源紧缺，并且农村院内和房屋周围堆放了大量木料和柴草，当发生火灾时，容易发生"火烧连营"的现象，消防执勤人员到达后，因道路狭窄，无法接近火场而错过控制火势的最佳时机；由于大量柴草的助燃作用加快了火势的蔓延速度，再加上群众在火势初起阶段处理不及时，导致火灾的发展蔓延趋势，增大了火灾的扑救难度，造成了一定的财产损失和人员伤亡。

（3）发生火灾容易造成人员伤亡，且死亡人员多为老、弱、病、残。农村住宅多为低层建筑，为了防盗窗户都加装了栏杆，门窗多数用铁件制作，夜间在人们熟睡时发生火灾，往往因为门窗被锁无法逃生而造成死亡。当前农村大部分青壮年外出务工，剩下的老、弱、病、残占80%以上，一旦发生火灾，不但不能及时组织扑救，有时连自己逃生也成问题，极易发生人员伤亡事故。

（4）传统生活方式引发火灾比重大。尽管农民生活有了很大改善，但村民生活用火大多数仍是柴灶，房前屋后堆放柴草，极易引发火灾。农村常因用蜡烛、煤油灯照明，卧床吸烟或乱扔烟头引发火灾。

（5）火灾发生有明显的季节性和时间性。①从季节性上来看，农村火灾主要发生在春秋两季，尤为清明前后和粮食收获季节为多，清明前后主要是广大农民进行烧荒垦地、烧纸祭祖的时候，再加上由于春秋两季有较多的大风天气，而且农民的防火意识较差，不能够妥善的保护和清理火种，为火灾的发生留下了隐患。②从时间上来看，火灾主要发生在中午12：00左右、下午6：00左右和午夜时分，这些时间段都存在青壮年干活未归、小孩放学时玩火、生炉子及用电、做饭和休息的时间段，人们最容易在这时麻痹大意，发生火灾，并且多半会迅速蔓延，造成财产损失和人员伤亡。

本 章 参 考 文 献

［1］ 郭焕成. 乡村地理学的性质与任务 ［J］. 经济地理，1988，8（2）：125-129.

［2］ 张小林. 乡村概念辨析 ［J］. 地理学报，1998，53（4）：365-371.

［3］ 王洁钢. 农村、乡村概念比较的社会学意义 ［J］. 学术论坛，2001（2）：126-129.

［4］ 龙花楼，刘彦随，邹键. 中国东部沿海地区乡村发展类型及乡村性评价 ［J］. 地理学报，2009，64（4）：426-434.

［5］ 郭晓东，马利邦，张启媛. 陇中黄土丘陵区乡村聚落空间分布特征及其基本类型分析——以甘肃省秦安县为例 ［J］. 地理科学，2013，33（1）：45-51.

［6］ 蒋捷，杨昕. 基于DEM中国地势三大阶梯定量划分 ［J］. DEM及地形分析，2009，2（1）：8-13.

［7］ 史培军. 中国自然灾害系统地图集 ［M］. 北京：科学出版社，2011.

［8］ 胡聿贤. 地震工程学（第二版）［M］. 北京：地震出版社，2006.

［9］ 王瑛，史培军，王静爱. 中国农村地震灾害特点及减灾对策 ［J］. 自然灾害学报，2005，14（1）：82-89.

［10］ 张肇诚. 中国震例 ［M］. 北京：地震出版社，1990.

［11］ 高建华，郑栋，李超. 2005年11月26日九江—瑞昌5.7级地震浅析 ［J］. 气象与减灾研究，2006，29（1）：56-60.

［12］ 姚大全，凌学书，蒋春曦，等. 九江—瑞昌5.7级地震调查及其思索和启示 ［J］. 国际地震动态，2006，（3）：5-11.

［13］ 江西九江发生5.7级地震 ［EB/OL］. ［2005-11-26］. http://news.sohu.com/s2005/jiujiangdizhen.shtml.

［14］ 徐锡伟. 中国近现代重大地震考证研究 ［M］. 北京：地震出版社，2009.

［15］ 陈虹，王志秋，李成日. 海地地震灾害及其经验教训 ［J］. 国际地震动态，2011，（9）：36-41.

[16]　海地发生 7.3 级地震 [EB/OL]. [2010 - 01 - 12]. http：//news. sohu. com/s2010/haidiearthquake/.

[17]　郑言. 智利防御地震灾害的经验及启示 [J]. 林业劳动安全，2010，23 (3)：45 - 49.

[18]　智利康塞普西翁省发生里氏 8.8 级地震 [EB/OL]. [2010 - 02 - 27]. http：//news. sohu. com/s2010/zhilidizhen/.

[19]　新西兰 7.1 级地震 [EB/OL]. [2010 - 9 - 4]. http：//news. sina. com. cn/z/Nz2010earthquake/.

[20]　新西兰发生 6.3 级强震 [EB/OL]. [2011 - 2 - 22]. http：//www. huanqiu. com/zhuanti/world/xxldz/.

[21]　周福霖，崔鸿超，安部重孝，等. 东日本大地震灾害考察报告 [J]. 建筑结构，2012，42 (4)：1 - 20.

[22]　伊朗连遭两次 6 级以上强震袭击 [EO/Ol]. [2012 - 8 - 11]. http：//news. sohu. com/s2012/yilangdizhen/.

[23]　云南昭通连发 2 次超 5 级地震 [EB/OL]. [2012 - 9 - 7]. http：//news. sohu. com/s2012/zhaotongdizhen/.

[24]　伊朗 6.3 级地震已致 30 死 800 伤发生 6 次余震 [EB/OL]. [2013 - 4 - 9]. http：//news. hsw. cn.

[25]　马东辉. 安全与防灾减灾 [M]. 北京：中国建筑工业出版社，2010.

[26]　周云，李伍平. 土木工程防灾减灾概论 [M]. 北京：高等教育出版社，2005.

[27]　陈艳华，苏幼坡，朱丽. 自然灾害的预防与自救避难 [M]. 北京：中国建筑工业出版社，2012.

[28]　王茹. 土木工程防灾减灾学 [M]. 北京：中国建材工业出版社，2008.

[29]　苏广富. 农村火灾特点及预防对策 [J]. 消防安全，2006，(2)：42 - 43.

第3章　农村综合防灾减灾的管理对策

农村的防灾减灾工作直接影响中国经济社会的可持续发展。为此，中国政府高度重视农村防灾减灾能力建设，把降低农村灾害风险、加强农村减灾能力建设纳入了国家发展规划和法律法规、技术标准中。本章主要从政策方针和法律法规、防灾减灾技术标准体系、防灾宣传教育与培训、防灾减灾资金支持4个方面进行农村防灾减灾工作的阐述，也是农村综合防灾减灾的基本对策，为农村防灾减灾工程措施提供依据和保障。

3.1　农村防灾减灾政策与法规

3.1.1　农村综合防灾减灾的政策与方针

我国是一个多灾害的国家，地震、台风、洪水、泥石流等灾害十分严重。20世纪发生的破坏性地震占全球1/3，死亡人数占全球1/2，高达60万人。自唐山地震至2003年的25年中，我国大陆地区发生5.0级以上成灾地震59次，其中绝大多数发生在广大农村和乡镇地区，特别是发生在西部经济不发达地区，其中西南地区21次，西北地区30次，华北地区6次，华东地区2次。西南和西北两地区发震的震级大、频度高，如云南发生6级以上强烈地震12次，几乎平均每2年一次；新疆发生6级以上强烈地震10次，平均每2.5年一次[1]。由现场震害调查可知，在遭受同等地震烈度破坏条件下，农村人口伤亡、建筑的倒塌破坏程度远高于城市。越贫穷的地区受灾越严重。其主要原因是经济落后，大量民房在建筑材料、结构型式、传统习惯等方面存在问题，房屋缺乏抗震措施，抗震能力差所致。

目前，我国已有《中华人民共和国防震减灾法》和《中华人民共和国建筑法》等法律、法规，用来推进地震灾害预防措施的贯彻落实。不足之处在于，有的法律和法规主要是针对城市和企事业单位的，对广大农村和乡镇没有明确的规定，有的不适用于农村和乡镇。而我国又是一个农业大国，70%以上的人口生活在农村，我们日常的生活都离不开农产品，现代化建设也必须以农业为基础。所以，关注农村的抗震减灾问题，是利国利民的大事，也是一项得民心、保稳定、真正实现和谐社会，保障可持续发展的大事。本书对国家层面的有关农村防灾减灾的主要政策及发展历程进行了整理，得到我国防灾减灾现行的主要政策与方针[2]，见表3.1。

表 3.1　　　　　　　　　　　　　我国农村现行防灾减灾主要方针政策

时间与制定部门	文件名称	有关农村防灾减灾的主要方针政策
1991 年 11 月 29 日 中共十三届中央委员会 第八次全体会议	《中共中央关于进一步加强农业和农村工作的决定》	指出"我国地域辽阔，自然灾害频繁。中央和各级党委有关部门，都要长期重视防灾减灾救灾工作"
1994 年 11 月 1 日 建设部	《建设工程抗御地震灾害管理规定》	"农村建设中的公共建筑、统建的住宅及乡镇企业的生产、办公用房，必须进行抗震设防；其他建设工程应根据当地经济发展水平，按照因地制宜、就地取材的原则，采取抗震措施，提高农村房屋的抗震能力"
1998 年 4 月 29 日 国务院	《中华人民共和国减灾规划（1998—2010)》	提出把"农业和农村减灾"作为减灾工作的五项目标之一，要求通过农业综合减灾工程建设，提高农业和农村的综合减灾能力，使农业生产的自然灾害损失率大幅度降低，农村人员因灾伤亡人数明显减少
2000 年 1 月 13 日 建设部	《关于加强农村建设抗震防灾工作的通知》	提出在编制农村建设规划时增加抗震防灾的内容，农村建设中的公共工程、基础设施、中小学校舍、乡镇企业的工程、三层以上的建筑工程应作为抗震设防的重点，必须按照现行规范进行抗震设防
2005 年 10 月 11 日 中共十六届五中全会	《中共中央关于制定国民经济和社会发展第十一个五年规划的建议》	将解决农村安全问题列为"大力发展农村公共事业"的建设内容之一，并明确提出要"加强各种自然灾害预测预报，提高防灾减灾能力，以保障人民群众生命财产安全"
2005 年 12 月 31 日 中共中央、国务院	《关于推进社会主义新农村建设的若干意见》	提出"注重村庄安全建设，防止山洪、泥石流等灾害对村庄的危害，加强农村消防工作"的具体要求
2006 年 6 月 26 日 民政部	《全国"减灾示范社区"创建标准》	提出了减灾示范社区的十条标准，要求各地结合实际开展创建活动
2007 年 8 月 5 日 国务院	《国家综合减灾"十一五"规划》	把"加强城乡社区减灾能力建设"和"社区减灾能力建设示范工程"作为八大任务和八大工程之一
2008 年 10 月 12 日 中共十七届三中全会	《中共中央关于推进农村改革发展若干重大问题的决定》	"中国农村自然灾害多、受灾地域广、防灾抗灾力量弱，必须切实加强农村防灾减灾工作"，并提出了要加强农业公共服务能力建设，加强农村防灾减灾能力建设，加强宣传普及防灾减灾知识
2008 年 12 月 11 日 民政部	《民政部关于加强自然灾害救助应急预案体系建设的指导意见》	编制了县级以上（含县级）、乡镇（街道）和行政村（社区居委会）《自然灾害救助应急预案框架指南》，指导基层民政部门做好救助应急预案的指定和修订工作
2009 年 12 月 31 日 国务院	《中共中央、国务院关于加大统筹城乡发展力度，进一步夯实农业农村发展基础的若干意见》	强调加强农村减灾防灾体系的建设工作，充分发挥各部门、各地区、各行业的作用，综合运用科技、行政、法律等手段，统筹做好自然灾害监测预报、预警发布、应急处置和风险管理工作，全面提高农村趋利避害水平，切实保障农民生命财产安全，促进农村经济发展和社会和谐稳定

　　除了中央及其各部委之外，地方各部门也尤为重视农村的防灾减灾工作，在认真贯彻执行中央关于农村的防灾减灾政策之外，同时积极制定相应的有关防灾减灾方面的政策。尽管我国农村防灾减灾政策及执行都取得了一定的成效，但是仍然存在着许多问题和缺陷，需要进一步完善。

3.1.2 农村综合防灾减灾的法律与法规

法律、法规具有强制性，用来推进灾害预防措施的贯彻落实。自20世纪80年代始，我国就已经开始了自然灾害的立法应对，现有专门应对自然灾害类的法律法规涉及农村防灾减灾的见表3.2[2]。

表 3.2　　　　　　　　　　　涉及农村防灾减灾应对自然灾害类的法律法规

颁布部门	颁布日期	实施日期	法律法规名称
全国人大及常委会	2007年8月30日	2007年11月1日	《中华人民共和国突发事件应对法》
	2002年8月29日	2002年10月1日	《水法》
	2001年8月31日	2002年1月1日	《防沙治沙法》
	1999年10月31日	2000年1月1日	《气象法》
	1999年6月28日	1999年9月1日	《中华人民共和国公益事业捐赠法》
	1997年12月29日	1998年3月1日	《防震减灾法》
	1997年8月29日	1998年1月1日	《防洪法》
	1984年9月20日	1985年1月1日（1998年4月29日修正）	《森林法》
国务院	2006年1月10日	2006年1月10日（2011年10月16日修订）	《国家自然灾害救助应急预案》
	2003年11月24日	2004年3月1日	《地质灾害防治条例》
	2002年3月19日	2002年5月1日	《人工影响天气管理条例》
	2000年5月27日	2000年5月27日	《蓄滞洪区运用补偿暂行办法》
	2000年1月29日	2000年1月29日	《森林法实施条例》
	1995年2月11日	1995年4月1日	《破坏性地震应急条例》
	1994年10月9日	1994年12月1日	《自然保护区条例》
	1993年10月5日	1993年10月5日	《草原防火条例》
	1991年7月2日	1991年7月2日（2005年7月15日修订）	《防汛条例》
	1991年3月22日	1991年3月22日	《水库大坝安全管理条例》
	1989年12月18日	1989年12月18	《森林病虫害防治条例》
	1988年1月16日	1988年3月15日	《森林防火条例》
	1983年12月29日	1983年12月29日	《海洋石油勘探开发环境保护管理条例》
国务院中央军委	2005年6月7日	2005年7月1日	《军队参加抢险救灾条例》
民政部	2008年4月28日	2008年4月28日	《救灾捐赠管理办法》

到目前为止，我国应对自然灾害的法律，从整体上说还只是零散的法律、法规、规章，还没有建立起一套完整的应对自然灾害的法律体系。一旦发生重大自然灾害，还是需要中央领导人亲自上阵，利用政治影响力和个人亲和力来协调各方面进行救灾工作。因此，需要借鉴国外农村防灾减灾

的法律法规，制定符合中国各地区农村的法律法规，确保其具有科学性、完整性和可操作性，全面推进防灾减灾法规体系建设。国家应尽快制定一部综合性的法律，让防灾、减灾、备灾、救灾和灾后重建等各项工作做到权责明确、有法可依。同时，推进地方防灾减灾政策法规建设，将防灾减灾各项目标和任务纳入国民经济和社会发展规划和年度计划，优化、整合各类减灾资源，确保重点项目工程落实。完善相关检查监督机制，推动防灾减灾规划有序实施。

3.2 农村防灾减灾技术标准体系

近年来，通过防灾减灾规划减轻各类灾害越来越受到我国各级政府的重视。抗震防灾规划的编制和实施对保障城镇抗震安全、减轻我国地震灾害影响起到了很大作用，防洪规划、消防规划、地质灾害防治规划都逐渐成为城镇规划与建设管理中必不可少的专业规划。台风、海啸等其他灾害的防御以及综合防灾规划正逐渐得到政府重视而进入应用阶段。因此，需要对我国防灾规划的标准体系建设进行研究，以期推动我国防灾规划研究和应用的发展。目前，我国还没有专门的农村防灾规划编制标准，但在现有的城镇规划编制体系中，规定了一些农村防灾减灾方面的内容，还比较零星，也不够系统。

3.2.1 现行标准体系对农村防灾的规定

1. 法律法规编制方面

我国现行《中华人民共和国城市规划法》（以下简称《规划法》）是自 1990 年 4 月 1 日起开始施行的，目前正在修订，推进城乡一体化和加强城镇安全防灾已成为重要指导思想之一。在《规划法》的基础上，国务院和建设部相继推出了《村庄和集镇规划建设管理条例》（国务院令第 116 号，1993 年）、《城市规划编制办法》（建设部令 14 号，1991 年）、《城镇体系规划编制审批办法》（建设部令 36 号，1994 年）、《开发区规划管理办法》（建设部令 43 号，1995 年）、《建制镇规划建设管理办法》（建设部令 44 号，1995 年）等法规，以及《城市规划编制办法实施细则》（建规〔1995〕333 号）、《近期建设规划工作暂行办法》《城市规划强制性内容暂行规定》（建规〔2002〕218 号）、《国家重点风景名胜区总体规划编制报批管理规定》（建城〔2003〕126 号）、《农村规划编制办法》（试行）（建村〔2000〕36 号）、《县域城镇体系规划编制要点》（试行）（建村〔2000〕74 号）等部门规章。为了配合《规划法》的实施，各地方政府也制定了许多法规和规章。在这些法律法规中，基本明确规定了要求编制防灾规划，但所规定的农村防灾内容不具体。2003 年建设部颁布实施《城市抗震防灾规划管理规定》（建设部令 117 号），对防灾规划的编制内容、编制原则、防御目标以及有关管理要求进行了详细规定，并提出"城市抗震防灾规划标准"的制定要求，也对农村的防灾减灾提出了具体要求。

2. 技术标准规划方面

我国在城镇规划方面，主要是针对城市基本上建立起来了一整套技术标准体系，在农村方面尚不完备。我国目前还没有关于农村防灾规划方面的技术标准，只是在一些标准中有所涉及。在规划技术类标准中一般只是引用了抗震、抗洪、消防等防灾专业技术标准中的一些相关规定，如"工程建设应选择有利地段，避开不利地段"等，因此迫切需要在城镇规划标准体系中完善防灾规划标准技术与标准体系。

3.2.2 现行防灾规划标准体系制定情况

1. 防灾规划标准现状

由于我国城乡管理体制的二元化，城乡规划标准也分为城市和农村两个层次，而规划标准方面也存在着城乡差距，城市规划的标准体系已经基本建立起来了，但农村方面只有《农村规划标准》等极少几种，构不成体系。在国家"十五"期间，为了配合国家小城镇建设工作的推进，开展了"小城镇规划标准"的研究工作，为建立比较完整的规划标准体系提供依据。

我国城乡规划标准体系见图 3.1。我国的规划标准体系中对于防灾的要求通常是引用已有的工程建设设计标准（如建筑抗震设计规范、防洪标准等）中的规定，从城镇规划和发展方面来看基本没有防灾方面的规定，在已有的规划标准体系中，绝大多数技术指标基本不考虑抗震、防洪等有关工程抗灾标准规定之外的防灾要求。

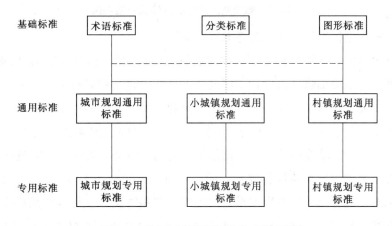

图 3.1 我国城乡规划标准体系示意图

2. 防灾规划标准体系

我国已有防灾方面的标准主要是工程设计层次的，属于专用标准系列。构建防灾规划标准体系应从我国安全与防灾体系建设的总体构想出发，对城镇安全防灾工作进行全面系统规划，不仅要针对全国、省级、市、县、农村等不同级别的安全防灾体系的建立，还应考虑省市间区域综合防御体系和城乡综合防御体系的建立，不仅要针对城镇的各种灾害影响制定综合防灾规划标准以及相应的单灾种防灾规划标准，还要建立起城镇防灾所需的防灾规划要求和技术指标体系。特别应注意的是，防灾技术指标体系的建立还包括了对有关城镇规划基础、通用和专用标准中的相关条文根据城镇防灾要求进行修订。从这些要求出发构建我国防灾规划标准体系，见图 3.2。

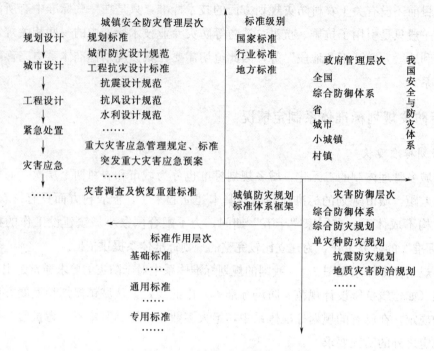

图 3.2　城镇防灾规划标准体系框架构想

在构建我国防灾规划标准体系时主要考虑以下原则：

(1) 将抗御灾害影响贯穿于城镇规划、建设、管理、防灾救灾、应急、灾后重建等城镇综合防御系统的各个方面，特别应加强城市设计方面的防灾设计研究及相应标准化工作。

(2) 体现城镇防灾工作从单灾种向多灾种综合防御的发展要求和特点。

(3) 城市、小城镇和农村是我国现有行政管理体系形成的，但灾害防御是全方位的、综合的，应体现建立区域综合防御和城乡一体综合防御体系、提高区域综合防灾能力的观点。

防灾规划标准是为城镇规划建设管理服务的，应与城镇现有的工程抗灾设计标准、重大灾害应急管理的规定与标准、灾害调查以及恢复重建的规定标准相协调。从标准作用层次上分为基础标准、通用标准和专用标准；从灾害防御层次上，体现从区域综合防御到城镇综合防灾再到单灾种防灾规划的三层次灾害防御体系；从政府行政分级上，体现跨省市的综合防御体系到城市、小城镇、农村三级相对应行政管理体系。

3.2.3　农村建筑工程灾害防治标准体系

1. 农村建筑工程灾害防治概念界定

农村建筑工程灾害防治是指广大农村和小城镇地区在农村规划、土地利用、工程勘察、设计、施工及维护的建筑活动过程中采取必要措施，以便在发生地震灾害、地质灾害、洪水灾害、火灾、暴风雪灾害时，能够避免或减少建筑工程的破坏及生命财产安全。农村建筑工程灾害防治标准体系是使农村建筑工程灾害防治获得最佳秩序，对农村建筑工程所涉及的各类标准，按其内在联系进行归类、梳理衔接、配套,形成科学的有机整体。组成体系表的标准完整配套、彼此协调、互为补充具有较强的系统性。

2. 我国现有的建筑工程防灾标准

我国目前灾害管理是按灾种划分的。地震、洪水和火灾在我国历史上频繁发生,因此我国建筑工程灾害防治标准也主要集中在抗震、防洪和防火方面,对于建筑工程综合防灾和其他灾种的研究则比较匮乏,见表3.3。

表 3.3　　　　　　　　　我国现行建筑工程防灾标准

类别	用 途 及 现 行 标 准
抗震标准	这类标准主要包括房屋、构筑物、铁路、公路、港工、水工、市政等工程的抗震设计标准和抗震鉴定与加固标准。目前我国主要有以下标准: 《工程抗震术语标准》(JGJ/T 97—95)、《中国地震烈度区划图》(2001)、《建筑工程抗震设防分类标准》(GB 50223—2008)、《建筑抗震设计规范》(GB 50011—2010)、《构筑物抗震设计规范》(GB 50191—93)、《建筑抗震鉴定标准》(GB 50023—95)、《工业构筑物抗震鉴定标准》(GBJ 117—88)、《建筑抗震加固技术规程》(JGJ 116—98)、《建筑抗震试验方法规程》(JGJ 101—96)、《铁路工程抗震设计规范》(GB 50111—2006)、《水运工程抗震设计规范》(JTJ 225—98)、《水工建筑物抗震设计规范》(DL 5073—1997)、《电力设施抗震设计规范》(GB 50260—96)、《核电厂抗震设计规范》(GB 50267—97)、《室外给水排水工程设施抗震鉴定标准》(GBJ 43—82)、《室外煤气热力工程设施抗震鉴定标准》(GB/J 44—82)、《机械工厂单层厂房抗震设计规程》(JBJ 12—93)、《铁路单层砖房抗震设计规范》(TB 10040—93)、《石油化工企业建筑抗震设防等级划分》(SH 3049—93)、《石油化工企业设备地震破坏等级划分标准》(SH 3050—94)、《石油化工设备抗震设计规范》(SH 3048—93)、《石油化工设备抗震鉴定标准》(SH 3001—92)、《铀燃料元件厂抗震设计分级》(EJ/T 809—94)、《六度区石油企业建筑物和构筑物抗震鉴定及加固标准》(SYJ 4046—90)、《冶金建筑抗震设计规范》(YB 9081—97)、《煤炭工业抗震设计规范》、《设置钢筋混凝土构造柱多层砖房抗震技术规程》(JGJ/T 13—94)等
防洪标准	这类标准包括防洪标准和防洪工程设计、施工标准等。目前我国主要有以下标准: 《防洪标准》(GB 50201—94)、《城市防洪工程设计规范》(CJJ 50—90)、《蓄滞洪区建筑工程技术规范》(GB 50181—93)等
防火标准	这类标准主要包括建筑和设施设计的防火标准。目前我国主要有以下标准: 《建筑内部装修设计防火规范》(GB 50222—95)、《烟花爆竹工厂设计安全规范》(GB 50161—92)、《城镇消防站布局与技术装备配备标准》(GN/J 1—82)、《广播电视工程建设设计防火标准》(GYJ 33—88)、《水利水电工程设计防火规范》(SDJ 278—90)、《火力发电厂与变电所设计防火规范》(GB 50229—96)、《石油化工企业设计防火规范》(GB 50160—92)、《原油和天然气工程设计防火规范》(GB 50183—93)、《地下及覆土火药 炸药仓库设计安全规范》(GB 50154—92)、《爆炸和火灾危险环境电力装置设计规范》(GB 50058—92)、《爆炸和火灾危险环境电气装置施工及验收规范》(GB 50257—96)、《化工企业爆炸和火灾危险环境电力设计规程》(HGJ 21—89)等

3. 农村建筑工程灾害防治标准体系框图

农村建筑工程灾害防治标准体系如图3.3所示。

4. 农村建筑工程灾害防治标准体系表

(1) 综合标准,见表3.4。

表 3.4　　　　　　　　　综 合 标 准

体系编码	标准名称	现行标准	备注
1.1	城乡综合防灾标准		
1.2	建筑工程防灾标准		
1.3	城乡灾害分类及综合防御标准		
1.4	中国自然灾害区划		

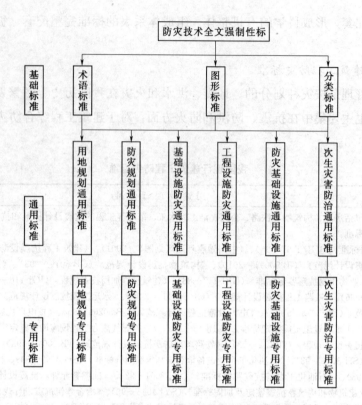

图 3.3 农村建筑工程灾害防治标准体系框图

（2）基础标准，见表 3.5。

表 3.5

基 础 标 准

体系编码	标 准 名 称	现行标准	备注
2.1	术语标准		
2.1.1	防灾规划		
2.1.1.1	国家防灾减灾规划术语标准		
2.1.1.2	农村防灾减灾规划术语标准		
2.1.2	基础设施		
2.1.2.1	农村建设（基础设施）防灾术语标准		
2.1.3	工程抗灾		
2.1.3.1	《建筑结构设计术语和符号标准》	GB/T 50083—97	
2.1.3.2	《工程抗震术语标准》	JGJ 97—95	
2.1.4	灾害应急		
2.1.4.1	农村灾害应急处置术语标准		
2.1.5	鉴定及加固		
2.1.5.1	农村工程损伤鉴定及加固术语标准		
2.1.6	灾后恢复重建		

续表

体系编码	标 准 名 称	现行标准	备注
2.1.6.1	农村灾后恢复重建术语标准		
2.2	图形标准		
2.2.1	防灾规划制图标准		
2.2.2	《房屋建筑制图统一标准》	GB/T 50001—2001	
2.2.3	《建筑结构制图标准》	GB/T 50105—2001	
2.2.4	城乡防灾图形标志标准		
2.2.5	《防汛抗旱用图图式》	SL 73.7—2003	
2.3	分类标准		
2.3.1	用地分类		
2.3.1.1	土地利用分类与规划建设用地标准		
2.3.1.2	农村用地分类代码		
2.3.1.3	农村用地分类与规划建设用地标准		
2.3.2	灾害区划		
2.3.2.1	中国地震动参数区划图		
2.3.2.2	中国洪水灾害区划		
2.3.2.3	《中国地质灾害区划》	GB 8306—2001	
2.3.2.4	中国气象气候灾害区划（风、雪、雨、雷电等）		
2.3.2.5	中国海洋灾害区划		
2.3.3	灾害防御标准		
2.3.3.1	《建筑结构荷载规范》	GB 50009—2001	
2.3.3.2	农村抗震设防标准		
2.3.3.3	《建筑气候区划标准》	GB 50178—93	
2.3.3.4	《建筑气象参数标准（试行）》	GJ 35—87	
2.3.3.5	《河流流量测验规范》	GB 50179—93	
2.3.4	灾害破坏等级划分		
2.3.4.1	《中国地震烈度表》	GB/T 17742—2008	
2.3.4.2	《地震震级的规定》	GB 17740—1999	
2.3.4.3	《地震安全性评价规范》	GB 17741—2005	
2.3.4.4	《建（构）筑物地震破坏等级划分标准》	YB 9255—95	
2.3.4.5	《工业构筑物地震破坏等级划分标准》	YB/T 9255—95	
2.3.4.6	城乡防灾规划基础资料搜集规程与分类代码		
2.3.4.7	工程灾害破坏等级划分标准		
2.3.4.8	市政工程地震破坏分级标准		

（3）通用标准，见表 3.6。

（4）专用标准，见表 3.7。

表 3.6 通 用 标 准

体系编码	标 准 名 称	现行标准	备注
3.1	农村用地防灾规划		
3.1.1	农村用地防灾规划标准		
3.1.2	农村建设用地防灾安全标准		
3.2	防灾减灾规划		
3.2.1	综合防灾减灾规划		
3.2.1.1	国家综合防灾减灾规划规范		
3.2.1.2	区域综合防灾减灾规划规范		
3.2.1.3	小城镇防灾减灾规划规范		在编
3.2.1.4	《农村防灾规划规范》		
3.2.2	抗震防灾规划		
3.2.2.1	国家抗震防灾规划规范		
3.2.2.2	区域抗震防灾规划规范		
3.2.3	防洪规划		
3.2.3.1	《防洪标准》	GB 50201—94	
3.2.3.2	《江河流域规划编制规范》	SL 201—97	
3.2.3.3	《水利水电工程等级划分及洪水标准》	SL 252—2000	修订
3.2.3.4	《中国蓄滞洪区名称代码》	SL 263—2000	
3.2.4	地质灾害防御规划		
3.2.4.1	城乡地质灾害防治规划规范		
3.2.5	消防规划		
3.2.5.1	城乡消防规划规范		
3.2.6	气象灾害防御规划		
3.2.6.1	城乡气象灾害防御规划规范		
3.2.7	重大危险源与次生灾害防御规划		
3.2.7.1	农村重大危险源与次生灾害防灾规划标准		
3.3	基础设施防灾通用标准		
3.3.1	生命线工程抗灾可靠度设计统一标准		
3.3.2	生命线工程系统防灾设计规范		
3.3.3	农村给水系统防灾设计规范		
3.3.4	农村燃气系统防灾设计规范		
3.3.5	农村热力系统防灾设计规范		
3.3.6	农村物质储备工程防灾设计规范		
3.4	工程建设防灾		
3.4.1	抗震防灾通用标准		
3.4.1.1	工程抗震场地划分等级标准		

续表

体系编码	标 准 名 称	现行标准	备注
3.4.1.2	《工程结构可靠度设计统一标准》	GB 50153—92	
3.4.1.3	《防震减灾术语》	GB/T 18207—2005	
3.4.1.4	《建筑结构可靠度设计统一标准》	GB 50068—2001	
3.4.1.5	《化工建、构筑物抗震设计分类标准》	HG/T 20665—1999	
3.4.1.6	《建筑工程抗震设防分类标准》	GB 50223—2004	
3.4.1.7	《民用建筑可靠性鉴定标准》	GB 50292—1999	
3.4.1.8	《工业厂房可靠性鉴定标准》	GBJ 144—90	
3.4.1.9	建筑抗灾防灾性态设计标准		
3.4.1.10	《建筑工程抗震性态设计通则（试用）》	CECS160：2004	
3.4.1.11	《建筑抗震设计规范》	GB 50011—2001	
3.4.1.12	《建筑抗震鉴定标准》	GB 50023—95	
3.4.1.13	《建筑抗震加固技术规程》	JGJ 116—98	
3.4.1.14	《构筑物抗震设计规范》	GB 50191—93	
3.4.1.15	《构筑物抗震鉴定标准》	GB/J 117—88	
3.4.1.16	农村建筑抗震设计规范		
3.4.1.17	《危险房屋鉴定标准》	JGJ 125—99	
3.4.1.18	《建筑抗震试验方法规程》	JGJ 101—96	
3.4.1.19	桥梁工程抗震设计规范		
3.4.1.20	道桥抗震鉴定标准		
3.4.2	抗地质灾害通用标准		
3.4.2.1	《岩土工程基本术语标准》	GB/T 50279—98	
3.4.2.2	《建筑岩土工程勘察基本术语标准》	JGJ 84—92	
3.4.2.3	建筑工程地质灾害防治规范		
3.4.3	抗洪减灾通用标准		
3.4.3.1	农村建筑工程防洪设计规范		
3.4.3.2	农村防洪工程设计规范		
3.4.4	防火减灾通用标准		
3.4.4.1	《农村建筑设计防火规范》	GB/J 39—90	
3.4.5	抗风雪雷击通用标准		
3.4.5.1	建筑抗风设计规范		
3.4.5.2	《建筑物防雷设计规范》	GB 50057—94	
3.4.5.3	农村建筑抗冰冻设计规范		
3.5	防灾基础设施		
3.5.1	农村防灾基础设施等级划分与分类标准		
3.5.2	农村防灾基础设施规划规范		

续表

体系编码	标 准 名 称	现行标准	备注
3.6	次生灾害		
3.6.1	农村次生灾害识别及防御技术规范		
3.7	灾后恢复重建		
3.7.1	震后城乡重建规划规程		
3.7.2	震损建筑抗震鉴定和加固规程		

表 3.7　　　　　　　　　　　　专　用　标　准

体系编码	标 准 名 称	现行标准	备注
4.1	农村用地防灾规划		
4.1.1	农村建筑工程建设用地安全性评价规范		
4.1.2	农村工业用地规划规范		
4.1.3	《工程场地地震安全性评价》	GB 17741—2005	
4.1.4	农村选址和发展防灾规划标准		
4.2	防灾规划		
4.2.1	综合防灾规划		
4.2.1.1	农村防灾规划技术标准		
4.2.1.2	农村居住区防灾规划设计标准		
4.2.1.3	乡镇集贸市场防灾规划设计标准		
4.2.1.4	《农村避灾疏散规划标准》	CJJ/T 87—2000	
4.2.1.5	震后农村重建规划规程		在编
4.2.1.6	农村灾害影响评价规范		
4.2.1.7	《农村建设突发事件影响评价规范》	SL 45—92	
4.2.1.8	农村次生灾害评价规范		
4.2.2	抗震防灾规划		
4.2.2.1	农村抗震防灾规划规范		
4.2.2.2	农村地震灾害评价规范		
4.2.3	地质灾害防御规划		
4.2.3.1	农村地质灾害防御规划标准		
4.2.3.2	农村地质灾害评价规范		
4.2.4	防洪规划		
4.2.4.1	农村防洪抗旱规划规范		
4.2.4.2	农村洪灾评价规范		
4.2.5	消防规划		
4.2.5.1	农村消防规划规范		
4.2.5.2	农村火灾评价规范		
4.2.6	气象灾害防御规划		

续表

体系编码	标 准 名 称	现行标准	备注
4.2.6.1	农村气象灾害防御规划规范		
4.2.6.2	农村气象灾害评价规范		
4.2.7	危险源与次生灾害防御规划		
4.2.7.1	农村重大危险源与次生灾害防御规划标准		
4.2.7.2	农村危险源与次生灾害评价规范		
4.3	基础设施防灾专用标准		
4.3.1	农村供热管网抢修与维护工程技术规程		
4.3.2	农村道路养护技术规范		
4.3.3	农村道桥抗震加固技术规程		
4.3.4	粮食仓库建设标准		
4.4	工程建设防灾专用标准		
4.4.1	抗震防灾专用标准		
4.4.1.1	《农村建筑抗震鉴定与加固规程》	JGJ 101—96	
4.4.1.2	房屋建筑抗震能力和地震保险评估规程		
4.4.1.3	叠层橡胶支座隔震技术规程		
4.4.1.4	《设置钢筋混凝土构造柱多层砖抗震技术规程》	CECS 126：2001	
4.4.1.5	《多孔砖（KP1型）建筑抗震设计与施工规程》	JGJ/T 13—94	
4.4.1.6	《多层厂房楼盖抗微振设计规范》	JGJ 68—90	
4.4.1.7	《机械工厂单层厂房抗震设计规范》	GB 50190—93	
4.4.1.8	《建筑基础隔震技术规程》	JBJ 12—93	
4.4.1.9	《配筋和约束砌体结构抗震技术规程》	CECS 126：2001	
4.4.1.10	《钢-混凝土组合结构抗震技术规程》	JGJ/T 13	在编
4.4.1.11	底部框架砌体房屋抗震设计规程		在编
4.4.1.12	震损建筑工程修复加固改造技术规程		
4.4.1.13	农村与集镇建筑抗震技术规程		在编
4.4.2	抗地质灾害专用标准		
4.4.2.1	《建筑边坡工程技术规范》	GB 50330—2002	
4.4.2.2	湿陷性黄土地区建筑基坑支护安全技术规程		在编
4.4.2.3	《建筑基坑支护技术规程》	JGJ 120—99	
4.4.2.4	《膨胀土地区建筑技术规范》	GB/J 112—87	
4.4.3	抗洪专用标准		
4.4.3.1	《蓄滞洪区建筑工程技术规范》	GB 50181—93	
4.4.3.2	农村建筑抗洪鉴定与加固规程		
4.4.4	防火专用标准		
4.4.4.1	《建筑内部装修设计防火规范》	GB 50222—95	
4.4.4.2	《钢结构防火涂料应用技术规范》	CECS 24：90	修订

体系编码	标 准 名 称	现行标准	备注
4.4.4.3	《建筑防火封堵应用技术规程》	CECS 154：2003	
4.4.4.4	《汽车库、修车库、停车场设计防火规范》	GB 50067—97	
4.4.5	抗风雪雷击专用标准		
4.4.5.1	农村建筑抗风鉴定与加固规程		
4.4.5.2	《冻土地区建筑地基基础设计规范》	JGJ 118—98	
4.4.6	工程施工及验收标准		
4.4.6.1	《古建筑修建工程质量检验评定标准（北方地区）》	CJJ 39—91	
4.4.6.2	《古建筑修建工程质量检验评定标准（南方地区）》	CJJ 70—96	
4.4.6.3	《既有建筑地基基础加固技术规范》	JGJ 123—2000	
4.4.6.4	《湿陷性黄土地区建筑规范》	GB 50025—2004	
4.4.6.5	《建筑防腐蚀工程施工及验收规范》	GB 50212—2002	
4.4.6.6	《建筑防腐蚀工程质量检验评定标准》	GB 50224—95	
4.4.6.7	《工业建筑防腐蚀设计规范》	GB 50046—95	
4.4.6.8	《施工企业安全生产评价标准》	JGJ/T 77—2003	
4.4.6.9	《建筑施工安全检查标准》	JGJ 59—99	
4.4.6.10	《建设工程施工现场供用电安全规范》	GB 50194—93	
4.4.6.11	《建筑拆除工程安全技术规范》	JGJ 147—2004	
4.4.6.12	《建筑工程冬期施工规程》	JGJ 104—97	
4.4.6.13	《建筑施工高处作业安全技术规范》	JGJ 80—91	
4.4.6.14	《土方与爆破工程施工及验收规范》	GB/J 201—83	
4.4.6.15	建筑施工塔式起重机安装拆除安全技术规程		
4.4.6.16	建筑施工作业劳动防护用品配备及使用标准		
4.4.6.17	《建筑施工门式钢管脚手架安全技术规范》	JGJ 128—2000	在编
4.4.6.18	《建筑施工扣件式钢管脚手架安全技术规范》	JGJ 130—2001	在编
4.4.6.19	《施工现场临时用电安全技术规范》	JGJ 46—2005	
4.4.6.20	《建筑施工现场环境与卫生标准》	JGJ 146—2004	
4.4.6.21	《地下防水工程质量验收规范》	GB 50208—2002	
4.5	防灾基础设施专用标准		
4.5.1	《综合医院建筑设计规范（试行）》		
4.5.2	《医院洁净手术部建筑技术规范》	JGJ 49—88	
4.5.3	《防灾公园设计规范》	GB 50333—2002	
4.5.4	防灾据点设计规范		
4.5.5	堤防工程设计规范		
4.5.6	灌溉与排水工程设计规范		
4.5.7	《污水再生利用工程设计规范》	GB 50288—99	
4.5.8	《自动喷水灭火系统设计规范》	GB 50335—2002	

体系编码	标 准 名 称	现行标准	备注
4.5.9	《自动喷水灭火系统施工及验收规范》	GB 50084—2001	
4.5.10	《建筑灭火器配置设计规范》	GB 50261—96	
4.5.11	《森林防火道路设计规范》	GBJ 140—90	在编
4.6	次生灾害防御专用标准		
4.6.1	生物安全实验室建筑技术规范		
4.6.2	《民用爆破器材工厂设计安全规范》	GB 50346—2004	
4.6.3	《压缩空气站设计规范》	GB 50089—98	
4.6.4	《氧气站设计规范》	GB 50029—2003	
4.6.5	《氧气站设计规范》	GB 50030—91	
4.6.6	《氢气站设计规范》	GB 50030—91	
4.6.7	《乙炔站设计规范》	GB 50177—2005	
4.6.8	《发生炉煤气站设计规范》	GB 50031—91	
4.6.9	《地下及覆土火药炸药仓库设计安全规范》	GB 50195—94	
4.6.10	《汽车加油加气站设计与施工规范》	GB 50154—92	
4.6.11	《烟花爆竹建筑工程设计安全规范》	GB 50156—2002	
4.6.12	《氧化铝厂建设标准》	GB 50161—92	
4.6.13	《商业普通仓库建设标准》		已编
4.6.14	棉麻仓库建设标准		

新标准体系以原标准体系为基础，扩大了防灾的覆盖面，并力求做到层次清楚、标准之间分工明确。本标准体系对覆盖面留有较多的范围，如防火、防洪、抗风灾、抗地质灾害等；对新技术、新工艺也提出相关的项目，如优化设计、性能设计、隔震减震、震损建筑加固、保险评估等。

5. 主要灾害防治标准

(1)《工程抗震术语标准》(JGJ/T 97—2011)。此标准适用于工程抗震科研、勘察、设计、施工和管理等领域，是工程抗灾基本术语在抗震方面的扩展。内容包括未列入基本术语的抗震防灾术语，结构周期和振型等动力学术语，强地震观测和抗震试验术语，场地和地基抗震术语，抗震概念设计术语，结构抗震计算和抗震构造术语，震害评估和地震破坏分级术语，以及防震减灾管理术语等。在完成"工程抗灾基本术语标准"后，此标准应进行修订，避免重复。

(2)《防洪标准》(GB 50201—94)。此标准适用于城市、乡村和国民经济主要设施等各种防护对象的规划、设计、施工和管理。主要内容是按照具有一定防洪安全度，承担一定风险，经济上基本合理，技术上确实可行的原则，对城市、乡镇、大型工矿企业、交通运输、水利工程、文物和旅游设施，在遭遇暴雨洪水、融雪洪水、雨雪混合洪水及河海风暴潮时的减灾目标，划分不同的设防等级和防洪要求。

(3)《镇(乡)村建筑抗震技术规程》(JGJ 161—2008)。此规程适用于农村一般房屋建筑的设计和施工，主要内容根据农村建筑的特点，着重于加强结构的整体性，提出因地制宜的、有效的、确实可行的抗震措施，力求做到仅增加少量造价即可大大改善量大面广的一般农村建筑的抗震性能。

（4）新编"农村建筑抗震鉴定和加固规程"。此规程适用于抗震设防区农村建筑的抗震鉴定与加固。主要内容是规定震前对房屋抗震能力进行评估时的设防目标和评定方法，对不符合鉴定要求的房屋提出加固措施和施工要求。针对农村量大面广的砖木承重结构、木结构、土木承重结构和石木承重结构房屋的特点规定了有别于城市建筑的抗震鉴定方法与加固技术措施。

（5）新编"农村建筑抗洪鉴定与加固规程"。此规程适用于洪泛区（行洪区和蓄滞洪区）农村建筑的抗洪鉴定与加固。主要内容是规定了对房屋抗洪能力进行评估时的设防目标和评定方法，对不符合鉴定要求的房屋提出加固措施和施工要求。针对农村砖木承重结构、木结构、土木承重结构、石木承重结构等房屋的特点规定了抗洪鉴定方法与加固技术措施。

（6）新编"农村建筑抗风鉴定与加固规程"。此规程适用于遭受台风袭击频度较高的沿海地区农村建筑的抗风鉴定与加固。主要内容是规定了对房屋抗风能力进行评估时的设防目标和评定方法，对不符合鉴定要求的房屋提出加固措施和施工要求。针对农村砖木承重结构、木结构、土木承重结构、石木承重结构等房屋的特点规定了抗风鉴定方法与加固技术措施。

（7）新编"城乡防灾规划基础资料搜集与分类代码技术规程"。此规程适用于编制城乡防灾规划的基础资料收集工作和计算机统计工作。主要内容包括基础资料收集内容、方法和相关要求，还包括各类基础资料收集规范用表、分类代码及基础资料分类代码和代号对照表等。

（8）新编"城乡防灾能力评价技术规范"。此规范适用于编制城乡防灾规划时，针对城乡各类承灾体所需进行的抗灾、防灾能力评价工作，主要内容包括城乡用地、基础设施、城乡建筑、次生灾害、疏散场所等承灾体类别、评价内容、评价方法、评定标准及相关技术要求，城乡综合抗灾、救灾能力评估方法和技术要求等。

（9）《蓄滞洪区建筑工程技术规范》（GB 50181—93）。此规范适用于蓄滞洪区农村和乡镇的建筑工程的减灾设计。主要内容包括抗洪减灾规划、抗洪设计基本规定、波浪要素和波浪荷载、地基基础、常用房屋的抗洪构造和抗洪对策等。

3.3　农村防灾宣传、教育与培训

我国农村自然灾害的预防和应对体制不够完善，特别是防灾宣传教育和培训方面还很薄弱，每年自然灾害造成的损失仍然十分的严重，防灾宣传教育与培训对保证我国广大农民的生命财产安全具有重要的作用。

3.3.1　防灾宣传教育经验借鉴

1. 日本

由于特殊的地理位置，日本易遭受地震、台风、海啸等多种灾害的影响，因此日本政府和人民积极面对，学习和应对自然灾害，将防灾宣传教育融入到人民的日常生活中，培养人民的防灾意识、提高整个社会的防灾能力。日本的防灾宣传与教育形式多样、简单易懂，而且要求全面参与演练，主要从以下几个方面开展民众防灾宣传与教育[3-5]，详细内容见表3.8。

表 3.8　　　　　　　　　　　　日本防灾教育与宣传培训内容

项目	宣传教育培训具体做法
注重学校防灾宣传教育	中小学都要开设防灾课，出版针对中小学校园安全的教材，并按照年级高低不断变化其中的内容；日本的学校除开设防灾课程外，还配有防灾心理辅导员，定期接受防灾咨询。 　　除了学校开设防灾课程外，政府还常常派防灾指导人员到学校对学生进行防灾知识教育，提高学生的防灾救灾知识；日本各都、道、府、县教育委员会都编写有《危机管理和应对手册》或者《防灾教育指导资料》等教材，指导各类学校开展危机预防和应对教育。 　　学校在开学伊始就给学生发一张地图，要求学生在图上标出放学回家的路线、警察署、公用电话、饮水处和可避难的公园的位置。 　　学校常常模拟各种灾害，如地震、火灾、水灾的预演，让孩子们听惯各种不同的警报声，培养他们冷静的思维和应变能力。同时教给学生在家里、学校如何选择躲避地点，被困时如何呼救等知识。有的学校还让孩子们在模拟地震晃动的"体验车"里感受地震。 　　消防等部门定期到学校讲课，"三天两头"开展防灾演习
建立大量的防灾博物馆	阪神淡路大地震的纪念馆展出了大量的相关实物和资料，而人类未来馆展示了人类对大自然的美好感情和对未来的美好憧憬；平时参观者众多，且以学生和老人为主。 　　1995年阪神淡路大地震后，兵库县淡路岛建立了北淡町震灾纪念馆和仁川百合野町建立了地质灾害资料馆等，成为重要的防灾宣传和教育基地
建立许多具有特色的防灾中心	建立了许多防灾中心，如京都市民防灾中心和兵库县加古川市防灾中心等；在东京就有各类防灾中心和相关机构十余家，可以提供防灾课程教育和宣传；其中，兵库县加古川市防灾中心不仅作为防灾教育基地，也是救灾物资储备基地。同时，该中心设在加古川市的相对边缘地区，环境十分开阔，也可作为灾害过程中的救灾指挥中心和避难场所。 　　所有中心虽然在规模和装备程度上有一定的差别，但都具备防灾中心的基本设施，如防灾知识演示厅，地震、大风、火灾等体验室，自救、互救培训室，消防训练室等，并展出当地的主要灾害和历史灾害情况等。总体来说，各地常见的灾害在这类防灾中心都能够有所体验或得到相关知识
防灾宣传资料多种多样	防灾宣传品用卡通形象来讲解说明，通俗易懂地向普通民众普及防灾知识；防灾宣传资料丰富多样，而且简单易懂，如《市民防灾手册》。该手册是日本各地方的必备手册，介绍当地常见灾害及其灾民防灾和自救方法；一般都有日语、英语、汉语和韩语等几种语言。 　　各灾害管理机构也都有其特色的宣传品，如报纸、杂志、手册等，还有一些关于建房、消防的宣传品，也都与防灾有关
不定期举行各种防灾培训和演练	防灾培训和演练在日本可以说是一项经常性活动，无论是面向灾害管理专业人员，还是普通民众，还是商业部门等等，都设有定期或不定期的防灾培训和演练。 　　在日本，防灾培训和演练已经成为日本普通民众获得防灾知识和教育的重要途径之一
通过强大的互联网进行防灾宣传	日本的主要灾害管理部门和相关部门都建立了专门网站或网页作为宣传防灾知识和发布防灾信息的平台。在日本中央政府和地方政府的官方网站上，防灾是一个重要的专题，各地防灾计划（其中应急部分类似于中国的灾害应急预案）都可在这类网站上找到；各专业部门也都将自己的防灾计划放在其网站上，非常易于查阅。 　　yahoo网站上的天气预报网页，实际上就是一个综合的灾害信息发布平台，包含了从气象信息到地震、火山爆发、海洋灾害等一系列的灾害信息和预警信息，普通公众可以非常方便地查阅，作为其日常生活的必备参考，而这种类似的网站在日本也不在少数

续表

项目	宣传教育培训具体做法
确立全国防灾日，进行防灾演练培训	在 1982 年 5 月 11 日日本政府就决定 9 月 1 日为全国"防灾日"，8 月 3 日所在的周为全国"防灾周"。日本内阁会议还先后设定了"防水月""防山崩周""危险品安全周""急救医疗周""防雪灾周"以及"防灾志愿活动日"等。在这期间，全国各地通过举办防灾训练以及讲演会、展览会、防灾物品展销会以及组织参观和模拟体验等活动，交流经验，普及防灾知识，增强防灾意识。 日本政府每年 9 月 1 日都要举行全国性的"综合防灾训练"，通过反复训练，让每位阁僚、各级政府以及各有关公益团体的职员提高防灾意识，熟悉防灾业务，提高对灾害的应付能力。 如 2000 年 9 月 1 日，以东京所在的南关东地区发生垂直型地震为假设举行的"综合防灾训练"很有实战性。这天早上，阁僚们接到大型地震发生的紧急通报后，纷纷赶往首相官邸，立即成立了以首相为本部长的"紧急灾害对策本部"，并发布了"灾害紧急事态布告"。各有关阁僚报告所管领域的受灾情况，又决定制定紧急灾情对策的基本方针。接着根据会议决定，派遣以首相为团长的政府调查团到现场视察。与此同时，作为紧急灾害对策主管部门的国土厅设置"紧急灾害对策本部"事务局，负责收集和综合有关信息，制定具体的救灾计划，组织救援物资和药品的运送，安排医务人员前往灾区等。这一天，以东京为中心的 7 个县市和以大阪为中心的两府 7 县，分别举行了以确保首都地区和重点工业区安全为目标的"相互协作和支援"的防灾训练，很有成效

2. 美国

美国组织实施民众防灾教育的渠道是多种多样的，其中政府起着关键的主导性作用。在此基础上，一般都把学校、社区和公共媒体作为实施民众防灾教育的主渠道[6-7]，其主要做法见表 3.9。

表 3.9　　　　　　　　　　　　　美国防灾宣传与教育内容

项目	宣传教育主要内容
学校开展防灾教育	从幼儿阶段就开始向孩子灌输安全知识，教孩子在面对突发性自然灾害时如何自我保护和应对灾害。如一些幼儿园就经常举行突发灾害的应对演习，还有的幼儿园每学期都安排一个消防周，让孩子参观消防站，看消防员做消防演习，教孩子学会如何在紧急情况下逃生，掌握应对自然灾害的技能
社区开展防灾教育	高度重视充分发挥社区的作用，以推动民众防灾教育工作。如洛杉矶市消防局在 1985 年就开始成立社区救灾反应队，通过制定详细的救灾培训计划，向市民、私人雇员、政府雇员提供救灾培训服务，使市民明白他们在为灾难作准备上所具备的责任，增强他们相互救助的能力。这一做法被美国联邦应急管理署在全国推广，在 28 个州及波多黎各的社区相继成立了社区救灾反应队。 "9·11"事件后，为强化整体防卫，政府积极推动建立以"防灾型社区"为中心的公众安全文化教育体系，使社区具备灾前预防及准备功能、灾时应变及抵御功能、灾后复原及整体改进功能等三大功能
媒体开展防灾宣传	美国很早就开始通过一系列信息渠道向社会宣传防灾意识的相关知识。美国联邦应急管理委员会（FEMA）在其官方网站上专门设立了灾害知识版，可供社会不同年龄、不同文化层次的人了解相关的知识，最明显的是幼儿版本的网页，它以漫画形式将不同灾害进行分类，在每个灾害种类里面又分别设立了关于这种灾害的特征、怎么发生、有什么危害、怎么避免等栏目
规范民众防灾教育	美国对民众进行防灾教育时，一般都非常注重教育内容的规范性。教育内容是根据所在地的具体情况而精心选择的；教育计划是根据民众的实际情况而认真制定的；教育步骤是根据需循序渐进的原则而逐步实施的。 在构建"防灾型社区"的过程中，对由普通民众组成的"社区应急反应队"的教育内容就充分体现了这一点。根据计划，社区救灾反应队的培训需要 7 个星期，一个星期需要一个晚上的培训时间。每次培训一个小时，分为两节，一节半小时。具体内容有 7 项。①灾难预备；②灭火；③灾难医疗救护第一部分；④灾难医疗救护第二部分；⑤轻度搜索和营救行动；⑥灾难心理和搜救队的组织；⑦课程复习和灾难模拟

3. 新西兰

新西兰按照4个"R"（就绪 Ready、减轻 Reduction、响应 Response、恢复 Recovery）制定出详细的、可实际操作的应急预案应对灾害。其中一项就是作好宣传教育、普及地震知识[8]，提高全民的防震减灾意识，具体措施见表3.10。

表3.10 新西兰防灾宣传教育与培训

项目	宣传教育培训主要内容
学校防灾教育	对全民（特别是中、小学生）进行地震科学知识宣传
开展媒体防灾宣传	电视、广播、报纸等新闻媒体介绍地震有关知识； 印发各种地震科普知识和防灾知识宣传小册子，博物馆采用多媒体技术进行图文并茂的展览； 建立灾害应急的网站：①宣传地震知识；②发布各种地震信息；③解答各种疑问
开展防灾培训演练	每年定期进行地震（包括其他灾害）演习，包括民航、交通等各行各业都要参加

4. 伊朗

改善公众意识，使灾害减少到可以接受与负担的程度，需要长期的教育，增加公众对灾害的敏感性与认知程度，从而采取积极的行动。伊朗主要从国家政策、公众教育、学校教育三个层面展开防灾宣传与教育工作[9]，具体内容见表3.11。

表3.11 伊朗防灾宣传教育与培训

项目	宣传教育培训主要内容
灾害应对的教育战略	进行地震教育不仅能够使学生掌握相关的安全知识，而且也可以学生为中心，将防灾减灾知识传播给家长、教职员工与社会公众。 伊朗地震教育的内容根据不同教育水平的课程标准制定，小学阶段（1～5年级），学生学习地震的基本知识，学会在地震中如何做出更为恰当的决定以及采取正确的行动，保护自己的生命。中学阶段（6～9年级、10～13年级），学生学习应对突发事件的各种知识，以确保自身在地震前、地震中、地震后的安全以及良好状态，同时也学习相关急救知识，增加在地震中生存的几率。 作为伊朗教育战略的组成部分，地震工程与地震学国际研究所（International Institute of Earthquake Engineering and Seismology）开发了综合性的地震教育项目，以提高公众意识、促进集体预防、营造安全文化。2003年伊朗巴姆大地震（Balm Earthquake）死伤无数，但许多拥有地震知识而采取合适措施的人却幸免于难，显示出地震教育的有效性
面向普通民众的防灾教育	（1）声音、视频途径。以电视与无线电节目为手段，不断地向公众提醒发生过的灾害，培育风险意识。伊朗每周的15min电视节目、5～10min无线电节目，经常探讨安全话题，与公众对话并回答公众问题。此外，伊朗播放电影短片与电视节目，如"地震与流言"；伊朗国家电视台也经常播放节目剪辑，内容包括地震发生前后可能遇到的问题与如何应对等。 （2）公共出版物途径。针对不同地区设计不同公共出版物，加以分发传播，比如如何提高家庭内部装修的安全性等。《办公室内防震减灾指南》小册子和相关的标语、磁带等向学校、医院、旅馆、超市、办公楼等场所人员传播避震减灾知识。《地震安全建房指南》帮助公众、尤其偏远地区的民众如何设计与建造安全的房屋。在特殊时节在报纸上刊登有关地震教育的文章或者专家访谈，有效地唤醒公众防灾减灾的意识。甚至，伊朗的广告牌及公共橱窗中也展示地震减灾的知识

续表

项目	宣传教育培训主要内容
学校防灾教育系统化	课堂教育。课堂教育材料整合于小学、初中、高中的学校课本，总目的为增加学生的地震知识，减少地震灾害的损失，创设、拓展、稳固社会的安全文化。学生学习地震安全与准备知识的时间大约为 10 年。课堂教育材料大体上分为 4 类，①有关地球与地震的科学科目。4、5、8、12 年级的科学课本，8、10 年级的地理课本包含有关地球构造、大陆运动、地震现象、地质学、地震学、地震灾害的知识；科学与地理课本因地制宜，为不同地区提供不同的地震教育。②地震准备、反应与救援。8、9 年级的地震准备课以及 8 年级的技术与职业课包了如何在地震发生之前、之中、之后做出恰当反应的内容。③安全建筑的技术与工程知识。职业中学建筑专业课程包含此类内容，以培养学生的安全建筑意识、传播符合安全标准建筑物的建造知识。④地震的社会与文化知识。3、7 年级的社会科学课与 8 年级的波斯文学课（波斯语，伊朗西部的方言）从社会与文化的角度，培养学生应对地震的自信心以及适当的社会行为。上述课程或者内容由正规教师或者特殊培训者根据相关课程指南付诸实施。 课外教育。伊朗设计与实施多种课外活动，以增加学生防灾减灾的知识与能力。同利用教育辅助材料等，通过简单易懂的方式帮助不同年龄段与阶层的孩子了解地震现象。比较典型的课外教育活动主要有 4 类，①画画比赛与展览。如两年一度的地震与安全画画比赛（1992 年开始）等。②写作竞赛。如举行两年一度的作文比赛。作文比赛中涌现出许多有用与新奇的观点，伊朗政府基于此改进地震教育，与公众交流并了解公众的看法。③地震安全操练。每年 11 月 28 日在全国范围内举行地震操练，以改进和提高学生在地震发生时的求生技能、反应能力以及准备程度，并使学生成为家庭、社区安全防护的信息传递者。④地震与安全研讨会。伊朗在每年的降低自然灾害国家周（National Week of Natural Disaster Reducation，10 月 11 日所在的周）中，举办地震与安全研讨会。由于采用直接与面对面的讨论方式，利用多媒体及现代化教学手段，研讨会受到学生、家长以及教师的欢迎。此外，学校根据 8 年级地震准备课的指南成立学校地震安全委员会，下设非结构化的安全小组、搜救小组、救援小组、火灾小组；委员会在教师和家长理事会的帮助下，利用专业知识，改进学校的地震准备水平，保障地震发生后的安全

5. 墨西哥

拉美国家意识到教育对灾害预防、危害减轻、灾后心理恢复作用十分明显。因此，通过教育手段在民众中树立防灾、减灾和自我保护意识，将灾害带来的影响降到最低程度，已经纳入大多数拉美国家公共政策的规划和实施范畴之中[10]。其中，墨西哥是目前拉美地区防灾教育开展得比较好的国家之一，见表 3.12。

表 3.12　　　　　　　　　　　　墨西哥防灾宣传教育与培训

项目	宣传教育培训主要内容
教育战略	通过立法建立起防灾教育的长效机制，明确基础教育部门在防灾、减灾方面的重要职能；教育主管部门比较重视防灾教育；灾害知识被纳入到教学计划中，使大多数在校中小学生有机会接触到基本的防灾常识
学校防灾教育与培训演练	在中小学教学计划中引入生态学、环境保护、健康和自我保护等内容；对教师和学生进行求生、撤离方面的培训；制订学校安全操作计划，使负责公共安全的机构能够对学校内发生的突发事件作出快速反应
学校防灾设施维护	在中小学建立由学校领导、教职工、学生、家长和社区居民代表共同组成的学校安全委员会，负责安装和管理安全警报系统、开展防灾演习；建立专门委员会，负责对墨西哥城的小学进行日常设施修缮；为中小学校购置安全和救灾设备
对普通民众宣传教育及资金支持	通过资金支持等手段，积极推动地震警报系统的研发工作；建立风险信息的发布、跟踪和评估体系；利用广播、电视、宣传手册等手段，传播防灾减灾知识；自 1993 年起开展市民保护宣传周活动

许多国家尤其是发达国家都非常重视对民众防灾减灾知识与技能的教育、普及、宣传、培训，并成为整个防灾体系的重要组成部分。借鉴与学习国外的先进做法，加强民众的防灾减灾教育，对提高民众防灾意识与能力，防患于未然，减少灾难损失，具有重要的意义。国外防灾宣传教育和培

训主要有以下几方面：

（1）国外民众防灾教育最主要的渠道有学校、社区等。学校是防灾知识教育的主课堂，幼年、青少年时期也是接受防灾知识教育的最佳时期。国外很多国家都把防灾知识作为一种系统的教育形式对待，使防灾教育贯穿学生学习的全过程。社区也是防灾教育的重要场所。许多国家都高度重视并充分发挥社区的作用，以推动更加广泛的民众防灾教育工作。

（2）一些国家把某些特大灾害发生的日子作为灾害宣传日，开展多方面的社会宣传，让人们了解灾害对人类生存环境的危害和防灾的重要性，以达到对民众灾害知识教育和宣传的目的。比如：日本为了纪念 1923 年 9 月 1 日关东大地震，把每年的 9 月 1 日定为"全国防灾日"，这一周定为"纪念周"，纪念日当天，全国各地以不同的方式举行灾害宣传、防灾演习等活动，向市民介绍面对突发灾难的应急对策，也提醒市民加强危机意识；在美国，9 月 11 日因为"9·11"恐怖袭击事件成为美国重要的"防灾纪念日"；作为一个灾害类型多样化的国家，韩国政府规定每年的 5 月 25 日为"全国防灾日"。

（3）将灾害遗址作为教育基地是一种比书本教育和宣传更直观的方法，其教育"映像"可长久地镌刻在人们的脑海里。比如在日本，建于阪神淡路大地震震源附近的北淡町震灾纪念公园是普及地震知识的专题公园。园内的野岛断层保存馆内，人们可看到由实物再现的高速公路倒塌后的场景和被完整保存下来长达 140m 的地震断层，直观地了解到地震蕴藏着的巨大能量。

（4）通过建立防灾教育中心，对民众进行定期的防灾教育培训。如：日本的"京都市民防灾教育中心"是 1994 年专门为民众用于防灾教育而成立的，中心用各种图片、文字、影像向民众介绍日常各种防灾知识，并可看到三维立体震动电影"京都大地震"。并开设面向公众的各种减灾培训课程，其中面向单位开设消防员培训班，培训内容包括防火管理的一般知识、防灾人员的责任、设备的使用、综合防灾操作训练等。中心还向广大市民开设外科医护急救培训、培训内容包括人工呼吸、止血方法等。

（5）一些国家有固定的日期进行防灾演习。日本在"防灾周"里，规定民众要参加不同规模的防灾演习，主妇还要检查和更换防灾背包里快过保质期的压缩饼干与饮料；韩国在"全国防灾日"里举行全国性的"综合防灾训练"，通过防灾演习让政府官员和普通群众熟悉防灾业务，提高应对灾害的能力；在美国，逃生演习经常在学校等场所举行，使孩子从小就懂得人为灾害、自然灾害发生时逃生自救的知识。美国在构建"防灾型社区"时就注重通过防灾、救灾的训练，来促进防灾、救灾管理水平和个人技能的提高。

（6）建立各种防灾纪念馆、防灾博物馆、防灾体验馆，让民众深刻体验灾害。如：日本的东京本所防灾馆、大阪市生野防灾馆、东京消防博物馆等防灾知识学习体验馆，免费向市民开放。其中有地震体验设施、家庭防灾知识演示、灭火训练设施、暴风雨体验设施、人员逃生演示等。在这些馆内，民众能够亲身体验地震等灾害发生时的感觉，目的是使民众和其他有关人员掌握发生灾害后保护自己及援助他人所需要的最基本的技能。

（7）形形色色的防灾宣传品。国外常常根据自己本国灾害的特点并结合本国的文化背景发行各种防灾宣传品，提高民众的阅读热情。如：日本的防灾宣传品有一个很大的特点，就是其多用卡通形象来讲解说明，以这种活泼、通俗易懂的形式向普通民众普及防灾知识。因为宣传品主要以卡通图画描述防灾知识，所以完全可以面向幼儿和小学低年级的学生。

3.3.2　我国防灾宣传教育的现状

我国对于公众的自然灾害及防灾减灾教育起步较晚，缺乏行之有效的教育方式。在 20 世纪 90 年代以前，防灾减灾教育几乎流于形式，应对灾害的对策措施基本是空白。90 年代后，由于频繁的自然灾害造成越来越严重的生命财产与经济的损失，让人们开始关注灾害教育。但是，我国的防灾减灾教育现状不容乐观。表现在：①地方政府对民众的防灾减灾教育重视程度不够，倡导力差，缺乏有效可行的措施。没有专门的机构对公众进行防灾减灾教育，造成公众没有应对特大自然灾害的能力。②没有把防灾减灾教育纳入国民教育体系中，对公众的防灾减灾教育缺乏系统化。绝大多数中小学没有规范的自然灾害安全教育课程。在实施新课改后加入的高中地理教科书《自然灾害与防治》也只是选修课。在大学开设的各专业课程中，也没有把灾害教育纳入教学计划的必修课。③防灾减灾教育内容不丰富，教育形式单一，大多数的防灾减灾教育还停留在枯燥的文字上，没有实地的演练场，缺少多媒体宣传教育栏目等。④缺少专业的防灾减灾教育人才，师资匮乏。

3.3.3　农村防灾宣传教育与培训

经验表明，日常的减灾宣传与减灾意识培养，在灾害面前就是生命和财产损失的减少。对于农村地区而言，农村地区的防灾减灾宣传内容：①掌握灾害的基本知识，包括用各种手段和方法识别和宣传主要灾害的产生原因、产生时的预兆和自救方法，做好各项准备工作；②定期的演习，包括通过了解的灾害知识，定期进行一些防灾自救的演练和灾后的恢复，心理干预的练习，规避灾害，并且在面对灾害时不会慌乱，成功进行自我救助和帮助他人脱离危险；③了解预防灾害政策措施，包括宣传政府防灾的相关的法律政策等，知道政府救助的方法；④进行心理辅导，使人们具备应对灾害的心理素质，保持清醒理智的头脑，应对可能发生的灾难。面对无法预知的灾难，教育者如何能够通过教育，使村民保持心理上的镇定，充分发掘他们应对灾难的潜能。

通过农村防灾宣传教育应使广大村民在灾害袭来时沉着冷静，变被动为主动，未雨绸缪做好减灾防灾的应急准备。广大村民应主动了解灾情、关注灾情、研究灾情，增强灾害意识，提高村民的自救互救能力，从而为防灾减灾、抗灾救灾奠定可靠的社会基础，一旦灾害来临，就会大大降低人们的心理恐慌程度并具备足够的应对能力。

1. 农村防灾宣传与教育的基本原则

在组织农村防灾宣传教育和培训的过程中，应该根据当前我国农村的现实情况，制定相应的方法和措施，并坚持制度化、针对性、组织性、直观性和多形式多层次原则[11]，具体实施见表 3.13。

表 3.13   农村地区防灾宣传教育的基本原则

原 则	具 体 内 容
制度化原则	建立健全农村防灾减灾宣传教育和培训的长效机制，在农村政府职能部门当中层层落实，形成制度化的管理运行模式，使之成为农村政府职能工作的一部分
针对性原则	针对我国灾难分布的地域性特征，各地应根据本地区多发易发的灾种以及各种灾难发生的具体情况，在明确主要灾种的前提下，各地区应制定出有针对性的宣传教育方法和内容，以及实施专门的防灾减灾培训演练。此外，鉴于各地区发展水平的差异，部分地区存在自然环境、财政状况等客观条件的限制，各地在实施防灾减灾培训演练时可因地制宜、灵活处理
组织性原则	农村防灾减灾宣传教育和培训工作要做到有组织、有目标，宣传教育内容做到科学化、系统化，开展防灾减灾法律法规和基本知识教育普及活动，重点普及各类灾害基本知识和防灾避险、自救互救基本技能
直观性原则	针对广大农村地区居民的经济和文化水平，防灾减灾宣传教育内容和方法应尽量考虑到直观性强，尽可能地生动形象，使沉重复杂的灾害知识变得易于接受，从而增加其教育的效果，更好地达到防灾减灾教育的目的。例如，日本的防灾宣传品有一个很大的特点，就是其多用卡通形象来讲解说明，以这种活泼、通俗易懂的形式向普通民众普及防灾知识。这些直观的宣传教育内容更适应广大农村居民的理解程度
多形式多层次原则	在防灾减灾教育的形式上，充分利用广播、电视、报纸、书籍、政府网站等媒体开设宣传专栏、播放公益广告，制定简单易读的宣传教育手册，从多种途径、利用多种方式宣传防灾减灾政策法规和科技知识，使农村居民可以通过多种渠道轻松地获取有关的灾害救助知识和信息。采用展示教育、理论授课、虚拟仿真体验、实战演练等多种的培训方式，并且针对不同的人群适用不同的培训方式。对公众的防灾减灾培训一般通过展示教育的方式，对志愿者的防灾减灾培训以理论授课的方式为主，对专业应急救援人员的防灾减灾培训则需要理论授课、虚拟仿真体验、实战演练多种方式相互结合共同完成

2. 开展农村防灾宣传与教育的要点

我国农村地区进行防灾宣传教育及培训主要从以下几个方面开展：

（1）提高各级政府对农村防灾宣传教育的重视，加大相应宣传教育资金投入。对农村地区的防灾减灾宣传教育工作需要由政府来主导，因此各级政府对防灾减灾教育工作的重视程度将直接影响到宣传教育的成效。政府部门要在防灾宣传教育工作中加大资金的投入，关注地方农村中的实施进展情况，层层跟进，步步落实，形成完整的防灾减灾宣传教育体系。

（2）根据各地区灾害特点制定相应的宣传教育和培训目标。在农村开展防灾减灾宣传教育和培训工作首先要确定工作目标：正确认识各地频发灾害的危险性；提高农村居民防灾减灾意识；有组织地对灾害进行应对准备；灾害发生过程中能够有序地开展各项工作；灾后对农村居民进行宣传教育，稳定受灾民众的心理状态，保证灾后正常的救灾救援和社会秩序，防止可能出现的各种失控现象，培养建设家园的信心。

（3）设立农村防灾减灾组织机构。在政府部门的指导下，各地农村要设立不同层级的防灾减灾的机构组织，负责日常防灾宣传教育的组织、落实工作和灾害中的救援组织、部署工作。农村中的防灾减灾机构组织能够更全面、更详尽地了解农村居民的情况，更有利于宣传教育工作的落实。尤其农村中的村级组织是在灾害发生时处在第一现场、第一时间的组织，是农民在受灾时的最近、最信任的组织，他们对环境十分了解，对灾民熟悉。村级组织应急处置能力强弱十分重要。他们的处置能力强，应急响应快，救援工作迅速、准确有效，就能抢救更多的生命财产，灾区社会经济秩序就会得到很快的恢复。

（4）组织村民学习防灾减灾知识，提高自救互救能力。在广大农村居民中，进行有组织、有针对性的防灾减灾宣传教育活动和应急训练，加强村民的防灾意识，提高农村居民的自救、互救能力。农民避灾自救能力是农村综合防灾减灾能力的重要组成部分，农民是农村防灾减灾的主体，农民既是被救助、救护对象，同时也是自救、救助他人的主体。当农村发生自然灾害时，处在第一时间、第一现场的灾民是农民，他们能否保持良好的心理素质，掌握多少灾害防范知识和自救、救助他人技能的高低将直接影响灾民在灾害中的受害程度，农民自救、救助他人能力越强，农村防灾减灾能力就会越强。因此要采取多种措施，着力提高农民防灾减灾技能。

（5）加大对青少年的宣传教育力度。农村中对于青少年防灾减灾的宣传教育和培训工作非常重要。利用农村中小学校这个阵地，从学生抓起，采取多种形式加强防灾减灾教育，让广大青少年系统学习多种防灾减灾知识，增强防灾减灾避险技能，提高民众和青少年的自救互救能力，降低灾害的危害和损失，提高青少年的防灾减灾综合水平和抗风险能力。学生们学好后回家当小老师对家长进行培训，也将进一步扩大防灾减灾宣传教育的成效。

3. 开展农村防灾宣传与教育的途径

我国是世界上遭受自然灾害威胁最严重的国家之一，每年都因各种城市灾害造成巨大的损失，但在很多灾害频发的农村地区，由于公共防灾意识的落后，人们缺乏对灾害的正确认识，较小的灾害也会造成重大的人员伤亡，其根本原因就是由于这些地区的人们对安全知识的淡薄而造成的。公共防灾意识的教育是农村防灾减灾中一个重要的环节、是农村减灾的基础、是减少灾害损失的有效途径。

（1）从基础教育开始，把防灾减灾教育纳入国民教育体系。"减灾始于学校"，这是2006年6月联合国教科文组织发起防灾减灾的运动，其目的就是想借此促进各国将灾害教育编入普通教育的教学大纲并改善学校安全，加强对青少年的防灾减灾教育。

（2）采取多种形式，加强对公众的防灾减灾宣传。要编制通俗易懂，携带方便的全民防灾应急小手册、宣传传单、小画册等，并向社会公众免费发放。要建立专门的灾害教育馆，借助模型、影视手段和模拟演练学习灾害发生过程及如何逃生自救。要开展防灾减灾知识专题讲座及知识竞赛，要广泛利用报刊、电台、电视、网络等媒体手段，利用声、电、光等方式吸引民众眼球，唤起全社会对防灾减灾工作的重视，让每个公民都自觉接受并主动参与防灾减灾教育。

（3）加强防灾减灾专业人员的培训。我国的防灾减灾专业人员非常稀缺。我们应该在培养选拔高层次人才的基础上，大力培训一线工作的防灾减灾技术人员、管理人员和教学人员。要在大学开设防灾减灾专业，培养专业人才。要让接受培训的人员系统地学习灾害理论和防灾减灾知识，加强实践锻炼，为将来突发灾害事故应急储备人才，也为防灾减灾教育提供师资。要指定专人学习各类灾害预报设备以及防灾设备的使用方法，安排他们到农村社区、工矿中去，让广大民众学习防灾减灾知识，教会他们如何使用各种防灾减灾设备。

（4）建立防灾减灾培训基地。在农村中建立相应规模的防灾减灾培训基地，作为日常宣传教育的集中场所。我们同样可以借鉴日本政府对防灾教育和防灾训练基地的建设，如京都市民防灾教育中心、阪神大地震重建纪念馆等教育基地。其最大特点是采用给参观者以亲身体验和感觉为主的教育培训方式，还开设面向公众的各种减灾培训课程，有面向单位开设消防员培训和向广大市民开设外科医护急救培训等。

（5）组建固定的居民互助小组。在农村中组建固定村民互助小组，以应对灾害来临时的危险。这种村民互助小组，是根据我国农村现有的生活状态为依据，以自愿的方式，2～3个家庭为单位组建的。小组中的中青年成员数量应该达到总人数的 1/3 左右。另外，小组中的家庭尽量要保证救助能力互补，并且农村中的各个互助小组的救助能力力求水平相当，以便在灾害发生时能够真正发挥重要的作用。由村级的组织机构统一安排村民互助小组的成员正确认识自然灾害、学习防灾减灾知识、进行防灾减灾培训演习。这种互助小组的建立，将十分有利于防灾减灾宣传教育和培训机制的具体落实，保证每个居民都能够接收到防灾减灾宣传教育和培训活动。

公共防灾意识的教育和普及途径一般有以下几类：设立灾害日宣传、媒体宣传、社区学习、学校教育和灾害遗址的教育宣传。具体手段如图 3.4 所示。

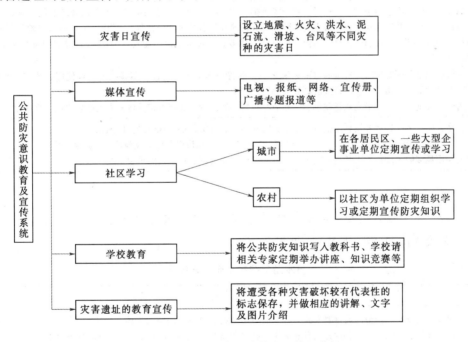

图 3.4 公共防灾意识的教育及普及途径

3.4 农村防灾减灾资金投入机制

防灾减灾资金投入机制在防灾减灾中发挥着重要的作用，但也暴露出了不少的问题。进一步改进和完善防灾减灾资金投入机制对于保障人民生命财产安全、维护社会经济稳定发展具有重要意义。在借鉴发达国家先进经验和研究我国实际国情的基础上，本书从财政投入、社会投入、金融资本市场投入等方面提出了政策建议。

3.4.1 发达国家防灾减灾资金投入的特点

1. 美国

美国防灾减灾资金投入主要包括政府财政投入、社会投入、资本市场投入等，其中政府财政投入居于主导地位[12]。最具特色的是具有完善的巨灾保险体系和防灾减灾的金融衍生产品。美国防灾减灾资金投入体系详细内容[13-15]见表3.14。

表 3.14　　　　　　　　　　　　　　美国防灾减灾资金投入体系

项目	主 要 内 容
政府财政投入	实行分级管理，分级负责的制度，各级政府每年均会为灾害救援专门安排充足的预算。 财政资金主要投入到两个领域：第一，公路、铁路、河道、学校、医院、商业服务设施等公共项目的重建等，大约占70%；第二，转移灾民、救治伤员、搜寻遇难者与失踪者、帮助灾民重建家园、为灾民提供防寒保暖用品以及清洁用品等，大约占30%。 重视灾害紧急救援的同时，也重视减灾工作的投入。联邦和州政府都对减灾方面投入资金巨大
社会资金投入	据测算，美国保险业给予的保险赔付占整个灾害损失的36%。巨灾保险的提供一般都需要政府的干预，既有联邦政府保险项目，又有州政府保险项目；最主要的政府巨灾保险项目有5个，分别是：NFIP（国家洪水保险计划）、FRPCJUA（佛罗里达州居民财产责任联合承保协会）、FWUA（佛罗里达风暴承保协会）、HHRF（夏威夷飓风减灾基金）和CEA（加州地震局）。 慈善资金也是美国防灾减灾资金的重要来源之一。慈善捐赠款主要由各类慈善组织管理使用，政府一般不予以干预。主要采取3种形式：司法监管、行政监管和社会监督等。 利用国际援助基金。如卡利亚娜飓风后，政府在极短的时间内宣布愿意接受国外向灾区提供的任何援助
金融衍生产品	美国是在防灾减灾领域开发利用金融衍生工具时间最早、种类最多、规模最大的国家。 1992年将巨灾保险期货产品正式推出，之后巨灾期权、巨灾互换以及巨灾风险债券等相继问世。 目前利用最多的金融衍生工具是巨灾风险债券，已成为防灾减灾投融资的重要手段

2. 日本

日本防灾减灾资金投入机制特点是各种投入方式以法律法规制度为保障，且首创重建基金。日本防灾减灾资金投入体系详细内容[16,17]见表3.15。

表 3.15　　　　　　　　　　　　　　日本防灾减灾资金投入体系

项目	主 要 内 容
政府财政保障	财政是防灾减灾资金的最重要来源。日本的防灾减灾财政措施法律法规体系完善，主要有《严重灾害处理与特别的财政援助法》《灾害慰问金法》《自然灾害受害者救济法》《受灾地区共有建筑重建特别措施法》《公共房屋法》等16部，囊括了防灾减灾财政资金投入的方方面面。 从防灾减灾预算占国家财政总预算的比重看，长期以来，最低约4%，最高接近10%，大部分年份在4%~6%之间。预算主要用于恢复重建、国土保护、防灾准备和科学研究四个方面，所占比例分别为26.4%、48.7%、23.6%和1.3%。从比例上可以看出日本十分重视灾前预防，共约占国家财政预算的75%
保险和商业银行等金融机构	日本防灾减灾资金投入方面的法律法规涉及保险和商业银行等金融机构的共有7部，分别是《国家森林保险法》《住宅贷款公司法》《小企业信用保险法》《农业、林业和渔业金融公司法》《小型企业设备融资补贴法》《地震保险法》和《集团减灾促进项目特别金融措施法》等。 日本灾害保险品种以地震保险最为重要。自地震保险实施以来，对历次地震都做出了相应赔付。 商业银行也参与到救灾和灾后重建进程中，其采取的措施主要包括：削减贷款利息、缓缴剩余贷款、延长还款时限等

续表

项目	主 要 内 容
慈善捐款	慈善也是日本防灾减灾特别是灾害救助资金和物资的重要来源之一。日本政府基本不对具体捐赠活动施加直接影响，而是专注于相关法制的建设与完善；日本慈善组织成立较为容易，各类机构众多，透明度较高；政府一般不参与捐赠款物的接受，全部由"红十字会"等慈善机构负责
重建基金	日本首创的重建基金以少量资金投入带动了社会资金大规模参与的模式。 重建基金分为：一是基本基金，以政府投入为主，投入方向集中在基本公共设施和基础设施建设方面；二是投资基金，以社会资金为主，主要聚焦具有较好收益前景的商业设施项目等。 在实际救灾及灾后重建活动中，投资基金和基本基金结合使用，前期由基本基金先行投入，起到撬动投资基金投入的作用

3. 加拿大

加拿大实行财政上分级负责，以州政府或者省政府为主，重特大灾害发生后，所需的灾害援助超过州政府或者省政府能力时，州政府或省政府向联邦或者中央政府请求财政援助。加拿大防灾减灾资金投入见表 3.16[18]。

表 3.16　　　　　　　　　　　　　加拿大防灾减灾资金投入体系

项目	主 要 内 容
财政资金投入	联邦政府不设置专门的灾难预算，联邦财政根据当年的预算余额决定协助计划，如果应急财政协助计划有需要，还可以削减其他预算开支；设立国家减灾计划，主要包括围绕公众教育、知识及研究、领导和协调、教育和推广等四个方面的内容，各级政府分担该计划成本；年度清雪预算，各级政府都设有这项预算

3.4.2　我国防灾减灾资金投入机制建设

在借鉴发达国家先进经验和研究我国实际国情的基础上，本书从财政投入、社会投入、金融资本市场投入等方面[19,20]给出我国防灾减灾资金投入机制建设要点，见表 3.17。

表 3.17　　　　　　　　　　　　我国防灾减灾资金投入机制建设要点

项目	分　项	主　要　内　容
财政投入	财政预算机制	提高防灾减灾在国家年度财政预算中的地位，明确防灾减灾总体预算； 调整防灾减灾财政预算结构，将重心由救灾和灾后重建转向灾前预防； 增加防灾减灾预算额度
	分工协作机制	建立"分级承担、中央支援、地方负责"的分工协作机制，并严格落实
	地方协作机制	建立健全常态化的以横向转移支付为代表的地方协作机制。如东部发达地区对中西部欠发达地区的对口支援建设等
	国债资金投入	发行专门满足防灾减灾资金需求的外债
社会投入	巨灾保险体系	建立"政府主导，市场密切配合"的巨灾保险体系。建议实行强制参保制度，国家财政对居民参保根据其收入状况给予等级不同的财政补贴。 政府还需要设立巨灾风险基金，巨灾风险基金的资金来源可以包括国家财政拨款、巨灾保险项目的部分保费以及基金自身的投资收益等
	慈善捐赠及国际合作	完善相关法律法规及配套政策，促进慈善中介机构的多元化发展，拓宽捐赠渠道。 给予慈善更多的税收优惠支持，强化慈善款物的监管，积极开展国际慈善合作
	利用彩票公益金	充分利用公益彩票融资方式，将防灾减灾专项公益彩票发行常态化，中央、地方各级按比例分成

续表

项目	分项	主 要 内 容
金融投入	商业银行信贷投入	国家对商业银行信贷参与防灾减灾投入提供贴息或者担保。 对积极参与防灾减灾信贷资金投放的商业银行，适当放宽监管要求
	多种金融手段	完善股权、债券融资支持防灾减灾投入的机制； 引入防灾减灾金融衍生品，开展融资租赁业务； 利用各种项目融资方式引入社会资本，解决项目建设的大量资金需求； 建立防灾减灾投资基金的方式，将社会游资引入防灾减灾领域

本 章 参 考 文 献

[1] 刘乐英. 我国农村防灾减灾政策研究 [D]. 安徽：安徽大学，2011.

[2] 勒培杰. 探析中国地方政府防灾减灾体系的构建 [J]. 经济研究导刊，2011 (21)：200-201.

[3] 金磊. 日本安全防灾文化教育与综合管理借鉴 [J]. 城市管理与科技，2002，4 (4)：40-41.

[4] 郑居焕，李耀庄. 日本防灾教育的成功经验与启示 [J]. 基建优化，2007，28 (2)：85-87.

[5] 黄宫亮. 日本学校的防灾教育 [J]. 中国民族教育，2008 (9)：41-43.

[6] 王卫东. 国外防灾教育——"聚焦"普通民众 [J]. 城市与减灾，2008 (2)：31-33.

[7] 顾桂兰. 国外民众防灾教育 [J]. 现代职业安全，2010 (103)：78-79.

[8] 陈金海. 新西兰地震灾害管理工作考察 [J]. 福建地震，2001，17 (1)：3-4.

[9] Mohsen Ghafory-Ashtiany. Educational aspects of disaster management：post-earthquake experiences Iran public education and awareness program and its achievements [R]. International Institute of Earthquake Engineering and Seismology，Tehran，I. R. Iran，2005，2.

[10] 林华. 墨西哥等拉美国家如何开展防灾教育 [J]. 中国社会科学院院报，2008-9-23.

[11] 李燕，陈雷. 农村防灾教育和培训探讨 [J]. 沈阳建筑大学学报 (社会科学版)，2011，13 (4)：403-406.

[12] 白明，张晓瑜. 应对灾害我们需要借鉴美国经验 [J]. 西部论丛，2008 (4)：19-21.

[13] 高鉴国. 美国慈善捐赠的外部监督机制对中国的启示 [J]. 探索争鸣，2010 (7)：67.

[14] White，Arthur H. Patterns of Giving. Philanthropic Giving：Studies in Varieties and Goals [M]. Richard. London：Oxford University Press，1989.

[15] 田玲. 巨灾风险债券运作模式与定价机理研究 [M]. 武汉：武汉大学出版社，2009.8.

[16] 姚国章. 日本灾害管理体系：研究与借鉴 [M]. 北京：北京大学出版社，2009.1

[17] 陈从和，王胜，邱平. 借鉴日本经验提供灾后重建资金保障 [J]. 现代人才，2008，(8)：14-15.

[18] 王蓉芳. 加拿大自然灾害管理机制与启示 [J]. 全球科技经济瞭望，2008，23 (4)：24-26.

[19] 陈玉杰. 中国防灾减灾资金投入机制研究 [D]. 北京：中国社会科学院研究生院，2013.

[20] 刘京生. 中国农村保险制度论纲 [M]. 北京：中国社会科学出版社，2000.

第4章　农村综合防灾减灾规划体系

农村综合防灾减灾规划是农村建设规划的有机组成部分，它要服从农村建设规划所确定的农村发展规模、功能等。农村防灾规划中关于减轻自然灾害的对策和措施要在建设规划过程中强制执行。农村综合防灾减灾规划可为农村各项设施的建设和规划设计提供必要的防灾减灾依据。

4.1　农村防灾减灾规划概述

4.1.1　农村防灾减灾规划的原则与内容

1. 农村防灾规划的原则

农村防灾规划应遵循以下几条原则：

（1）我国农村建设受地域气候、经济、民族习惯等诸因素的影响，差异性很强，因此，农村防灾规划要突出当地特点，不能强求一致。

（2）根据当地受灾具体情况，选择主要灾种为防灾规划的主对象，并兼顾其他灾种。

（3）农村防灾规划编制要贯彻"预防为主，防、抗、避、救相结合"的原则，以人为本，平灾结合、因地制宜、突出重点、统筹规划。

2. 农村防灾规划的主要内容

农村防灾规划一般应包括以下几方面的内容：

（1）防灾减灾现状分析和灾害影响环境综合评价及防灾性能评价。

（2）各项防灾规划目标、防灾标准。

（3）农村用地防灾适宜性划分，农村规划建设用地选择与相应的农村建设防灾要求和对策。

（4）不同区域的防灾建设、基础设施配套等农村防灾规划要求与技术指标。

（5）重要建筑、超限建筑、新建工程建设、基础设施的规划布局、建设和改造，防洪、消防等防灾设施的布局、选址、规模确定及建设改造，建筑密集区或高易损区改造，火灾、爆炸等次生灾害，避灾疏散场所、避灾疏散中心及避灾疏散通道的布局、建设与改造等防灾要求和措施。

（6）灾害应急、灾后自救互救与重建的对策与措施，防灾减灾应急指挥要求。

（7）规划的实施和保障。

4.1.2 农村居民点的防灾减灾布局

1. 农村居民点体系布局模式与防灾性能分析

农村居民点空间布局形式往往是区域内自然因素和社会经济因素的综合体现，很大程度上可以反映出区域内农村居民点的经济水平、发展趋势及公共基础设施的配置等方面的情况，在一定程度上可以体现出该区域农村居民点的防灾防灾能力，对不同类型的农村居民点防灾减灾问题的研究有很大的帮助。

根据其性质、规模、所包含居民点的数量、居民点之间联系的程度以及居民点体系的辐射范围等，农村居民点体系可分为以下几种形式[1-4]：①卫星式布局；②条带式布局；③集聚式布局；④自由式布局。各种布局形式的特点及防灾减灾性能见表4.1。

表4.1 农村居民点布局特点及防灾减灾性能

居民点布局形式及图示	特征描述及防灾减灾能力分析
卫星式布局模式 	由一个大的居民点和若干个小的居民点构成，大的居民点常常是区域范围内的政治、经济、服务中心，一般规模较大、设施齐全、用地集约，小的居民点围绕中心呈不规则分布。常见于用地条件良好的平原或盆地区域，交通发达。 使一定地区内各居民点在工农业生产、交通运输和其他事业的发展上，既是一个整体，又有分工协作，有利于人口和生产力的均衡分布。能把现状与远景相结合，既能从现有的生产水平出发，又能兼顾经济发展对乡村群落布局的需求。 中心居民点的抗震减灾能力较强，周围的小型居民点抗震减灾能力相对较弱，但卫星式的空间布局能为周围小型居民点的灾后救援重建工作的展开提供有利条件，然而一旦中心居民点受灾严重，将导致整个区域内居民点救援工作困难，因此，应重点加强中心居民点的抗灾防灾建设
条带式布局模式 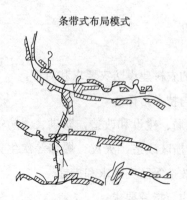	居民点沿公路、铁路、水系等呈带状分布，形如串珠一般。这种布局形式是受自然条件或交通干线的影响而形成的。常见于山地或丘陵区；受地形、地貌或水源条件的限制，用地条件狭长的区域。在平原区域受交通通道影响，农村居民点整体形态呈轴带发展。 离线性交通越近，农村居民点数量越多，规模越大；反之，农村居民点数量越少，规模越小。交通便利或接近河流水源，居民点商业农业较为发达；受地形、地貌和水源条件的限制，山区农村居民点呈线状布局，保护优质农用地和自然环境。 "线性沿路爬"的发展方式，不仅影响农村景观，而且也影响土地集约利用和农业的规模经营。另外，农村居民点沿线分布，既零乱又不成规模，配套的生活基础设施建设困难。 依托城镇骨干交通设施开展救援，但农村本身公共基础设施条件的不完善对保障农村灾后生活和恢复重建带来了一定的困难

续表

居民点布局形式及图示	特征描述及防灾减灾能力分析
集聚式布局模式 	主要分布在地势相对较低的平原地区，由于区域内的交通线路特别是公路纵横交错，交通线的交汇点多，在各交通线汇集点，因其优越的交通区位和经济区位而形成的。常见于经济实力强、交通条件优越、地势平坦的平原区域。 具有农村居民点数目少、平均规模大、集中布局、规模等级明显的特征，且居民点边界清楚。布局紧凑、用地经济、便于组织工农业生产和改善物质文化生活条件，同时还有利于提高交通等基础设施的利用效率，方便生活，便于管理。 布局集中、规模大，会造成的农业生产半径大，出工距离比较远；另外，集中布局容易造成不同功能用地之间的相互穿插，干扰比较大，如果处理不当，易造成环境污染。 人员经济集中，一旦发生地震灾害，损失巨大，但这种布局形式有利于公共基础设施的集中配置和有效利用，且与外界交通便利，整体的抗震减灾能力较强，其抗震防灾重点是应加强农村内部空间的合理布局，形成农村防灾化空间
自由式布局模式	居民点随自然地形条件变化，布局形态上呈"满天星"式的分布格局。常见于山区或丘陵地区，受地形条件的限制，农村居民点缺乏规划的区域，农业化发展水平低。是我国农村居民点最常见、最广泛的布局模式，我国南方农村更为普遍。 分布零散，点多面广，规模较小，农村居民点与农用地、闲置地之间相互混杂和相互包围，导致区域内用地功能布局混乱，布局不合理。但环境优美，贴近自然，布局灵活，居民点发展和容量具有弹性，布局井然有序，疏而有致。 土地的规模效应及集约利用程度较低，加大了农村经济和社会发展的成本；也不利于农村基础设施和公共服务设施配套建设，也不利于农村居民点的居住环境改善。 布局零散，规模小，基础设施配备不完善，单个农村居民点抗震减灾能力差，地震灾害发生后容易形成大范围的点状受灾区，给救灾工作的有效快速进行带来了很大的困难

　　农村的生成、演变等受道路交通、环境、人文、风俗等各种要素的影响，其内部布局也有各种不同的形式。以道路交通为主要影响因素的农村，根据交通路线与农村整体的关系可分为表 4.2 中的几种基本形式[1]，以宏观层面防灾的两个关键要素——疏散道路和避难场地为主要研究对象，对二者在上述几种主要结构类型的农村中合理分布进行防灾减灾性能的分析。

表 4.2　　　　　　　　　　　不同空间结构农村的防灾性能分析

不同空间	布局形式	布局形态	特　　点	防　灾　性　能
农村内部	各要素集中布置	条带式	村民住宅及相关设施沿农村主要交通线路展开布置	平原地区存在较多。农村稳定，各生活设施使用便捷。防灾空间和疏散道路在其内部的合理布置和设计是决定其防灾性能的关键因素
		集聚式	以具有优势要素的公共建筑、生活设施或者空间为中心展开布置村民住宅或相关设施	
		卫星式	建筑及相关设施布置在交通道路构成的网络式空间结构中	
	各要素分散布置	自由式	居民住宅自由散落，各住户之间联系较弱，居住、交通等生活设施使用较不便	分散布置对抵御某些灾害有利，但因其地理位置特殊或气候复杂，对地质灾害较弱的防御能力是其主要缺点。灾害发生时住户之间负面影响较小

续表

不同空间	布局形式	布局形态	特 点	防 灾 性 能
农村之间	农村集中布置	农村密集,空间结构联系较多	以一个具有优势要素的农村或者乡镇为中心展开	防灾性能较复杂,应急避难设施的使用效率较高
	农村分散布置	相对独立的空间结构个体	山地地区及偏远地区存在较多。各住户之间联系较弱,居住、交通等生活设施使用较不便	相对距离较远的农村之间不会产生连带的负面效应,灾后应急避难设施使用效率较低

2. 农村居民点用地整理模式与防灾性能分析

农村居民点用地整理的主要内容是通过调整农村居民点用地规模、内部结构及空间布局,逐步集中、集约建设用地,进而提高农村居民点用地强度,促进土地利用科学化、合理化、有序化,改善农业生产、农民生活条件及农村生态环境。

从防灾减灾角度上来看,可以将农村居民点用地整理理解为将防灾减灾能力较差的农村通过公共基础设施、居住生活用地及道路交通、应急基础设施等方面的调整或重新规划布局,为农村防灾资源合理配置和防灾减灾能力提升提供有利的条件,从而提高农村居民点的综合防灾减灾能力。因此,从农村居民点空间布局整理模式来分析农村居民点整理对提升农村防灾减灾能力的作用,在构建农村防灾减灾体系的框架下,将防灾减灾基本对策融入到农村居民点整理中,并将对防灾的关键节点与系统的整理融入到农村防灾规划中,从而提高农村的防灾减灾能力,为农村的经济与社会发展保驾护航。

我国农村居民点空间布局调整模式主要有城镇化整理、异地搬迁、迁村并点和居民点内部整理4种整理模式[5-7],具体内容见表4.3。

表 4.3 农村居民点整理模式

整 理 模 式	具 体 内 容
公寓化或社区化的整理模式 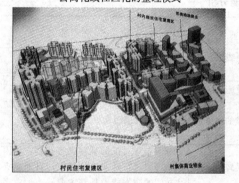	这种整理模式要求被整理地区村庄为"城中村"或"近郊村",其中,城中村和城郊村的Ⅰ类与Ⅱ类大多数村庄,可实行一次性搬迁安置的整理模式,而城郊村的Ⅲ类村庄则适宜规划期内长期整理,逐步搬迁的模式。 在进行农村居民点用地整理时,结合周围发达城镇的城镇规划,试图将农村居民点整治规划与城镇规划进行衔接,在建筑形式上提倡多层、高层、农民公寓和住宅小区,提高建筑容积率,增加土地利用强度,提高土地利用率,共享基础设施和公共服务设施。 这种模式的主旨是共享城市完善的公共基础设施,或将农村城镇化,完善公共基础设施的配置,提高农村居民点体系的防灾减灾能力

续表

整 理 模 式	具 体 内 容
村庄整体搬迁，异地改造的整理模式 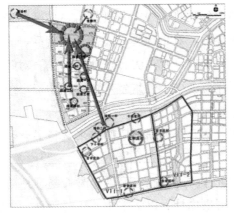	这种整理模式针对原址不适宜建设的村庄，如自然环境条件恶劣，交通不便，信息不灵的偏远山区农村；处于洪涝灾害区或山体易滑坡地带等的乡村（远郊村中的部分村庄）。从农村长远发展的角度出发，应由政府组织逐步进行异地迁移，将村庄整体搬迁到经济条件好、发展空间大的农村居民点，或选择适宜的地区建设独立新村，并对老宅基地进行复垦还耕。 这种模式需以政府为主体进行运作，即市县级政府组织领导，乡镇级政府组织实施，行政村协助具体操作。 这种整理模式通过重新选择安全地带进行新村建设，避开灾害危险区，从根本上减轻灾害造成的破坏；同时，为公共基础设施及防灾设施的配置和完善创造了有利条件
缩并自然村，建设中心村的整理模式 	农民为便利耕种而有散居的习惯，因而形成分布密集、规模小的迷你型村庄，使得村庄基础设施配套难度增加，管理不便，土地资源浪费，并制约了这些村庄的发展。对于这样的村庄，可视情况采取一次性整体搬迁或分期逐步搬迁的策略进行迁并。一般采取就近原则，合并到中心村或行政村，并对小自然村进行复垦还耕。将分散变为集中，既增加了耕地面积又方便了管理，同时又有利于公共基础设施配置。 地理环境较差与空间相对分散的农村居民点合并迁建至地理环境较好、基础设施较完善的区域，形成空间相对集聚、功能较齐全的新农村聚落。 这种模式有利于区域内农村居民点公共基础设施、防灾设施的集中配置和灾害集中救援、疏散，提高区域内农村居民点的防灾减灾能力
村庄内部用地改造控制型整理模式 	这类模式通过将村中旧宅基收回，将道路、水、电、电信等基础配套设施建设好，同时限制在村外围建设新房，并鼓励利用旧宅基、废弃坑塘建房。我国西部大部分村庄和东部沿海地区大的行政村和中心村（即远郊村中的Ⅰ类和Ⅱ类中的村庄）适宜采用此模式。 这种模式通过对农村内部空间重新进行合理规划，完善公共基础设施和防灾基础设施，并将防灾减灾基本措施与对策融入农村内部改造规划中，从根本上改善村庄内部的格局和房屋建筑、基础设施的抗灾能力，可有效减轻各种灾害造成的损失

4.1.3 农村居民点的防灾设施集聚

农村居民点防灾空间优化集聚的主旨就是通过农村居民点空间防灾集聚程度进行评价，对集聚水平高的农村居民点体系进行完善升级，对集聚程度低的农村居民点通过公共基础设施和防灾设施的集中配置与完善，提高农村居民点体系的防灾减灾能力，也就是对防灾设施的集聚优化。结合农村居民点空间布局模式特点、农村居民点用的整理模式及防灾设施的配置等相关内容，探讨农村居民点防灾设施的集聚模式。

1. 农村防灾设施集聚优化的原则

我国农村居民点体系建筑工程的抗灾加固及防灾空间集聚优化将是一个分批施行、循序渐进的一个过程。同时，由于目前我国农村居民点体系薄弱的抗灾能力，对于地震只能被动地接受，为了提高农村的防灾能力，可首先对区域内防灾设施进行集聚优化配置，减少灾害造成的损失。对防灾设施的集聚优化应包括：①避震疏散场所的集聚优化；②医疗急救中心的集聚优化；③物资集散中心的集聚优化。

农村居民点体系在进行防灾设施集聚优化时应综合考虑以下几个方面的原则，来选择最合适的集聚优化方案：

(1) 防灾设施的集聚要与农村经济水平相结合的原则。进行防灾设施集聚优化时应与当地的经济发展水平、村民的生活水平相适应，充分考虑集聚方案的可操作性。以集聚中心选址为例，如将中心选在经济发展水平落后的农村，将会增加农村的经济负担，同时加大建设的成本。

(2) 防灾设施的集聚要与现有基础设施相结合的原则。应结合农村现状条件，充分利用现有的公共基础设施，避免不必要的大拆大建。以我国现阶段的农村经济发展水平来看，基础设施的重新配置及建设是行不通的，且会造成巨大的浪费，不符合可持续发展的要求。

(3) 平灾结合的原则。以避震疏散场所为例，避震疏散场所平时应可用于村民教育、体育、文娱和粮食晾晒等其他生活、生产活动，地震灾害发生时，可用作避震疏散。

(4) 均衡布局的原则和就近原则。使村民能在发生地震灾害时，能够迅速到达避难疏散场所，救援物资及救援队伍能迅速进入灾区。

(5) 安全的原则。避震疏散场所及医疗急救场所是灾后人员避难及接受医疗救助的场所，应保证场地及其相关设施具有良好的抗震性能，还应远离地下断层，易发生地震次生灾害的地方，保障受灾人员的生命安全，同时还应选择地势较平坦，易于搭建帐篷的地方。

2. 防灾设施集聚中心的选择

农村居民点体系防灾设施的集中建设必然会在区域内形成一个集聚中心，集聚中心的选择对防灾设施能否最大化发挥它的作用有重要影响。根据农村防灾设施集聚优化原则，对于集聚中心的选择应着重考虑其安全性，首先应尽量避开抗震不利地段及次生灾害易发地段；其次应考虑集聚的经济可行性和合理性，即集聚中心在一定区域内应具有良好的经济条件，有较完善的公共基础设施及防灾设施，有一定的对外辐射能力，能够满足周围居民的灾后救援及避灾要求。在满足以上两个条件下，可以选择以下几个点作为集聚中心[8]：

(1) 重要结点处：在主要交通沿线某些特定点上的位置，比如说农村及以上级别道路的交汇处，交通便利，有利于灾后救援工作的展开。

(2) 边界交汇处：是指在两个村或多个村的边界交汇处的中心集聚点，方便多个农村之间公共基础设施及防灾设施的共享，减少防灾设施建设的成本。

（3）区域中心处：一般是指所辐射区域的几何中心位置，或者是向四周辐射交通线的焦点上的经济活动的中心，经济水平较高，公共基础设施配备较完善，有利于防灾设施的配置。

3. 农村居民点防灾设施的集聚模式

以农村居民点的空间布局特点为主要考虑对象，提出相应的防灾设施集聚模式，在实际应用时还应结合农村的具体情况进行调整。

（1）条带式布局农村居民点的防灾设施集聚模式。以交通沿线的农村居民点为例，对交通线周边零散分布的居民点进行基础设施配置水平调查，选出基础设施配置水平较好的几个农村居民点作为防灾设施集中建设中心点，在各中心点建立基础防灾设施，以备在灾害发生时提供紧急救助及临时避难，同时选择基础设施配置水平、区位条件等各方面条件均较好的居民点建立高级防灾设施，提供功能更加全面、设施更加完备的避难疏散场所及医疗救助等，在进行防灾设施的集中配置时应注意基础防灾设施及高级防灾设施的辐射范围；对于离主干路较远，交通通达性较差的居民点应考虑向主干路附近的基础设施配备较完善的居民点进行引导搬迁，使其能在防灾设施的辐射范围内；对于沿村级主路布置较为集中的农村居民点，应尽量将防灾设施布置在关键结点，如交通干线的交叉口等，有利于灾后救援工作顺利快速的展开。同时应尽量将防灾设施布置在道路一侧，而不是两侧都建满，有利于提高公共基础设施的利用率，降低防灾设施的配置成本。这种集聚模式最重要的就是创造农村良好的对外和对内交通环境，为地震灾害发生后居民能够快速地避震疏散，为救援工作的顺利展开提供有利条件[9]，如图 4.1 所示。

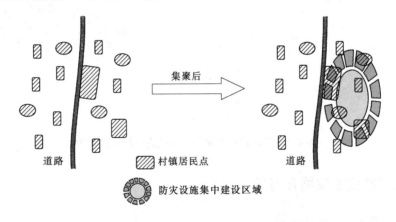

道路　　　　　　　　　　　集聚后　　　　　　　　　　　道路

▨ 村镇居民点

⊙ 防灾设施集中建设区域

图 4.1　条带状空间布局防灾设施集聚方法示意

（2）自由式布局农村的防灾设施集聚模式。选择规模较大、公共基础设施较完善的农村居民点作为防灾设施集中建设的中心，同时考虑其的辐射范围；若周围的农村居民点的规模都比较小，且公共基础设施都不完善，可考虑在居民点的区域中心选择一个合适的区域集中配置简单的基础防灾设施（图 4.2），保证灾害发生后能发挥临时疏散及紧急救援的功能[9]。在进行防灾设施集聚建设前应考虑农村居民点规模的现状，保证集聚后范围内的农村居民可以充分利用防灾设施。

（3）卫星式布局农村的防灾设施集聚模式。选择现状条件下基础设施较好、经济发展水平较高、自然条件较优良、规模较大的农村居民点作为防灾设施的建设中心，在区域内建设具有一定辐射能

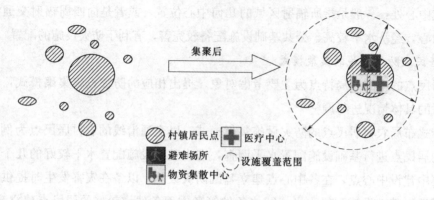

图 4.2 自由式布局农村防灾设施集聚方案示意

力的医疗、卫生、教育和商业服务等的基础服务设施，形成区域内的抗震防灾核心农村[9]。将周围零散农村居民点的防灾设施按自由式布局农村防灾设施集聚模式进行集聚，集聚中心向抗震防灾核心农村靠近，加强农村居民点之间的防灾设施共享，如图 4.3 所示。

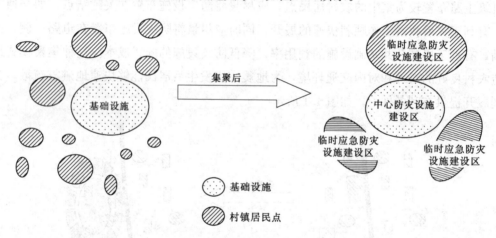

图 4.3 卫星式布局农村防灾设施集聚方案示意

4.1.4 农村防灾减灾土地综合利用

1. 农村土地利用防灾适宜性评价

农村土地利用防灾适宜性评价要考虑场地、地质环境条件、地震破坏效应（软弱土、液化土等）、地下水、地形等因素影响。以收集整理、分析利用已有资料和工程地质测绘与调查为主，综合考虑各灾种的评价要求，对农村规划区土地进行灾害环境、地质和场地条件的综合评价。

2. 农村建设用地选址

新建农村或农村新发展地区，要对农村建设功能用地类型进行划分，不同的功能区，对地质环境的要求也不相同，农村建设用地适宜性评价要结合不同的建设用地类型来进行评价。对不同类型建设功能用地选址要进行灾害勘察和调查，综合评价和估计场地灾害影响，查明建设用地稳定性，并制订防灾要求和对策。

4.1.5 农村应急避难疏散体系规划

1. 规划原则和内容

避灾疏散是临灾预报发布后或灾害发生时把需要避灾疏散的人员从灾害程度高的场所安全撤离，集结到预定的、满足防灾安全的避灾疏散场所。

避灾疏散的安排坚持"平灾结合"的原则。避灾疏散场所平时可用于教育、体育、文娱和其他生活、生产活动，临灾预报发布后或灾害发生时用于避灾疏散。避灾疏散通道、消防通道和防火隔离带平时作为农村交通、消防和防火设施，避灾疏散时启动防灾机能。

避灾疏散人员包括需要避灾疏散的农村居民和农村流动人口。规划避灾疏散场所时，要考虑避灾疏散人员在农村的分布。

在防灾规划中需对避灾疏散场所的建设、维护与管理，避灾疏散的实施过程，避灾疏散宣传教育活动或演习，提出管理对策，并对避灾疏散的长期规划安排提出建议。

2. 避灾疏散人口数量和分布估计

农村避灾疏散场所的位置和数量的确定是依据需要避灾疏散人口数量和分布的，具体确定方法和步骤如下：①根据灾害危险程度分区估计需要安置避灾疏散人口数量、分布及服务半径；②对地震灾害，要依据抗震设防烈度水准下的评价结果；③对防洪区、行洪区，要按照上一级防洪规划的要求确定疏散人数和疏散要求。

3. 避灾疏散场地设置原则

避灾疏散场所需综合考虑防止火灾、水灾、海啸、滑坡、山崩、场地液化、矿山采空区塌陷等各类灾害和次生灾害，保证防灾安全。避灾疏散场所可以是各自连成一片的，也可以由比邻的多片用地构成。

避灾疏散场所的设置要满足以下要求：①要避开次生灾害严重的地段。并要具备明显的标志和良好的交通条件；②每一个避灾疏散场地不宜小于 4000m²；③人均有效疏散场地面积不宜小于 2m²；④疏散人群至疏散场地的距离不宜大于 1000m；⑤疏散场地应有多个出口；⑥至少有一处疏散场地要具备临时供电、供水等必备生活条件。

4.2 农村综合防灾减灾规划

4.2.1 农村抗震防灾规划

1. 农村震灾防御目标与主要内容

根据现行《中国地震动参数区划图》（GB 18306—2015），位于地震基本烈度Ⅵ度及其以上地区的农村应进行抗震防灾规划。抗震防灾的防御目标要根据农村建设与发展要求确定，基本防御目标为：当遭受相当于本地区地震基本烈度的地震影响时，农村生命线系统和重要设施基本正常，一般建设工程不发生倒塌性灾害。对于农村建设与发展特别重要的局部地区、特定行业和系统，要采用较高的防御要求。

农村抗震防灾规划应包括地震灾害评估、地震次生灾害防御、避震疏散、抗震防灾要求与措施等内容。其中以下内容要在农村其他规划和农村建设活动中应强制执行：

（1）抗震防灾规划中的抗震设防标准、建设用地评价与要求、抗震防灾措施应根据农村的防御目标、抗震设防烈度和国家现行标准确定，并作为农村建设规划的强制性要求。

（2）当农村规划区的防御目标为基本防御目标时，抗震设防烈度与地震基本烈度相当，设计基本地震加速度取值与现行《中国地震动参数区划图》（GB 18306—2015）的地震动峰值加速度相当，抗震设防标准、农村用地评价与选择、抗震防灾要求和措施要符合国家其他现行标准的要求。

（3）当农村规划区或局部地区、特定行业系统的防御目标高于基本防御目标时，要给出设计地震动参数、抗震措施等抗震设防要求，并按照现行《建筑抗震设计规范》（GB 50011—2010）中的抗震设防要求的分级进行调整。根据防御目标确定高于现行《建筑抗震设计规范》（GB 50011—2010）的抗震设防标准、用地评价与选择要求、抗震防灾要求和措施。

2. 农村用地抗震防灾性能评价

（1）农村用地抗震性能评价应包括：用地抗震防灾类型分区，地震破坏及不利地形影响估计，并在此基础上进行土地利用防灾适宜性综合评价。

（2）进行用地抗震性能评价时要充分收集和利用农村现有的地震地质环境和场地环境及工程勘察资料。规划区所需钻孔资料，对一级规划工作区，每 $2km^2$ 不少于 1 个钻孔；对二、三级规划工作区，不同地震地质单元不少于 1 个钻孔；当所收集的钻孔资料不满足要求时，应进行补充勘察、测试及试验，并遵守国家现行标准的相关规定。

（3）用地抗震防灾类型分区要结合工作区地质地貌成因环境和典型勘察钻孔资料，根据表 4.4 所列地质和岩土特性进行。对于一级规划工作区可根据实测钻孔和工程地质资料按《建筑抗震设计规范》（GB 50011—2010）的场地类别划分方法结合场地的地震工程地质特征进行。在进行其他抗震性能评价时，不同用地抗震类型的设计地震动参数可按照《建筑抗震设计规范》（GB 50011—2010）的同级场地类别采取。必要时，可通过专题抗震防灾研究确定不同用地类别的设计地震动参数。

表 4.4　　　　　　　　　　　　用地抗震防灾类型分区依据

用地抗震类型	主要地质和岩土特性
I	松散地层厚度小于 3～5m 的基岩分布区
II	二级及其以上阶地分布区；风化的丘陵区；河流冲积相地层厚度小于 50m 分布区；软弱海相、湖相地层厚度 3～15m
III	一级及其以下阶地地区，河流冲积相地层厚度大于 50m 分布区；软弱海相、湖相地层厚度 16～80m 分布区
IV	软弱海相、湖相地层厚度大于 80m 分布区

（4）用地地震破坏及不利地形影响要包括对场地液化、地表断错、地质崩塌滑坡、震陷及不利

地形等影响的估计，按照现行《建筑抗震设计规范》（GB 50011—2010）的规定划定潜在危险地段。

3. 农村建筑抗震性能评价和规划

（1）提出农村中需要加强抗震安全的重要建筑，并针对重要建筑和超限建筑提出进行抗震鉴定和抗震加固的要求和措施。

（2）对一般建筑，要进行高密度、高危险性分区，提出位于不适宜用地上的建筑和抗震能力薄弱的建筑，结合农村发展需要，提出分区建设及拆迁、加固和改造的对策、措施和要求。

1）制定抗震加固策略和对策的一般原则。制定抗震加固的策略时，主要考虑以下原则和内容：①抗震加固的时序按照"先重点后一般、先严重后较轻"的原则，结合农村的发展要求，优先安排对农村抗震救灾具有突出作用的重要建筑的抗震加固，对震害预测结果严重的成片地区建议结合农村的发展规划加快安排改造加固，对于存在突出隐患的建筑提出优先治理措施。②针对一些传统民居抗震薄弱的突出问题，可通过专门研究等方式，切实解决对其进行抗震保护的对策，结合农村的总体规划和建设发展要求，提出进行旧房改造和加固的抗震防灾策略建议。③对于量大面广的震害预测结果比较严重的房屋，应从提高居民生活质量的角度考虑，提出综合抗震治理的策略和对策。④加固计划的制定须考虑农村的现实特点，针对各种结构类型的不同破坏状况，提出"分期分批，逐步完善"的对策，确定有加固价值和无需加固限期拆除改造的范围和措施。⑤应制定配套的抗震加固和改造的管理对策和措施。

2）抗震加固改造的层次安排。在农村既有建筑物抗震防灾规划中，重点是针对高易损性和高危险地区。抗震加固改造的层次安排，应根据农村建筑的薄弱环节评价分析结果，综合考虑农村建设发展时序要求统筹确定。下面是仅按照抗震性能评价结果确定的抗震加固改造的3个层次：①急需加固，即严重不满足抗震设防第一水准的建筑。即在小震作用下，结构出现局部或全部毁坏，此类建筑急需进行进一步抗震鉴定，并应作为首批抗震加固的对象。②重点加固，即不满足抗震设防的前两个水准。即在小震下建筑物出现严重破坏；在设防烈度地震作用下，建筑物出现局部或全部毁坏。此类建筑需重点进行加固，作为第二批抗震加固的对象。③一般加固，即满足第一水准和第二水准，但不满足第三水准要求的建筑。即在大震（比设防烈度高一度的地震）下，结构出现毁坏。此类建筑在近期，如果受经济条件限制，可不作加固，但应列入农村长期抗震加固的计划之中，作为第三批抗震加固的对象。

（3）新建工程要针对不同类型建筑的抗震安全要求，结合农村地震地质和场地环境、用地评价情况、经济和社会的发展特点，提出抗震设防要求和对策。

4. 农村基础设施抗震性能评价和规划

（1）根据基础设施各系统的抗震安全和在抗震救灾中的重要作用，提出合理有效的抗震防御标准和要求。

（2）应针对抗震救灾起重要作用的供电、供水、供气、交通、指挥、通信、医疗、消防、物资供应及保障等系统的重要建（构）筑物在抗震防灾中的重要性和薄弱环节，进行抗震防灾性能评价。

（3）针对农村抗震防灾所需的供电、供水和供气系统的主干管线和交通系统的主干道路，制定农村基础设施布局和建设改造的抗震防灾对策与措施。

5. 地震次生灾害抗震性能评价和规划

（1）在进行抗震防灾规划时，要按照火灾、水灾、毒气泄漏扩散、爆炸、放射性污染、海啸等地震次生灾害危险源的种类和分布，根据地震次生灾害的潜在影响，分类分级提出需要保障抗震安全的重要区域和源点。

（2）对次生火灾应划定高危险区。

（3）提出农村中需要加强抗震安全的重要水利设施或海岸设施。

（4）对于爆炸、毒气扩散、放射性污染、海啸、泥石流、滑坡等次生灾害要根据农村的实际情况选择提出需要加强抗震安全的重要源点。

（5）对可能产生严重影响的次生灾害源点，要结合农村的发展，控制和减少致灾因素，提出防治、搬迁改造等要求。

4.2.2　农村地质灾害防御规划

1. 农村地质灾害防御原则及内容

地质灾害的防御要以避开为主、改造为辅，改造要尽量保持或少改变天然环境，防治人为破坏和改变天然稳定的环境。根据地质灾害发育程度、地形与地貌类型特征、地质构造复杂程度、工程水文地质条件和破坏地质环境的人类工程活动，可以把地质环境条件复杂程度分为复杂、中等和简单 3 类。位于地质灾害易发区、危险区、地质环境条件为中等和复杂程度或发生过中型及以上地质灾害的农村要进行地质灾害防治规划，其中大型及以上镇要编制地质灾害防治规划专篇。地质灾害防治规划一般包括以下内容：

（1）对因自然因素或者人为活动引发的、与地质作用有关的灾害以及形成环境进行调查评估。

（2）进行地质灾害危险性评估。

（3）对工程建设遭受地质灾害危害的可能性和引发地质灾害的可能性做出评估。

（4）划定地质灾害的易发区段和危险区段，提出防治目标、防治原则，制定总体部署和主要任务，提出预防治理对策和措施。

2. 地质灾害防御评价

为有效防御农村地质灾害，首先需要对地质灾害进行合理评价，其评价内容一般包括：①搜集和建立农村及其周边地区地层岩性、地质构造、地形地貌、地下水活动、地震、地下矿产开采及气象等基础资料；②对灾害历史及其影响，灾害类型、特点和规模，灾害的成因环境和条件，灾害的危险性和危害性等进行估计和评估；③在可能和必要的条件下，由专业技术人员为农村防灾减灾规划提供灾害发生的环境基础资料和地质灾害危险性和危害性评估成果。

3. 地质灾害危险性评价

地质灾害危险性评价要确定规划区内是否存在地质灾害及其潜在危险性，查明规划区内地质灾害的类型和分布；充分估计工程建设可能诱发的地质灾害种类、规模、危害以及对评估区地质环境的影响。对评估区内重大地质灾害要按以下要求进行评价：

（1）滑坡的评价要查明评估区内地质环境条件、滑坡的构成要素及变形的空间组合特征，确定其规模、类型、主要诱发因素、对工程建设的危害。

（2）泥石流评价要查明泥石流形成的地质条件、地形地貌条件、水流条件、植被发育状况、人类工程活动的影响，确定泥石流的形成条件、规模、活动特征、侵蚀方式、破坏方式，预测泥石流的发展趋势及拟采取的防治对策。

（3）崩塌的评价要查明斜坡的岩性组合、坡体结构、高陡临空面发育状况、降雨情况、地震、植被发育情况及人类工程活动。确定崩塌的类型、规模、运动机制、危害等；预测崩塌的发展趋势、危害及拟采取的防治对策。

（4）地面塌陷的评价要查明形成塌陷的地质环境条件，地下水动力条件，确定塌陷成因类型、分布、危害特征。分析重力和荷载作用、地震与震动作用、地下水及地表水作用、人类工程活动等对塌陷形成的影响；预测可能发生塌陷的范围、危害。

（5）地裂缝的评价要查明地质环境条件、地裂缝的分布、组合特征、成因类型及动态变化。评价地裂缝对工程建设的危害并提出防治对策。除地震成因的地裂缝外，对其他诱发因素产生的地裂缝应分析过量开采地下水、地下采矿活动、人工蓄水以及不良土体地区农灌地表水入渗，松散土类分布区潜蚀、冲刷作用、地面沉降、滑坡等作用的影响。

（6）地面沉降的评价要查明评估区所处区域地面沉降区的位置、沉降量、沉降速率及沉降发展趋势、形成原因（如抽汲地下水、采掘固体矿产、开采石油、天然气，抽汲卤水、构造沉降等）、沉降对建设项目的影响，以及拟采取的预防及防治措施。评估区不均匀沉降要作为重点进行评价内容。

（7）对人工高边坡、挡墙，要判定其危险性、危害程度和影响范围，评价对工程建设的危害并提出处理对策。

4. 地质灾害防御规划要点

（1）农村用地规划要选择对防治地质灾害有利的地段，避开危险地段。对不利的地段要采取防御措施。

（2）地质灾害防治规划要根据出现地质灾害前兆、可能造成人员伤亡或者重大财产损失的区域和地段，划定地质灾害危险区段及危害严重的地质灾害点，并提出预防治理对策。

（3）地质灾害防治规划要将中心镇、人口集中居住区、风景名胜区、较大工矿企业所在地和交通干线、重点水利电力工程等基础设施作为地质灾害重点防治区中的防护重点。

（4）地质灾害治理工程要与地质灾害规模、严重程度以及对人民生命和财产安全的危害程度相适应。

（5）对地质灾害危险区要提出及时采取工程治理或者搬迁避让的措施，保证地质灾害危险区内居民的生命和财产安全。

（6）在地质灾害危险区内，禁止爆破、削坡、进行工程建设以及从事其他可能引发地质灾害的活动。

（7）在地质灾害易发区内进行工程建设应当在可行性研究阶段进行地质灾害危险性评估，并将评估结果作为可行性研究报告的组成部分。

4.2.3 农村洪灾防御规划

1. 洪灾防御规划的原则和内容

按照《中华人民共和国防洪法》，防洪区是指洪水泛滥可能淹及的地区，分为洪泛区、蓄滞洪区和防洪保护区。洪泛区是指尚无工程设施保护的洪水泛滥所及的地区。蓄滞洪区是指包括分洪口在内的河堤背水面以外临时贮存洪水的低洼地区及湖泊等。防洪保护区是指在防洪标准内受防洪工程设施保护的地区。

农村洪灾防御规划是农村重要专业规划，是农村总体规划的组成部分；同时农村防洪工程又是所在河道水系流域防洪规划的一部分。农村防洪标准与防洪方案的选定，以及防洪设施与防洪措施都要依据农村总体规划和河道水系的江河流域总体规划及防洪规划。农村河道水系的防洪规划是流域整体的防洪规划，兼顾了流域城镇的整个防洪要求；农村防洪规划不仅要与流域防洪规划相配合，同时还要与农村总体规划相协调，要统筹兼顾农村建设各有关部门的要求和所在河道水系流域防洪的相关要求，作出全面规划。因此，农村防洪规划要遵循结合实际，遵循统筹兼顾、确保重点、因地制宜、全面规划、综合治理、防汛与抗旱相结合、工程措施与非工程措施相结合的原则，并与土地利用规划相协调。

农村防洪规划应结合其处于不同水体位置的防洪特点，制定防洪工程规划方案和防洪措施，包括：防洪安全建设、避洪转移、抗洪救灾预案、次生灾害防治、排洪与洪水储蓄利用、抗洪宣传、教育等内容。对于风暴潮威胁的沿海地区农村，尚应进行海堤（海塘）、挡潮闸和沿海防护林等防御风暴潮工程体系规划。

2. 农村防洪规划评价

农村防洪规划时，需要进行洪灾淹没危险性分析和灾害影响评估，确定农村建筑和基础设施的灾害影响，划定灾害影响分区。洪水灾害的评估内容应包括：①洪水过程中对农村区域内地形地貌改变程度的评价；②洪水蓄滞留时间的估计；③现有排洪沟渠与截流洪水能力的评估；④洪水灾后产生瘟疫等次生灾害的可能性；⑤基础设施与房屋抗洪能力分析。

3. 农村防洪规划要点

（1）农村建设场地要选择距主干道较近、地势较高、较平坦、场地土质较好且易于排水的地区，并要避开洪水期间进洪或退洪主流区及山洪威胁区。

（2）位于蓄滞洪区内农村的建筑场地选择、避洪场所设置等要符合《蓄滞洪区建筑工程技术规范》（GB 50181—93）的有关规定。

（3）对位于防洪区的农村要在建筑群体中设置具有避洪、救灾功能的公共建筑物，并采用平顶或其他有利于人员避洪的建筑结构型式，满足避洪疏散要求。

（4）农村防洪规划要将变电站（室）、邮电（通信）室、粮库、医院（医务室）、广播站等关键部位作为重点保护对象。

（5）农村防洪保护区范围的设置要依据上一级人民政府区域防洪规划对该地行洪流量或蓄滞洪容量的要求确定。

（6）农村防洪保护区要制定就地避洪设施规划，有效利用安全堤防，合理规划和设置安全庄台、避洪房屋、围埝、避水台、避洪杆架等避洪场所。集体避洪场所要设有照明、通信、饮用水、卫生防疫等设施。

（7）进行农村防洪救援系统规划，合理安排应急疏散点、救生机械（船只），医疗救护、物资储备和报警装置等。

（8）避洪房屋应依据现行国家标准《蓄滞洪区建筑工程技术规范》（GB 50181—93）进行设计。

（9）修建围埝、安全庄台、避水台等就地避洪安全设施时，其位置应避开分洪口、主流顶冲和深水区，其安全超高值应符合表4.5规定。安全庄台、避水台迎流面应设护坡，并设置行人台阶或坡道。

表 4.5　　　　　　　　　　　　就地避洪安全设施的安全超高

安 全 设 施	安置人口/人	安全超高/m
围埝	地位重要、防护面大、安置人口≥10000 的密集区	>2.0
	≥10000	2.0～1.5
	≥1000，<10000	1.5～1.0
	<1000	1.0
安全庄台、避水台	≥1000	1.5～1.0
	<1000	1.0～0.5

注　安全超高是指在蓄、滞洪时的最高洪水位以上，考虑水面浪高等因素，避洪安全设施需要增加的富余高度。

（10）农村用地应结合地形、地质、水文条件及年均降雨量等因素合理选择地面排水方式，并与用地防洪、排涝规划相协调。有内涝威胁的农村用地应采取适宜的防内涝措施。

（11）农村通信报警系统的建设必须能送达每户家庭，并应告知村、镇区域内的每个人。

（12）应根据防洪标准规划安排江河、湖泊堤防的加固与维护。设防洪（潮）堤时的堤顶高程和不设防洪（潮）堤时的用地地面高程均应按防洪标准规定所推算的洪（潮）水位加安全超高确定；有波浪影响或壅水现象时，应加波浪侵袭高度或壅水高度。

（13）地震设防区农村防洪规划要充分估计地震对防洪工程的影响，其防洪工程设计应符合现行《水工建筑物抗震设计规范》（SL 203—97）的规定。

（14）防洪区的农村宜在房前屋后规划种植高杆树木。

4.2.4　农村消防规划

1. 农村消防规划的原则和内容

农村消防规划要贯彻"预防为主、防消结合"的消防工作原则。

农村消防规划包括消防站布局、选址、规模和用地规划及农村消防安全布局，确定消防站、消防给水、消防通信、消防车通道、消防装备、消防设施、建筑防火规划等内容。

2. 农村火灾危险性评价

农村火灾危险性评价要根据农村现状及发展，分析易燃物的存在与可燃性、人口与建筑物密度、引发火灾的偶然性因素、历史火灾经验等，对规划区内的火灾危险性进行全面评估，确定可能发生火灾的种类、规模和同一时间发生火灾次数。确定消防水量，制定规划区内的消防规划。

3. 农村火灾防御规划要点

（1）农村防火规划要根据农村实际情况进行火灾危险源的调查及其影响的评估，划定火灾的高危险区，制定高危险区的消防改造计划和措施。确定重点消防区域和重点消防单位，提出相应防御要求和措施。

（2）在农村规划中，生产、储存易燃易爆化学物品的工厂、仓库必须设在农村边缘的独立安全地区，并与人员密集的公共建筑保持规定的防火安全距离；严重影响农村安全的工厂、仓库、堆场、储罐等必须迁移或改造，采取限期迁移或改变生产使用性质等措施，消除不安全因素。

（3）在农村规划中要合理选择液化石油气供应站的瓶库、汽车加油站和煤气、天然气调压站、沼气池及沼气储罐的位置，并采取有效的消防措施，确保安全；燃气调压设施或气化设施四周安全间距需满足城镇燃气输配的有关规范，且该范围内不能堆放易燃易爆物品。通过管道供应燃气的村庄，低压燃气管道的敷设也应满足城镇燃气输配的有关规范，且燃气管道之上不能堆放柴草、农作物秸秆、农林器械等杂物。

（4）合理选择农村输送甲、乙、丙类液体、可燃气体管道的位置，严禁在其干管上修建任何建筑物、构筑物或堆放物资。管道和阀门井盖应当有明显标志。

（5）粮食、籽种、饲料仓库，机动车车库，农药、化肥库，汽、柴油库，牲畜棚，粮油加工厂，农村的集贸市场或营业摊点等的设置，农村与成片林的间距要符合《农村建筑防火规范》（GB 50039—2010）的规定，不得堵塞消防车通道和影响消火栓的使用。

（6）农村各类用地中建筑的防火分区、防火间距和消防车通道的设置，均要符合现行国家标准《农村建筑防火规范》（GB 50039—2010）的有关规定；在人口密集地区要规划布置避难区域；规划区内原有耐火等级低、相互毗连的建筑密集区或大面积棚户区，要制定改造规划，采取防火分隔、提高耐火性能，开辟防火隔离带和消防车通道，增设消防水源，改善消防条件，消除火灾隐患。呈阶梯布局的村寨，要沿坡纵向开辟防火隔离带。

（7）打谷场和易燃、可燃材料堆场等可燃物的存放不得堵塞消防车通道和影响消火栓的使用。

（8）历史地段、历史文化街区、文物保护单位等，要配置相应的消防力量和装备，改造并完善消防通道、水源和通信等消防设施。

4.2.5 农村风灾防御规划

1. 农村风灾防御规划的目的

风力是最具破坏性的自然力之一。由于它的难以预测和不可避免性，对人民的财产构成威胁。

农村建筑需采取相应的对策和措施,从建房的选址,房屋结构的形式,房屋构件之间的连接等制定技术措施,从而保障人民生命和财产的安全,减少经济损失。

2. 风灾危害性评价

基本风压大于等于 $0.7kN/m^2$ 农村地区,要综合评价风灾可能造成的大风、风浪、风暴潮、暴雨洪灾等灾害影响。风灾危害性评价可在总结历史风灾资料的基础上,评估风灾对建设用地、建筑工程、基础设施、非结构构件的灾害影响。

3. 农村风灾防御规划要点

(1) 农村规划要根据抗风防风分区和场地类别,选址农村布局的形式。

(2) 基本风压大于等于 $0.5kN/m^2$ 的地区的农村要根据农村建设和发展要求,在其迎风方向的边缘种植密集型的防护林带或设置挡风墙等减小暴风、雪对农村的威胁和破坏。

(3) 基本风压大于等于 $0.5kN/m^2$ 地区的农村建筑要从建设用地选址,房屋结构形式,房屋构件之间连接、非结构构件连接等方面采取抗风对策和措施。

4.2.6 农村雪灾防御规划

1. 农村雪灾防御规划的目的

暴风雪灾也是最具破坏的自然灾害之一,农村雪灾规划要在农村布局、建筑物选址和屋顶结构形式等方面采取措施,保障人们生命财产安全。

2. 雪灾危险性评价

对基本雪压条件下,农村生命线工程和重要设施的灾害情况、人畜伤亡进行估计,确定雪灾防御的薄弱环节,提出雪灾防御措施。

3. 农村雪灾防御规划要点

(1) 基本雪压大于等于 $0.45kN/m^2$ 的农村要根据雪压分布、地形地貌和风力对雪压的影响,划分建筑工程的有利场地和不利场地,合理布局农村建筑、生命线工程和重要设施。

(2) 根据农村建设和发展要求,合理布置防风林带,减轻暴风雪灾。

4.3 农村防灾设施规划

4.3.1 农村应急道路系统规划

1. 防灾分级

按照农村防灾空间布局要求,农村防灾空间道路划分为 4 级:①救灾干道,农村进行抗震救灾对内对外交通主干道,通常需要考虑农村应急救灾需要设置应急备用地。需要考虑超过巨灾影响的可通行;②疏散主干道,连接农村主要疏散场所、指挥中心、救灾据点以及疏散生活分区等的农村主干道,构成农村防灾骨干网格,需要考虑大灾影响的安全通行;③疏散次干道,连接疏散场所、大型居住组团或居住区所依托的救灾据点的农村主、次干道，需要考虑灾害情况下的疏散通行和大灾情况下的次生灾害蔓延阻止；④疏散通道：农村居民聚集区与农村救灾据点的连接通道；疏散通道可主要由农村规划设计考虑灾害情况下的疏散通行对小区内部及周边道路进行设计安排，但在总体规划中应考虑其宽度和用地控制。

2. 防灾保障要求

（1）应考虑防止次生灾害蔓延的要求，综合考虑农村防灾分区的构建，形成良好的农村防灾结构布局形态。

（2）考虑农村用地的场地破坏因素，救灾干道、疏散主干道应选择场地破坏因素小的用地，保障道路在灾后的可靠性。

（3）救灾干道可结合农村防灾备用地统筹考虑有效宽度等技术要求。

（4）救灾干道、疏散主干道应尽可能与农村出入口相连，并形成互联互通的网络形式。

（5）考虑消防救援、危险品运输路线的统一合理安排。

3. 规划原则和技术路线

（1）应急道路系统规划应遵循以下原则：①农村应急道路系统规划需围绕农村道路，结合市郊铁路、河流运输系统等进行；充分考虑主要道路系统与农村各居住区、对外交通枢纽、危险源分布点、应急避难场所、消防站和医院的有效衔接；②考虑灾时的交通需求和特点，注重应急道路系统与其他防灾减灾设施的配合与协调；③注重加强应急道路系统的布局结构和道路节点的灾时可靠性和应变能力，提高应急道路的应急交通管理水平，增强应急道路系统的抗灾能力。

（2）技术路线可参考图 4.4。

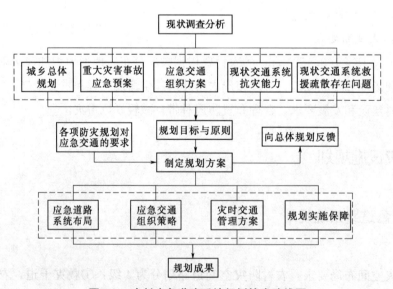

图 4.4　农村应急道路系统规划技术路线图

4. 控制技术指标

（1）农村出入口应保证灾时外部救援和抗灾救灾的要求，应建立多方向多个农村出入口，不应少于 4 个。为了保障农村与周边地区的交通畅通。农村出入口的桥梁应采取提高一度进行抗震设防或考虑桥梁垮塌后通行宽度满足救灾干道要求，以保证大震抗倒塌的要求。

（2）农村疏散道路应保证两侧建筑物倒塌堆积后的通行，若道路两旁有易散落、崩塌危险的边坡、地震中易破坏的非结构物和构件，应及时排除，同时提高道路上桥梁的抗震性能。

（3）设防要求。①救灾干道的桥梁应采取提高一度进行抗震设防或考虑桥梁垮塌后通行宽度满足救灾干道要求，满足大灾时的通行要求；②疏散主干道上的桥梁设计时，应考虑桥梁垮塌后通行宽度符合要求；③救灾干道和疏散主干道应采取防止场地破坏效应的措施。

5. 应急道路系统建设

（1）灾时应急交通组织策略。制定灾时应急交通组织策略应以不同灾害的救援疏散对交通系统的要求为基础，研究应急交通救援疏散的组织策略与措施。对于不同类型和规模的灾害，应从不同的侧重点进行研究，制定应急交通组织策略。对于重大自然灾害，一般从引导、分流的角度研究，对于事故灾害突发事件，应主要从保障交通运输秩序角度研究。

（2）灾时交通管理与控制。应明确提出交通系统在防灾减灾框架下的建设与管理要求，其主要目的是为了提高交通设施的防灾抗灾能力，保障灾害发生时交通系统能够按照预定的规划实现自己的职能，保障农村交通系统防灾减灾规划方案的实施。政府反应迅速、决策正确，可有效地降低了灾害造成的各项损失。其中的紧急交通控制与管理系统和交通信息系统对预防和消除交通拥堵，特别是保障救灾道路的畅通，起到了十分重要的作用。规划应制定应急道路系统的控制与管理方案，灾时交通控制与管理系统能够对灾时交通需求和道路交通状况的分析判断，通过应用 GPS、GIS 技术及其他技术手段，实现系统监测的自动化并提高灾时通行的可靠性，建立起功能强大、覆盖面广的应急道路信息系统和反应迅速的控制系统，平时向交通管理部门提供丰富的交通信息，进行有效的交通管理与控制，灾时则可有效地调整道路交通堵塞、保证救灾道路的畅通。

（3）救援疏散实施保障政策和措施。应急通道规划实施需要相关政策和机制的保障，使规划得以实现。保障政策包括制定救援疏散运行机制，救援疏散应急预案，建立灾时应急交通协调保障机制，建立快速响应系统和应急公共交通系统的运营管理机制，制定灾时交通管理条例等。依靠建立的预警机制和监控体系，灾后迅速准确采集道路或桥梁设施损坏的信息数据，分析道路桥梁损坏情况和影响等级，并传输至应急指挥中心决策，由交警控制现场交通秩序并做好交通引导，组织道路桥梁设施专业抢修队伍进行修复。灾时对应急通道必须实施交通管制，配备足够的交通疏导力量，合理分流车辆；沿路设置汽油和生活品供应点，避免大量车流上路造成堵塞。

（4）避难疏散道路安全。避灾道路应避开重大次生灾害源，对重要的避灾道路要考虑防火措施，两侧建筑物应具有较好的耐火性能，对建筑物高度及悬挂物应加以限制，并设有消防栓和防火隔离带。规划要考虑到避灾道路两侧的建筑倒塌后不应覆盖基本通道，倒塌的废墟宽度可按建筑高度折算。避灾道路、消防通道和防火隔离带，平时作为农村交通、消防和防火设施，灾时启动避难疏散功能。要关注避难道路的安全性和通达性，对设定的避难疏散道路要进行次生灾害安全评价。

4.3.2　农村供水系统安全规划

1. 威胁供水安全的主要因素

分析农村的水资源环境特点，威胁供水安全的主要因素如下：

(1) 突发水环境污染。突发性水污染事件是指人为或自然灾害引起，使污染物介入河流湖泊水体，导致水质恶化，影响水资源的有效利用，造成经济、社会的正常活动受到严重影响，水生态环境受到严重危害的事故。

突发性水污染事件一般具有不确定的突发性，影响范围的广泛性和危害的严重性等特征。①突发性。在人们完全没有预防的情况下突然发生，如化学危险品运输过程中的交通事故、沉船、工矿企业及其他行业事故性排污等。这类污染事件没有事故的先兆，根本无法预报，使人们难以预防，在某种程度上可以说比防洪工作的难度还要大。②扩散性。突发性水环境污染事故所泄放的物质大多数是危险物品，即列入国家危险废物名录或者根据国家规定的危险物品鉴别标准和鉴别方法认定具有危险性的物品，而水体作为污染受体，本身就是一个溶剂，再加上自身的流动性，会导致危险物品在水中迅速扩散，影响范围由点（事故点）扩散到线（河流），再由线扩散到面（流域）。③危害性。主要体现在危害的后果。严重的突发性水污染事件可能对整个受污染的区域或流域导致毁灭性的打击，水生态系统遭受严重破坏，需要长时间才能恢复，也有因污染事件造成人身伤亡的，以及导致经济或公共、私有财产遭受重大损失等严重后果。危害性的表现形式多种多样，是突发性水污染事件最明显的特征。

导致突发性水污染事件的主要原因有违反水资源保护法规的经济、社会活动与行为，以及意外因素的影响或不可抗拒的自然灾害等，主要在以下几个方面易发生突发性水污染事件：①危险品仓库泄漏事故；②工矿企业事故性排污；③危险品的运输。

(2) 突发灾害造成供水网络破坏。因为地震、地面沉降等灾害造成供水管段破坏，致使泄漏加剧，水压下降，致使部分区域或全部供水难以保障甚至停止。供水管网系统是农村重要的基础设施，是农村的生命线工程之一，一旦发生地震时，可能对管道造成严重的破坏，它不仅可使供水系统处于瘫痪状态，并会产生次生灾害，危及人们的生命财产和公共安全。

2. 突发水环境污染对策

水环境污染防治规划对策见表4.6。

3. 供水系统突发灾害应急保障规划

(1) 供水系统防灾保障要求。

1) 灾后应急供水的要求。应急给水是指地震等突发灾害发生后，供应维持公众生存的最低生活水准及应急救灾所需的水。由地震等突发灾害而引起的断水惨景在历次地震中均有发生。有时，由地震等突发灾害断水而造成的损失和影响，甚至超过地震本身的损失和影响，已有不少国家做过报道。目前，随着生活水准的提高，管道用水普及率越来越高，不少农村的管道用水普及率已经达到60％以上。对农村来说，管道供水仍应是主要形式。与此同时，家庭用水设备也越来越完善，人的生活和水的关系越来越密切，水不仅成了人生存的必需品，也成了人们舒适生活的必需品，因此，灾时一旦停水，将影响公众的基本生活安全，对灾后应急救灾活动也会产生巨大影响。灾后应急供水的要求见表4.7。

表4.6 水环境污染防治常规措施、应急措施及保障对策

分类	主要措施	具 体 做 法 与 对 策
常规措施	加强危险源管理，防患于未然	存储。各危险品仓库应做好安全防范措施，堆放、搬运过程避免碰撞，定期检查保证存储容器的完好，以防止危险品泄漏。杜绝火灾隐患，防止因火灾、爆炸事故引起的突发性水环境污染。 生产和使用。全面掌握农村涉及危险品生产和使用的单位，制定危险品生产和使用情况登记表，分别列出危险源单位、其所在地址、所使用和生产的危险物质种类。对登记在册的各个单位，应针对各自使用的危险品进行引发水环境污染事故的风险评估，制定相应的监测及应急预案并定期进行检查。 运输。加强对危险品运输过程中的管理，首先对危险品的运输实行许可制度。明确运输的线路、时间、地点，驾驶员凭运输危险品上岗证书上岗，汽车持运输危险品合格证运载，经批准后再实施运输，对运输数量大、剧毒危险品设立全程跟踪式管理，可以大大降低发生运输事故造成突发性水污染事件的几率。 应明确划分危险品禁止运输的道路区间。农村内临河、临水库的道路应禁止运输危险品的车辆通行，制定相应的危险品运输路线方案，在禁行路段树立明显的危险品禁行标志，同时标明可绕行的路线
	构建水质监测网络	针对农村的主要河流、供水水库、输水管线、水厂建立水质监测网络，实时监控水质的变化情况，可尽早发现水污染事故，同时也可以及时了解污染的扩散和分布，有利于采取相应的处理措施，为减轻事故的影响争取时间
	制定合理的农村空间布局规划	在农村规划中应对农村水源地划定饮用水水源保护区，在区内严格执行相应的保护措施；危险品仓库布局应避开上述保护区，并与农村建设用地保持一定的安全防护距离；生产和使用危险品的工业企业应设置在相对独立的地区，并划出相应的防护绿地与周边的居住用地、公共设施用地隔开
应急措施	现场紧急处理	现场紧急处理是控制突发性水污染事件的关键一环。由于污染源多种多样，事发地点地形条件千差万别，对现场紧急处理的技术要求高，专业性强，对污染物性质的判断和采取适当的应对措施显得尤为重要。处理措施得当，对控制事态发展将起关键作用。例如2002年12月珠江流域柳江水系发生20t砒霜倾入河流的事件后，当地政府立即组织有关部门对事故现场紧急处理，打捞全部落水的砒霜，用石灰中和以降低毒性，在事故上游应急拦河筑坝，在事故河段旁边开挖新渠通水，使出事点河段干涸，切断污染源向下游继续污染的可能，对控制事件的发展起到了重要的作用。由于现场紧急处理措施得当，污染得到有效控制，减少污染物对柳江水体的影响，整个事件没有发生人、畜中毒及鱼、虾死亡现象
	安全供水应急方案	科学发展观强调以人为本的原则，安全供水是人的生存基本要素，因此应在农村范围内制定安全供水应急方案，并积极寻找备用水源，应对突发性水污染事件
供水安全保障方案	合理规划农村空间布局	在各水库的一级水源保护区内禁止新建、改建、扩建居民住宅、办公楼、厂房等建筑物以及其他与水工程和保护水源无关的项目、设施，因此现状保护区内的工业用地、商业、金融、居住等用地应进行置换，移出保护区，而且不再规划新的农村建设用地。 工业用地较多且相对集中的功能区其周边应设防护绿地，将工业用地和周边的居住用地、商业、公共设施用地隔开。工业用地内生产和使用危险品的工业企业应设置在相对独立的区域
	完善农村污水设施规划	排污口设置应避开水源保护区，区内已设置的排污口必须拆除。 农村排水采用完全分流制，进一步完善排水管网和处理设施建设，提高农村污水的收集率和处理率，减少污染可能性的同时增加再生水的供应保证。 统一规划建设再生水厂和再生水管网，提高再生水回用量，减轻农村供水系统的压力。 注重排水管网的日常维护，避免农村生活污水排引起突发性水环境污染事故
	制定危险品禁止运输路段及管制方案	对危险品的运输实行许可制度。在运输前，业主向有关部门提出运输许可申请，明确运输的线路、时间、地点，驾驶员凭运输危险品上岗证书上岗，汽车持运输危险品合格证运载，经批准后再实施运输，对运输数量大、剧毒危险品设立全程跟踪式管理。 明确划分危险品禁止运输的道路区间。整个农村内临河、临水库的道路应禁止运输危险品的车辆通行。在禁行路段必须树立明显的危险品禁行标志，同时标明可绕行的路线

分类	主要措施	具 体 做 法 与 对 策
供水安全保障方案	严格划定饮用水源保护区	对承担农村供水任务的各个水库严格划定饮用水水源保护区，并严格执行各项保护措施
	农村供水备用方案	编制农村供水备用方案，首先应确立农村居民生活用水优先的原则，即优先保证约占总供水量 40% 的居民生活用水，并在此基础上针对事故的严重程度制定相应的分级农村供水应急预案以适应不同的需求

表 4.7　　　　　　　　　　　　　　灾后应急供水要求

灾后应急供水要求	具 体 内 容
供水体制的考虑	发生了地震等突发灾害之后，一个防灾救灾规划和组织良好的农村，随着灾时应急反应的启动，供水系统的破坏情况、供水需求情况和居民的避难情况等必要的信息将会得到迅速、准确掌握，供水部门需要根据防灾规划和应急预案迅速制订有关应急供水的实施的计划，确立供水状态
应急保障供水需求的考虑	灾后，应急保障供水需求主要包括：指挥机关或场所、疏散场所、应急医疗救治场所、外援栖息地、大规模次生灾害发生危险区、消防供水保障、次生火灾危险源点、重要的供电、通信等，这些应急保障供水的要求主要分为生活用水和救灾用水，可根据不同情况进行应急水源和供应方式的规划和应急预案计划
水源要求	公众生活用水对水质有较高要求，因此其应急水源应能保障饮用水安全，防止灾后暴发传染病疫情，当然也可以选择降低水质要求，通过添加水净化药剂、禁止饮用生水等措施以达到饮水安全的要求，这需要事先进行周密的计划，并向公众进行宣传沟通。对农村来说，供水系统可能采用直饮水方式，这与我国传统的居民饮水习惯相差很大，因此，这一方面的预先规划和安排更为重要，也要考虑到烧开水的能源保障方式的配套规划。 救灾用水的保障对防御次生灾害特别是次生火灾、爆炸至为重要。其水源可以考虑农村现有水系，甚至可以考虑海水。因此农村水系规划设计需要考虑应急救灾用水的维持保障，农村消防救灾部门应每年检讨应急救灾水源的可用性和是否满足要求

2）水质要求。灾后紧急情况下，为扩大供水量，应急给水水源选择范围可以很广。因此，确保水源以及应急供水点的水质是应急给水安全的关键问题。应针对灾后的情况加强水质监测管理，如增设消毒设备及在这些贮水设施上加设小型简易滤水器，以确保应急给水水质。

严密监视作应急给水水源的水质变化，防治水质污染造成疾病流行，这是应急给水一个重要环节，也就是说，应急给水不单是一个量的问题，也有质的问题。从给水系统一开始恢复供水，卫生防疫部门和供水部门对水源井、水厂和管网水就要经常进行化验分析。当条件不具备时，可因陋就简地进行投氯消毒。

3）供水保障方式的选择。灾后应急供水的方式主要有：应急关键管网、应急供水车、应急供水据点（设施）。

在农村建设设防标准较高、可保障大灾供水功能和供水安全的应急关键管网，是近年来国内外农村防灾安全规划研究和实践的重要方向，通过建设或改造形成灾后可迅速恢复的关键管网，与应急供水点形成农村的骨干应急供水网络，对保障灾后供水及保证供水安全具有重要意义。其重点是防灾目标和标准的确定和关键管网规模的选择。

应急供水车运输是传统防灾救灾中作为灾后应急供水保障的主要手段。需要考虑到供水关键管网可以维持功能时，对重要救灾场所的应急供水运输，这些场所包括指挥机关或场所、疏散场所、应急医疗救治场所、外援栖息地、大规模次生灾害发生危险区、重要的供电、通信等基础设施保障场所等。另外还需要考虑到一旦供水关键管网发生破坏农村总体应急供水的要求，这时通常需要考虑外部应急供应和农村供水分发的统一要求。应急供水车可以考虑正常情况下农村供水车的拥有要求、灾后可供改造的车辆估计和数量要求、区域协助救援的要求统筹规划安排。在考虑应急供水车运输时，还需要考虑道路连通性保障，因此，需要规划应急供水路线，结合农村应急道路系统统筹考虑，必要时还需要考虑道路阻塞瓦砾堆积物的清除要求。

应急供水据点是进行农村供水分发的主要依托，是灾后初期公众获取供水保障的主要形式。应急供水据点可划分为两个层次：固定应急供水据点和紧急供水据点。固定应急供水据点主要是针对固定救灾场所所需要的供水要求考虑平灾结合的原则进行规划建设，这些场所包括：指挥机关或场所、疏散场所、应急医疗救治场所、外援栖息地、大规模次生灾害发生危险区、消防供水保障点、次生火灾危险源点、重要的供电、通信等基础设施保障场所及其他灾时需要保障用水的场所。紧急供水点主要考虑固定应急供水据点和关键管网无法覆盖的区域，通常可考虑固定应急供水据点 2km 以外的区域，灾时计划安排时还需要考虑居民对缺水情况的反应统筹确定。供水据点可采用供水关键管网保障、修建应急水池、应急水井等方式保障，并且需要考虑应急供水槽、净水设施场所等的统一规划安排。

4）需要保障应急供水的场所和区域考虑。指挥机关或固定疏散场所、应急医疗救治场所、外援栖息地、消防供水保障点、次生火灾危险源点、重要的供电、通信等基础设施保障场所及其他灾时需要保障用水的场所；大规模次生灾害发生危险区、灾后评估可能缺水区域。

（2）防灾等级的考虑。农村供水系统通常由 3 部分构成：给水水源，给水工程，给水管网。给水水源和给水工程的建设应严格按照国家标准规范进行。对农村来说，重要的是通过对给水管网的防灾等级的合理分类，保障农村灾后应急供水的需要和供水安全。

1）农村供水管网的基本构成。下面的描述只是为了提供一种合理分类农村供水管线的方式，并不是严格的分类要求。例如一个层面的配水管线可能是另一个层面的输水干线，但从规划角度看，是从农村供水系统的总体层面和灾后防灾救灾的要求来进行区分。农村供水管线的长度可短到几米长，也可达到几十公里。通常输水干线、主干配水管线、分布管线组成一个网络系统，以增加供水的可靠性。

a. 输水干线：这些管线通常直径很大，是通往农村水厂或从水厂到各配水网络的主干管线。

b. 分布管线：这些管线直径通常在 $80\sim100mm$，主要为了把农村供水系统加工出来的水供应到用户管网，通常供应一个单独的农村，供应人群可能从几十人到近万人。

c. 用户服务管线：该类管线是在农村供水管网系统交付用户使用的末端，管径通常与用户用水的规模相关，通常在几十毫米左右，许多采用分支形式，不形成网络。

2）防灾重要性的考虑。从地震等突发灾害发生后的应急保障角度看，每种管线的防灾等级以及设防目标的确定主要考虑其重要性和防灾应急保障功能的设定。举例来说，用于灾后应急救援、消防救灾的管线不论其规模和能力，都要比那些仅仅为了满足普通用水需要的管线更重要。因此，用于灾后应急救援、消防救灾的管线应该比那些灾后纯粹用于普通用水供应的管线设定更高的防灾等级。表 4.8 根据供水管网在灾后应急反应和应急恢复中的重要性进行了供水管线防灾重要性的划分，规划中在确定管网重要性分类时，主要应考虑管线在管网中的关键作用和防灾救灾的重要性，包括：服务对象的重要性；对消防、医疗救助、物资保障以及其他防灾救灾活动的重要作用；一旦破坏的后果严重性，包括产生次生灾害（侵蚀，水灾淹没，生命威胁）的危险性和后果；一旦破坏对应急反应和避难疏散的影响程度。

表 4.8　　　　　　　　　　　　　　供水管线防灾重要性分级

分级	重要性分类	破坏后果	重 要 性 描 述
Ⅰ	极重要	极严重	灾时及灾后功能不能中断，农村应急救灾和安全恢复必需的重要管线
Ⅱ	很重要	很严重	供应大量用户的管线，一旦破坏对农村具有重大经济影响或发生影响生命安全的次生灾害的管线
Ⅲ	重要	严重	供水系统中不属于Ⅰ、Ⅱ、Ⅳ级的普通管线
Ⅳ	一般	不严重	一旦破坏对公众生命安全影响甚微，对灾后的供水系统保障功能以及应急反应和恢复不产生影响，大面积的破坏导致长时间（数周或更长）的恢复时，不会显著损害农村其他灾后生活或恢复活动的正常进行

Ⅰ级管线：能够保证灾后应急救灾和安全恢复的顺利进行，保证灾后正常功能。这类管线通常有以下几种。①供应灾后应急救援所需要的、必须保持功能的农村重要工程设施的管线及其附属设施及设备：应急救援所需要的医院和紧急医疗卫生场所；应急救援所需要的疏散场所；应急准备和反应所需要的设施、设备；政府应急通信中心；②保存危险有毒、易燃易爆物品的重大危险源场所或设施，一旦发生泄漏和爆炸会对公众和周围环境产生严重次生灾害；③这类管线还包括输水管线和主要配水管线，一旦破坏可能发生高压水泄漏或可能导致次生水灾，阻碍应急恢复或紧急疏散的进行或影响前面列出的该类管线所保障供应的农村重要工程设施的运行；④这类管线的供应对象通常为一旦损坏难以恢复的工程设施，该类管线一旦发生破坏，将会损害该类管线所应保障供应对象的正常运行功能，否则应列为Ⅱ级管线；⑤维持需要保证灾时可靠的专用消防灭火系统水压的管线；⑥供应重要行政或经济中心的管线，一旦破坏会显著影响政治经济活动；⑦这类管线在设防水准地震下的平均破坏率低于 0.013 处/km。

Ⅱ级管线：供应大量用户（人口）的管线，一旦发生破坏会实质危害公众生命和财产安全的管线，通常包括：①供应居民、工业、商业类或其他用户的超过 500 个服务节点，没有冗余供应的管线；②连接泵站和水池的骨干输配水管线；③供应应急反应所需要的工程设施的管线，当供水系统无法在灾后 24 小时内对其恢复供水时，应列为该类别。如要求供水才能保证正常运行的发电厂或发电站以及其他必要公共设施；④Ⅱ级管线主要包括输水管线和主要配水管线，一旦破坏可能发生高压水泄漏或可能导致次生水灾，阻碍应急恢复或紧急疏散的进行或影响前面列出的该类管线所保障供应的农村重要工程设施的运行；⑤该类管线的供应对象通常为一旦损坏难以恢复的工程设施，否则应列为Ⅲ级管线；⑥该类管线在设防水准地震下的平均破坏率低于0.013～0.026处/km。

Ⅲ级管线：一般用途的供水管线，包括供水系统的未被列入Ⅰ、Ⅱ、Ⅳ级的普通管线。在设防水准地震下平均破坏率低于0.10～0.20处/km。

Ⅳ级管线：一旦发生破坏对人民生命财产安全产生的危害很低的管线。这类管线主要供应农业用途、某些临时设施或较小的储存设施。提供居民用水的该类管线其服务节点不超过50个，且不供应任何级别的灾后消防活动用水。该类管线可能也包括原水输水管线，但管线破坏不会影响局部城区的灾后运行。

在确定农村供水管线的重要性类别时，不必太局限于服务节点的数量，这个数量是各个农村的平均数量要求，针对特定农村应具体考虑确定合适数量指标，需要注意的以下几方面：①农村供水系统较低功能层次的管线，当其供应对象抗震重要性较高时，应按较高级别设计，除非其供应对象被隔离或搬迁。②之所以把供应社会或经济中心的管线防灾等级设定为最高，是因为考虑到一个农村的社会经济灾后恢复实际上很大程度上依赖于行政和经济中心的恢复，这些农村恢复的时间越长，灾害危害对经济产生的效应就越大，很快扩展到农村的大部分地区。③难以恢复的管线包括那些埋地很深，位于铁路、江河、主干路（街道）或正常或紧急情况下难以接近的工程设施下面的管线。重点考虑主要运输走廊，一旦管线破坏需要修复将可能导致运输走廊的关闭，会产生严重的经济影响，阻碍应急救援和避难疏散。④分支管线的考虑。对于Ⅰ级管线的分支管线，按照要求也应该按照Ⅰ级管线进行设计，当该分支管线不考虑其上级重要管线的保障要求时，其重要性并不突出，在规划和建设时应避免产生这样的情况，通常可以采用隔离的方式进行，也就是安装隔离阀，当分支管线发生破坏时将其关闭隔离出来就可以了，这样可以将分支管线的防灾等级降低。

3）冗余管线的考虑。当所设置的冗余管线满足下面要求时，冗余管线可以提高震后管线功能保障的可靠性：①单根管线的破坏或泄漏不可能导致其他冗余管线的破坏；②所有的冗余管线可供应最低的灾后所需要的供水量。最低供水量的水平通常包括居民和最主要的经济活动用水；③冗余管线在空间上具有足够避开潜在场地破坏效应区域的距离，一旦场地破坏发生，每根冗余管线不应遭受同样大小的场地位移（不在同一个场地变形分区）。

供水管线及其冗余管线可以按较低的防灾等级采取防灾要求，见表4.9。

表4.9　　　　考虑冗余管线情况下可采取防灾要求的等级考虑

管线防灾等级	冗余度		
	0	1	2
Ⅰ	Ⅰ	Ⅱ	Ⅲ
Ⅱ	Ⅱ	Ⅲ	Ⅲ
Ⅲ	Ⅲ	Ⅲ	Ⅲ
Ⅳ	Ⅳ	Ⅳ	Ⅳ

（3）控制技术指标。

1) 设防要求。根据管线的防灾等级，下面确定其设防要求。考虑目前国内外管线防灾设计主要考虑地震，在此以地震灾害防御要求列出：

Ⅰ类：抗震防灾必需管网，震后应急反应恢复所必需的供水管网，在给定的地震作用下需要保障震后功能和正常运行，需要提高一度进行抗震验算和采取抗震措施。

Ⅱ类：抗震防灾关键管网，服务大量用户的关键管网，在突发事件和发生破坏时，对社区造成显著的经济影响或对人们生命财产造成实质损害，抗震设计按照1.5倍设计基本地震加速度进行。

Ⅲ类：抗震重要性中等，大多数供水系统中的普通给水管网，除Ⅰ、Ⅲ、Ⅳ类管网外的所有管网，需按本地设防烈度进行抗震设计。

Ⅳ类：抗震重要性很低，管网破坏对人们生活灾害影响很低，不必考虑震后功能保障、应急反应和恢复，在较长的恢复期（数周或更长）内次生灾害不会对社区的经济生活状态造成实质性的损害，通常不用进行抗震设计或降低一度进行抗震设计和验算。

2) 应急用水定额。灾后应急供水的规划指标要求是根据我国给排水相关规范，并借鉴日美等国家的应急应对做法制定的（表4.10）。

表4.10 应急给水期间的供水量

应急阶段 / 内容	时间	供水量 /[L/（人·日）]	水的用途	给水方法
混乱期	震后2～3d	3～5	维持饮用、医疗	自储、应急
修复期间	震后4～7d	20～30	维持饮用、清洗、医疗	应急
修复期间	震后7d～1月	100～130	维持饮用、清洗、浴用、医疗	由已修复管道供给
完善期	震后1个月到完全或绝大部分恢复原状	>130	维持生活较低用水量以及关键节点用水	

从医学角度来讲，人维持其生命所需的水量各人的身体情况及生活环境有所差异，但成年人大体在2～2.5L/（人·日）。因此，震后农村给水部门必须供给出这些最低限度的水量。参考国外一般规定的震后最少供水量为3L/（人·日）。这个数不是各农村自来水公司应急给水的规定值，而是必须确保供应的量，它是人体维持生命最低的用水限量，各农村供水部门根据可能，应力求将该数值提高，或尽量缩短这种供水量的供水时间。

4. 突发灾害应急供水保障系统建设对策

（1）规划布局原则。

1) 合理梳理供水系统的防灾等级，结合农村防灾空间结构和应急道路系统统筹考虑给水系统管线布局和规划。

2) 当规划范围内用地条件较差，绝大部分为不利场地时，管线管材的选择应考虑变形性能好的管材，应采用柔性接头适应液化、震陷和穿越河流河道等不利地形影响。建议加大主干管线（防灾等级Ⅱ）密度，增大冗余度，提高抗灾可靠度，保障灾后供水。

（2）应急供水系统规划的主要内容。

1）防灾供水关键管网布局规划。确定Ⅰ、Ⅱ等级的防灾管线的位置、走向和规模，确定建设要求。

2）灾时需要应急保障供水重要工程设施分布。确定灾时需要应急保障供水的重要工程设施的位置，保障要求，确定供水系统的应急保障建设要求。

3）应急供水据点和应急供水车辆设施规划。规划给出固定应急供水点的位置、规模，确定应急供水点所需设施要求，规划应急供水车辆及其路线。

4）消防救灾应急供水保障规划。规划应急消防救灾替代补充水源，消防供水的方式，消防站的布局等。

（3）农村应急给水池。在距离给水厂较远的繁华农村中，可考虑设置农村应急给水池，这对整个农村的抗震救灾和安定民心有很大益处。可将农村应急给水池和消防水池相结合，平时做消防给水用，灾时做应急给水用。

1）农村应急给水池的设置可考虑以下3个原则：

a. 为节约初期投资，通常将农村应急给水池设在已使用的输配水管道中间，因此，在选点时要和已有的输配水管道结合起来，不能为单设一个给水池而耗费过多的进出水管。

b. 要方便日常的维护管理，在结构安全上和水质上不产生问题。

c. 要和灾后的应急给水计划相结合。

2）在选择场址时可具体考虑一下几个问题：

a. 从方便维护管理和地震后应急给水考虑，可将农村应急给水池设在规定的避难点或公园等公共场所中。

b. 加设农村应急给水池后，对该地区原供水的水压和水量不能有不利影响。

c. 附近不要有污染源，如厕所、废弃物排放场等。

d. 灾后对应急给水会产生障碍的场所，不宜设置农村应急给水池。如在抗震性能较差的建筑物旁或地震后会对交通有影响的地区，灾后建筑物破坏会影响农村应急给水池发挥正常作用。

（4）农村供水系统防灾要求。

随着农村建设发展，在进行管网建设和改造时，建议遵循下述抗震防灾要求：

1）水源设施。

a. 水源布局应适当分散，不宜集中。采取多水源、多补压井、多自备井，分布在农村的不同方位，避免集中破坏。有条件时，尽量使工业企业中的自备井与农村管网连通，平时设闸门控制，震时可沟通互补有无，以尽量减少次生灾害。

b. 取水构筑物应尽量避免沿河岸、陡坡地区、地基土液化等不利地段建造。

c. 井管应采用金属管材。井管直径不宜过小，保证井管与泵管间有足够的空隙，避免在地震动影响下机泵被卡住。井管周围要求严格做好封填，避免受震滑落堵死滤水管，导致出水量骤减、水质恶化。

d. 水源井的机泵应配备潜水泵，构造简单，对抗震和震后抢修都有利。

e. 井室结构应采用轻型屋盖，减少墙体开洞面积（不少井室门、窗洞过大，实际上成了砖柱支撑屋盖）；砌筑砂浆强度：设防烈度为 6 度、7 度地区不宜低于 M5，设防烈度为 8 度、9 度地区不宜低于 M10。

2）水厂构筑物。

a. 泵房应尽量避免在河、湖、沟、坑边缘地带、地基液化等不利地段建造，泵房的进、出水管连接处应设置伸缩性柔性接头。

b. 水质净化构筑物和贮水池应采用整体性好的结构型式，不宜采用砌体结构。对于装配式结构，应加强顶盖的整体性和池顶盖与池壁间的抗震连接措施。

c. 水质净化构筑物的各单元间，应尽量设置连通超越管道，必要时可以跨越（停止）使用某一单元构筑物。当某一净化构筑物遭受地震破坏时，不致影响整体运行。

3）管网。

a. 应尽量避免沿河、湖、沟、坑边缘地带、地基土液化等不利地段敷设管网。不能避免时，宜采用钢管敷设，并采取有效抗震措施。

b. 管网应采用环状布置，并宜多设阀门控制，便于遭受震害后分割、抢修。阀门应修建井室，以利于平时加强养护，震时使用方便。

c. 新建管网从一开始就建立完善的健康监测系统，既有管网在逐步进行改造中完善健康监测，保证管线系统的安全可靠。

4）管线铺设。

a. 过河管应从提高抗震能力和便于抢修考虑，采用强度高、延性好的钢管敷设，并应在过河管段上设置一定数量的柔性连接，适应岸坡向河心的位移。

b. 设置一定数量的柔性接口，提高管道抗震能力、顺应地基土变位、减少震害。

c. 对于较长距离的管线，宜采用以一定距离设置进入地下管道的地上伸缩管段的方式，也可降低管道正常使用过程中由管子温度和压力变化引起的纵向应力。

d. 在管道与其他走向的管道或与设备和构筑物的连接处应设置地上曲线插入段或伸缩段、波纹管、油封管和其他伸缩节。对埋地管线，需设置特制的护箱和外壳来防止土和碎石等落入波纹环形凹部，以免降低管道的伸缩能力。在穿过性能截然不同的两个土层的管段中，在管道与其他走向的管道或与设备和构筑物的联结处必须设置地上曲线插入段或伸缩段、波纹管、油封管和其他伸缩节。

e. 利用管道特制封套（如无纺合成材料），或用松土、黏滞系数小且容重低的材料填充管沟，以降低管道在土中的约束，从而减少传递到管道中的地震能量，减少管道随场地土的变形。在性能截然不同的土层分界附近的地段，特别是在软土和坚硬地层交界处，建议管道回填使用未压实的粗粒砂，砂石等。

5）不利和危险地段管线抗震要求。

a. 在穿过可能的断层部位建议将管道埋设在地表填土中或露天敷设。

b. 埋地管线穿过抗震危险地段以及河道、故河道、断层、液化和震陷等抗震不利地段时，应采用钢管，应在管接口两侧、闸门、阀门和动力特性与主管道不同的其他结构或管段的两侧设置全程伸缩节。

c. 对于液化和震陷场地时，管线应采取柔性接头，宜采用钢管，并在管道与其他走向的管道或与设备和构筑物的连接处应设置地上曲线插入段或伸缩段、波纹管、油封管和其他伸缩节。

d. 在可能发生因地震作用产生严重砂土液化的地段，建议采取消除液化处理措施。对于管道与构筑物连接处，应采取消除液化措施。

（5）应急恢复次序考虑。供水管线的应急恢复次序应按照防灾等级由高到低进行恢复。同等级管线输配水管的修复，应从给水厂为起始点向外推进。不论是原先指定的避难所，还是震后临时增设的避难所，通往这些场所的输水管道要优先安排修复。同等防灾级别的管道的应急修复具体可以按照如下次序进行。

1）输配水干管：输水干管、配水干管、通向避难场所的管道。

2）配水支管：其中以通向避难场所的支管先做修复。

3）敷设临时配水管和临时公用给水栓。

4）街坊给水管的整修。

在管网的抢修过程中，当水源供水能力不大时，先集中向出水干管和配水干管送水，使管道内有一定压力，这样才能充分暴露漏点和进行有效抢修。随着供水能力的恢复和增大，在较大范围的管网内，逐步暴露问题进行抢修恢复。

4.3.3 农村供电系统安全规划

电力供应是国民经济发展的物质基础，是现代社会生活的重要标志。人们对电能的需求量及依赖性越来越大，大面积停电会产生严重的、甚至灾难性的后果：公众的日常生活将被打乱，人们将因缺乏照明而陷入黑暗的恐慌、因没有空调而忍受炎热高温的煎熬、因交通信号系统的瘫痪而造成交通堵塞，飞机、地铁将陷入停顿，人们因通信网络的中断而求援无助，商业活动可能因计算机数据丢失等原因而遭受巨大损失，银行、商场将无法营业，金融活动被迫停止，特别是医院病人将因停电原因导致死亡，另外因停电而造成的化工企业爆炸或有害物质的泄漏、引发的工矿企业事故、引起社会骚乱等。供电安全包括农村供电的安全保障和供电系统的防灾安全。

1. 供电安全规划原则

（1）电力系统是国民经济和社会生活所依靠的重要生命线系统，发生严重的自然灾害和人为灾害时，确保系统的主要建筑与干线设施正常运转，是电力系统防灾减灾的根本任务。

（2）区别对待，确保重点，力求电力系统关键环节和部位遭遇灾害时能正常运转或尽快恢复运行。

（3）防灾减灾规划既要考虑防灾减灾的需要，又要有超前意识，在制定规划的同时，构建面向21世纪的农村电力系统。

（4）电力系统的建（构）筑物应以防止造成较大破坏性灾害的地震灾害、空袭、风灾和水灾为主，兼顾其他灾害的预防。

规划基本依据是国家和行业规范：《电力设施抗震设计规范》（GB 50260—2012）、《电力工程电缆设计规范》（GB 50217—2007）、《建筑设计防火规范》（GBJ 16—2006）、《建筑抗震设计规范》（GB 50011—2010）。此外，城乡总体规划、长远发展规划中与电力系统规划相关的内容。

规划应确定供电系统的设防标准，根据对规划区内发电厂、变压器、输电线路等电力设施的数量、规模（格），技术现状，抗灾能力以及抗灾设计规范与标准，灾时的可靠性等方面的评价，综合确定电力系统的防灾标准和要求。发电厂、变电站、架空送电杆塔及其基础应符合《电力设施抗震设计规范》（GB 50260—2013）的要求，并确定抗震建筑物的类别、抗高地震烈度设防以及抗洪的高水位设防。电力系统遭遇相当于设防烈度及其以下地震灾害时，不损坏，可继续使用，系统中的建（构）筑物可能局部损坏，但抢修后仍可继续使用。确定高压送电线路及塔杆的风力设防，对达不到抵御标准的，需更换或加固。

2. 防灾减灾规划要点

（1）规划主要技术要求。

1）主要变电站在农村的布局应适当分散。合理分散有助于防止多台设施在较小的地域内同时破坏，即使一台变压器破坏，还可以由其他的设施支援或补救，或通过迂回或冗余回路供应电力。

2）防灾的重点是建筑物。电力系统设施包括建筑、线路网络和其他构筑物。在地震灾害和空袭中，电缆和其他输电线路破坏的主要原因是建筑物倒塌，因此电力系统建筑物必须严格遵守有关的设计、施工规范。

3）充分重视风灾的破坏作用。在风暴潮频发的农村，风灾是架空输电线路破坏的主要因素，应当检查电力杆塔及其基础的抗风灾能力，抗风灾能力低的设施可采取加固措施补救。

4）建立农村电网调度中心，完善电网调度自动化功能。建立农村电网调度中心，有助于监测农村主要电站的运行，调控电力分配，沟通与上一级调度室的联络，加强电力调控功能和自动化水平，发挥平时和灾时电力调度和组织指挥作用。

5）变电站和配电网宜采用双侧电源联络线供电方式或环线网络接线方式，以保证灾时供电的可靠性。

6）电力系统室外布线尽可能埋地敷设，埋地干线应优先采用共同沟。埋地敷设可以减轻受灾程度，也有利于农村景观建设。

7）农村主要变电站间的电力通信应设有两个以上相互独立的通信通道（二者采用不同的通信方式），并应组成环形或有迂回回路的通信网络。农村主要变电站间的电力通信以及农村电力调度中心和被调控变电站的电力通信必须有可靠的电源，至少有一路工作电源和一路直流备用电源。

（2）重要用电部门的配电要求。按照我国的建筑分类，一类建筑应按一级负荷要求供电，二类建筑按二级负荷供电，按国家有关的规范执行。农村的电信枢纽大楼、电力调度中心、广播电视楼、综合防灾指挥机构、水源厂、热源厂、主要医院可按二类建筑考虑，但层数较多或建筑面积较大，可划为一类建筑。而且在上述供电级别的配制下，加设柴油发电机组作为各建筑物内重要负荷的应急电源，对防灾减灾信息传递、存储有重大意义的用电设备，还应配制容量足够的不间断电源（UPS 电源）。禁止应急柴油发电机和 UPS 电源接入与防灾减灾无关的其他用电负荷。其他各类建筑物的配电设计要求，均应遵守国家有关规定。

（3）防灾减灾规划的实施要点。

1）落实管理体制。农村电力主管部门必须建立电力系统防灾指挥部，在农村综合防灾指挥机构的统一指挥下，完成规划项目的落实准备工作。

2）落实防灾减灾设施的研制和生产准备工作。研制的产品最好能够平灾结合，即平时、灾时都能发挥社会效益。

3）财政支持。防灾减灾的各项准备工作应与时俱进，需要逐年投入适量的资金，防灾减灾的准备落实工作才能不断完善，才能主动地应对突发灾害，救灾物资的储备、设备的购入与建筑物的新建与加固、人员培训与演习等均需财政支援。防灾减灾规划的落实需要农村财政纳入统一财政预算。

4）统一规划共同沟。统一规划的原则是：规划地段系交通要道，又需埋设多根电力、电信电缆以及其他农村生命线管线的主干道；在干道与铁路交叉地段、干道立体交叉处；道路较窄，难以满足直埋敷设多种管线的路段；制定规划时综合考虑地下通道、人防建设、广场建设工程等，统一规划利用地下空间。

5）救灾物资的储备。救灾物资包括电力电缆与变压器、车载柴油发电机、直流电源以及用于检修的零部件等。许多电力设备与器材，如果长期储存备用，容易锈蚀或运转失灵，甚至由开始储存时的合格产品变成淘汰产品，大量库存影响企业效益。依据各种灾害的突发性和破坏不确定性，在储存救灾物资时应当重视以下问题：掌握电力系统正常运行所需主要设备的数量与新旧程度；运行中设备的负荷状况，有无备用设备，是处于冷备用还是热备用状态；运行设备中的薄弱环节，有无应急替换设备以及通过什么途径解决替换设备；对本系统所属业务部门的工作设备应当采取适量备用、留有余地、适应急需的原则，将各种救灾物资储备于正常运转和维修之中。

6）救灾人员的组织与培训。由电力系统防灾指挥部实施救灾人员的组织与培训；以灾害发生时立即抢修、尽快恢复为出发点，预先制定救灾应急人员实施计划，确定抢修队伍的来源与组织办法；经培训后的抢修队伍应当有足够的人员数量、较高的政治与业务素质，有能力判断故障原因，并及时排除故障，避免次生灾害发生。

（4）应急救灾预案。灾害导致停电的原因多种多样，抢修人员应当查明破坏现状和停电原因，具体问题具体处理。

灾后如果电源破坏不能供电，可以启用移动电站（柴油发电机、电源车、箱式变压器等）。当重要建筑的电源受灾后，可以采用如下方法应急供电：利用未受破坏的备用柴油发电机组应急供电；利用箱式变压器给避难所的居民解决临时供电；利用车载柴油发电机给急需电力的单位供电；利用蓄电池电瓶车向重要通信设备提供直流电源。临时供电优先保证医院用电以及避难所、临时住宅等居民的生活用电。临时供电一般采用架空线路。

3. 供电安全保障基本对策

电力系统的安全运行，涉及经济与社会的各个方面，直接关系人民生活。要从农村建设的各层面加强农村电网建设，确保不发生恶性停电事故，要加紧建立电力系统应急机制，根据已制定的供电安全应急预案，向公众宣传普及应急常识，提高农村居民应对各种紧急复杂情况的能力。

（1）注重电网和电源的统一规划。电网和电源必须统一规划，适度超前建设，这是保证电网安全的前提。通过统一规划，优化电源布局，优化电网结构，做到电源与电网相协调，送端和受端相协调，做到输电网与配电网协调发展。统一电网和电源的规划，对于保证电网安全将发挥重要作用。

（2）实行电网统一调度。电网必须实行统一调度，各方协调配合，提高防御事故的能力。明确执法标准和执法主体，把所有影响电力系统安全运行的隐患逐一列出，逐一排除，要高度重视外力对电力系统的破坏，建立电力系统的安全保障机制。在事故处理和恢复过程中，统一调度、统一指挥和协调配合非常重要，包括统一安排"黑启动"电源恢复方式和与其他互联电网的配合等，任何指挥和技术措施配合上的不协调，都会造成事故扩大，延缓恢复的时间。

（3）完善重大电网事故的应急处理机制。电网是涉及公共安全的基础设施，关系公众利益，必须从农村安全的角度，重视电网安全问题，要统筹考虑，健全电网重大事故的应急处理机制，保证公共安全。

（4）局部利益要服从全局利益。当电网的安全性和经济性发生矛盾时，要以保护广大人民群众的根本利益为重，把保证电网安全放在第一位。尤其在事故发生时，要顾全大局，按照电网的统一调度和指挥，严格执行调度运行方案及事故预案，采取有效措施，维护电网安全稳定运行，避免事故扩大。

（5）保证供电安全应急预案实施。供电安全应急预案将大面积停电事故应急按功能和职责可分为电网事故应急、重点单位自保应急、社会综合应急和电网"黑启动"应急。

1）电网事故应急。当电网发生大面积停电事故时，电力系统有关单位自行启动电网事故应急措施，以遏制事故扩大，尽快恢复供电。

2）重点单位自保应急。重点单位按照供用电规定的要求配备自保应急电源和应急照明设备，当发生大面积停电事故时，可即时启动自保供电设施，维持本单位的基本电力供应。

3）社会综合应急。当发生严重大面积停电事故时，由农村大面积停电事故应急工作领导小组启动和终止，各有关部门参与，确保交通、通信、广播电视等渠道畅通，满足重点单位的安全警卫要求，确保人员有序疏散、物资供应，维护社会生产、生活秩序，保证人民群众生命财产安全。

4）电网"黑启动"应急。当大面积停电事故扩大直至全网崩溃，即电网全"黑"的最严重状况时，电力系统启动"黑启动"应急措施，以逐步恢复供电。

4. 供电安全保障建设技术要求

（1）供电设施的选址原则。在农村建设规划阶段根据农村的人口规划、社会经济发展目标，用地布局合理预测用电负荷发展趋势，根据地区电力系统中长期规划，结合农村供电部门制定的农村电网建设发展规划要求，按照预期目标合理规划、预留各区域电力厂、站及电力线路的空间及地下廊道的用地，并落实到农村规划的用地布局上。

规划新建的电力设施应切实贯彻安全第一、预防为主、防消结合的方针，满足防火、防爆、防洪、抗震等安全设防要求。

农村发电厂的布置应满足发电厂对地形、地貌、水文地质、气象、防洪、抗震、可靠水源等建厂条件要求，并根据发电厂与城网的连接方式，规划出线走廊。

农村变电所规划选址，应根据农村规划布局、负荷分布及其与地区电力系统的连接方式、交通运输条件、水文地质、环境影响和防洪、抗震要求等因素进行技术经济比较后，还应考虑对周围环境和邻近工程设施如：军事设施、通信电台、电信局、飞机场、领（导）航台、国家重点风景旅游区等的影响和协调。同时还应满足环境、安全消防职能部门的要求。

线路走廊的路径选择要按照国家现行相关规范《110～500kV架空送电线路设计技术规程》（GB 50233—2005）中路径、气象条件的要求设置。

（2）供电设施备用率的保证。各电压层网容量之间，应按一定的变电容载比配置，各级电压网变电容载比的选取及估算公式，避免容载比过小以及不满足系统"N-1"安全供电原则要求造成的电网适应性差、供电"卡脖子"现象而影响电网安全供电。

作为农村生命线系统的农村电网规模应与农村电源同步配套规划建设，达到电网结构合理、安全可靠、经济运行的要求，保证供电质量，满足农村用电需要，并要保证在灾区发生设施部分损毁时，仍具有一定的供电能力，备用设施投入运作以维护农村最低需求。

（3）供电设施安全保障。通常可在不影响电网安全运行和供电可靠性的前提下，通过改进布置方式、简化结线和设备造型等措施实现变电所户内化、小型化，从而达到减少占地、改善环境质量的目的，但同时还应考虑有良好的消防设施，按照安全消防标准的有关规范规定，适当提高能源建筑的防火等级，配置有效的安全消防装置和报警装置，妥善地解决防火、防爆、防毒气及环保等问题。

通过管线地下化可大大提高输电可靠性，农村电力线路电缆化是当今世界发展的必然趋势，地下电缆线路运行安全可靠性高，受外力破坏可能性小，不受大气条件等因素的影响，还可美化农村，具有许多架空线路不具备的优点。

4.3.4 农村通信系统安全规划

当今，通信事业已成为人类社会技术进步最活跃、最迅速的一个领域，电信作为社会的重要基础设施和国民经济要素，其根本作用在于把社会的生产、分配、交换和消费有机地联系起来，使社会活动节奏更快、效率更高。而作为农村生命线系统的重要组成，通信系统是保证农村生活正常运转最重要的基础设施，其在农村综合防灾体系中所处地位则更是不容忽视，灾前的险情预报，灾时的人员与物质的疏散，抗灾、救灾时的指挥组织，与外界救援的联系等主要依赖于农村通信系统。目前，我国通信行业形成了中国电信、中国移动、中国网通、中国联通、中国卫通、中国铁通等多种电信网络以及有线电视网，信息化专网共同形成的多元化通信格局。不同运营商均按公司化运作，各营运商网络和机楼要求彼此独立，因其市场规模和现有机楼的情况不同，对机楼需求的数量和规模不一样。

1. 防灾减灾规划要点

（1）规划原则。

1）尽可能采用高新技术。通信系统对于综合防灾的管理、组织与指挥，灾害情报的实时收集、传递与开发利用，社会各界了解灾区灾民的安危信息等都有极为重要的意义。综合防灾减灾信息系统正在从电话、电报、卫星通信、航空通信向信息数字化、网络化的方向发展。数字地球、全球定位系统、遥感技术以及地理信息系统的开发为建立农村综合防灾减灾信息通信系统创造了良好的高新技术条件。针对我国一些农村研制的地理信息系统已经应用于地震、洪涝、火灾、沙尘暴、泥石流、滑坡、岩溶塌陷等灾害的防灾减灾，改变了综合防灾减灾信息系统落后的局面。建立地理信息系统成为农村生命线系统综合防灾减灾不容忽视的问题。

2）根据农村通信系统的状况和受灾情况，优化恢复过程，对于重点单位、关键环节和部位、震害较轻的地域，灾后尽量保持正常运行或尽快恢复运行。

3）通信系统建筑物的防灾减灾以破坏性较大的震灾、空袭、风灾和水灾为主，兼顾其他灾害。

（2）规划依据。主要依据是国家或行业规范：《邮电通信建筑抗震设防分类标准》（YD 5054—2010）、《通信设备安装抗震设计规范》（YD 5059—2005）、《建筑设计防火规范》（GBJ 16—2006）、《建筑抗震设计规范》（GB 50011—2010）以及农村建设规划、基础设施建设长远规划和相关的参考资料。

（3）设防标准。规划区内通信系统的现状，电信局数量与分布，抗震设防标准，通信网络的先进性、可靠性与抗灾能力，通信光纤化、数字化程度，规划近期、中期和远期通信系统的发展与要求。多风灾的地区应当检查室外通信设施的抗风能力，并根据具体情况采取改造、加固措施。

（4）防灾规划主要内容。

1）电信局的分布合理。电信局在农村的分布宜分散，以防止灾时几个局集中性的同时破坏。由于分布分散，一个局的设施发生破坏，可以得到其他局的支援或补救，或通过迂回回路缓解通信系统的灾情。

2）防灾设施的重点是建筑物。通信系统的设施包括建筑、线路网络和其他构筑物。严重地震灾害和空袭造成通信中断的主要原因是建筑物倒塌，因此建筑物的设计、施工必须严格遵守有关的规范。

3）充分重视风灾的破坏作用。风灾频发的农村，室外的通信线路及其杆塔容易遭受破坏，应对通信系统进行防风能力检查，对防风能力弱的设施进行补救加固。

4）室外布线尽可能埋地敷设，埋地干线宜采用共同沟。地震灾害发生后，通信系统地下电缆的服务中断率远低于架空线路，减少架空线路，采用埋地敷设，对于减轻灾害有重要意义。在交通要道和工程管线较多的农村主干道，多电缆、多管线同时集中铺设时，宜采用共同沟，不仅可以避免道路的重复开挖，还为灾后恢复重建提供方便。

5）重视发展移动通信产业，作为灾时传统有线通信系统的补充。移动通信是无线通信，只要灾时基站不受破坏，就能维持正常运行。

6）大力发展光纤通信网建设。光纤的通信容量大，通信距离长，能抗电磁干扰，频度宽，且耐火、耐水、耐腐蚀，保密性能也好，是现代通信电缆的发展方向。因此，通信干线、支线尽量采用光缆，进户线也要为接入光缆做准备，为宽带通信网络建设打基础。无论是光纤还是多芯电话线，应尽量形成环网配线，以增强通信网络运行的可靠性。

7）强化通信手段的多层次、多系统化建设。通常，灾后骤然形成超大容量的信息流量，容易造成信息系统线路拥堵，通信信息不畅。因此，应当采用电话网、电报网、因特网、移动电话网、传真通信网、宽带数据网、卫星通信网等多种通信手段，提高现代化综合通信能力，减轻灾后通信高峰时的压力。

8）研制、开发高新性能的报警信息系统。特别是119火警报警系统，在灾时线路发生故障时，仍具有报警功能。

9）确保电信枢纽大楼、对抢险救灾的信息传递与存储有重要意义的用电设备，保证供电，还应设置容量足够的不间断电源。

（5）通信系统应急救灾方案。

1）灾害发生后，立即组织通信系统抢险救灾队伍，检查系统设施的灾情，积极组织抢修，尽快恢复各级领导之间、各级救灾指挥部之间的通信联系，采取有效措施提高通信系统的恢复率，减少通信线路的拥堵，使更多的居民、企事业单位和关心灾区的人们能够利用信息网络进行信息交流。

2）重视利用移动通信。我国移动通信网正在蓬勃发展。因为移动通信网是无线通信设备，灾时可以灵活、方便地传递呼救信息与报警信息。应确保移动通信系统建筑与设施的设防标准，移动通信网基站的工作人员灾时要坚守岗位，保证移动通信系统畅通。

3）启动卫星通信设备。设置车载卫星地面站和便携式移动卫星地面站，灾时开展卫星通信服务。掌握卫星通信设备的数量、质量和放置地点，制定灾时调动方案。

4）提供语音存储信息服务。局部地区发生灾害后，向灾区居民问候安危的电话和其他信息量会骤增，给灾后的信息系统造成很大的压力。由于严重灾害后大部分居民转移到临时避难所，利用电话或其他信息设备传递安危信息的难度较大，为此可把居民的安危信息在灾后存入电子计算机系统中，根据来电的要求，利用语音服务系统回答安危信息，缓解通信系统的压力。

5）利用联结于因特网的PC机从灾区向国内外发送信息。

6）利用现代通信技术，在灾区设置灾害相关信息告示牌，接受国内外电子计算机终端的信息访问。

7）充分发挥公用电话的作用。但应解决公用电话灾时的电源供应和硬币收纳箱装满后停止工作等问题。

8）在避难所设置免费电话，供避难的居民使用。

2. 通信安全保障

（1）基本对策。

1）保证农村防灾指挥系统和救灾组织机构之间的通信需要，通信设施建设布局要充分考虑农村灾害的特点，必须能够承受灾害的考验。农村灾时和灾后的通信能力直接关系到农村的抗灾效果，应确立农村灾害管理机构与消防、救护、抢险等各救灾单位和救灾队伍之间畅通的联络渠道。

2）营造快捷、高效、灵活的信息环境，加大移动通信基站密度，充分发挥移动通信不需要管道敷设的灵活特性；对于电信固定网，针对业务量大、尚无目标机楼覆盖的片区进行目标机楼全覆盖，对于业务量小的地区由端局或模块局实现电信覆盖。

（2）通信安全保障建设技术要求。

1）提高通信设施的抗灾能力。根据用户预测构建完善的通信机楼及管网系统，使之在满足通信发展需求的前提下满足防火、防爆、防洪、抗震等安全设防要求，其中农村重要的农村话局和电信枢纽的防洪标准不低于百年一遇，广播电视、邮电通信局所的布置应满足对地形、地貌、水文地质、气象、防洪、抗震等条件要求。

2）实施通信线路地下化。农村通信线路地下化，被证明是一种有效的防灾手段，可以不受地面火灾和强风的影响，减少战争时的受损程度，减轻地震的影响，大大提高其可靠度，农村通信管网综合汇集，采用管线共同沟敷设更能方便维护和保养，农村通信线路地下化是保证通信安全的发展方向。在通信管道设置中，应避开容易塌方和冲刷的地段。

3）探索防灾原则下的通信设施建设方案。目前倡导的"大容量、少局址"的通信局址设置原则，顺应了通信技术发展的潮流，但基于农村公共安全角度，降低了系统本身的抗灾能力，因此应积极探索防灾原则下的通信设施建设的新思路，探讨通信设施分址建设的可行方案，以更好地解决灾时通信保障的问题。

4.3.5　农村避难疏散场所

我国目前国内农村进行避难疏散场所建设的非常少，应该说还没有哪一个农村形成了完善的避难疏散场所体系，通过分析我国农村避难疏散的情况，对比日美等国家的成功经验，我国农村避难场所使用中遇到的主要问题有：①不能实施避难场所的有效管理。避难场所多头管理，缺乏有效统一的规划和建设安排，责任体系也不清楚。由于各类灾害的单灾种防御的问题，建设、地震、水利、民政、气象等多口参与，但是在防灾避灾运行时并无有效的管理手段，而且具体的场所又各有归属，造成的问题是避难场所防灾条件规划建设无法有效进行，灾时不能按需要及时开放，并提供所需的救援条件。特别是学校放假期间，这类避难场所处于关闭状态，期间发生灾害时很难为公众及时提供避难场所。②避难场所的防灾建设等级标准低。目前的避难场所以公园和空旷场地为主，学校类也是以操场作为疏散场所，这些场所大多没有按防灾要求进行规划和建设，防灾配套设施缺乏，灾时的供水和交通没有保障设计，难以满足应急需要，防灾等级标准普遍很低。这与日本等国家依靠抗震能力很强的学校等公共建筑为主进行避难疏散差距甚大，这与我国公共建筑抗灾设防标准低直接相关，因此，我国目前尚没有以公共建筑为主的防灾据点建设和使用的情况。可以说，目前我国农村的避难疏散体系不能满足地震、火灾等重大灾害避灾要求，避难场所的建设等级标准远未达到相应的水平。③避难场所的功能单一、服务范围小。目前我国农村的避难疏散场所的建设是按照单灾种防灾要求建设的，只考虑单灾种防灾的要求，功能单一，不能提供基本生活服务和防灾基础设施，这类场所服务对象是在室外活动的路人，需要避灾的人数比较有限，大多数居民可以在家中避灾，不需要此类避难场所，目前避难场所的功能作用十分有限。一旦发生导致建筑物破坏的地震等突发灾害，避难疏散情况不容乐观。

1. 规划原则

1995 年日本城市规划学会的三船康道先生提出选择、评估防灾疏散场地区位性、接近性、有效性和机能性的 4 项原则。强调防灾疏散场地合理分布，方便居民安全就近避难疏散，有满足避难疏散需求的收容能力，适用于居民的避难行动与避难生活。21 世纪初，我国学者基于我国国情，提出就近避难原则，安全性、公平性与自愿性原则，"平灾结合"原则，家喻户晓原则，避难与救灾的时序原则，步行原则，多用途原则以及动态性、灵活性原则等。根据近年来我国防灾规划中避难疏散规划的经验和做法，以综合防灾理论为指导，提出如下规划原则。

(1)"平灾结合"原则。防灾疏散场地主要设置在学校、公园、广场、政府机关、体育场馆、人防工程、地下车库等建筑设施内。平时用于教育、体育、公务、休闲以及生活、生产活动，由所有权人或委托的管理者使用，主管部门加强疏散场所及相关设施的建设维护的监督管理，灾时能及时、有效地转换成防灾疏散场地。从平灾两个方面确定防灾疏散场地必备的功能，平灾功能和谐统一，相得益彰。平时功能是建筑的原有功能，而灾时功能则是严重灾害发生时才启用的防灾功能。平时功能转换成灾时功能后，原有功能消失或削弱。

居民的避难生活是一个过程，在农村发展过程中，灾时功能是短暂的或者是平时储备的、潜在的；平时功能则是长期的，严重灾害发生后可以向灾时功能转换的建筑固有功能。平灾功能的转换是双向的。严重灾害发生后，防灾疏散场地供居民避难疏散，平时功能转换成灾时功能；随着居民避难生活的推移，避难所内的避难人数逐步减少，灾时功能相应减弱，至避难所关闭，灾时功能转换成平时功能。"平灾结合"原则体现综合防灾的经济性和平灾两种功能的相容性。农村规划建设大量只具灾时功能的防灾疏散场地，是严重浪费。尽管有的农村可能受到多种严重灾害的威胁，防灾疏散场地又有多种类型和层次，但规划的防灾疏散场地是从大量既有建筑设施中选择的，在已经具备平时功能的基础上，附加、补充灾时功能。即使是新建的防灾公园、专用海啸灾害避难所等也都赋予平灾功能。

严重灾害往往具有突发性，有些防灾疏散场地从平时功能向灾时功能转换需要一个准备过程。这个过程包括避难疏散人群的初步安置，场地的整理，防灾资源的运输与利用，防灾设施的运行等。具有平灾两种功能且严重灾害发生后能及时实现平灾功能的有效转换是规划建设农村防灾疏散场地必须研究的重要课题。

(2) 综合防灾原则。综合防灾是利用行政、法律、经济、技术、教育、规划等多种手段，依据农村建设规划、综合防灾规划的要求,实现农村防灾机构的整合,防灾各个环节的整合,防灾区域的整合,防灾资源的整合,农村灾害综合管理与农村可持续发展的整合,综合性地科学管理农村灾害。

规划建设防灾疏散场地坚持综合防灾原则。发挥农村灾害管理的综合性、整合性和融合性等特点,把一座农村看作一个完整的生命体系统,融入防灾情报论、防灾农村建设论、防灾环境论和防灾行动论等综合防灾基础理论,合理规划防灾疏散场地。

依据综合防灾原则,防灾疏散场地在农村综合防灾机构的统一领导下,统一规划、统一建设、统一指挥、统一利用,形成完整的防灾疏散场地系统。充分利用学校、公园绿地、广场等农村既有建筑资源规划建设防灾疏散场地;拥有满足避难疏散需求的紧急避难所、固定避难所、防灾公园、防灾据点等各类避难所;形成由救灾干道、疏散主次干道、疏散通道构成的避安全疏散道路系统;规划完善的防灾设施;防灾疏散场地系统具有综合防灾功能,农村受到地震、火灾、洪涝、海啸、台风、泥石流、滑坡、等灾害袭击时供居民避难疏散;需要远程避难的农村,建立地域间的防灾疏散场地系统,实现地域间的综合防灾;各个农村之间建立互惠互利、优势互补的综合防灾疏散场地系统。

大多数灾种的防灾疏散场地具有相同的灾时功能,能够通用。例如:地震防灾疏散场地也适用于洪涝灾害、火灾、海啸、泥石流、滑坡、技术灾害等。依据农村的灾害历史、现状与发展趋势,选择一种主导灾种规划建设防灾疏散场地,并在此基础上补充、完善,提高对各个灾种的实用性。例如:某沿海农村可能发生严重地震灾害、海啸灾害和洪涝灾害,可以先规划建设地震灾害防灾疏散场地,并在可能遭受海啸袭击的滨海地带补充专用海啸防灾疏散场地(高层建筑、避难塔等),构成应对地震、海啸和洪涝等多种灾害的一个农村防灾疏散场地系统。

(3)就近避难原则。严重灾害发生时,避难者到灾害管理部门灾前指定的或自主选定的最近的防灾疏散场地避难。避难者包括灾时的受灾者——住宅破坏无家可归或归家困难的农村居民和有可能受灾者——被劝告、指令避难疏散的人群。居民就近避难,距自家住宅和防灾疏散场地的距离近,避难时程短,安全性高,且熟悉周围环境,避难者多为邻里有亲近感,也有利于照看自家财产和处理与灾害相关的事宜。学校师生、企事业单位工作人员就近避难,避难者有归属感、安全感和集体荣誉感,有助于有组织、有序地引导避难疏散。

有些严重灾害传播速度极快或发生时间极短,来势迅猛,在极短的时间内产生极大的破坏力,要求在最短的时间内到最近的防灾疏散场地避难。严重地震发生后,海啸危害区的人群(包括旅游者)应当背向海啸袭来的方向,迅速到最近的海啸避难所或地势高的场地避难。稍有迟疑或避难行动时程稍长,有可能带来惨重的后果。

火山喷发、飓风等灾害有时实施远程避难疏散。1986年日本伊豆大岛火山喷发,威胁全岛居民的人身安全,当地政府把岛上的居民疏散到东京市、静冈县避难。2005年"丽塔"飓风袭击美国之前,仅得克萨斯州和路易斯安那州就有百万人被疏散到160km以外的安全地带避难。远程避难疏散是一种重要的避难疏散方式,灾前利用汽车等交通工具把居民疏散到非灾区避难,灾害施虐后,远程避难的居民再返回家园。远程避难疏散与就近避难疏散原则并不相悖，因为所谓"远程"是指从灾区到安全地带的最短或较短的避难疏散距离。

疏散生活分区、避难疏散距离、最近避难疏散率等都是依据就近避难疏散原则提出的规划建设防灾疏散场地的重要概念和规划思想。Voronoi图和希求线图在规划建设防灾疏散场地的应用，也与就近避难疏散原则密切相关。依据就近避难疏散原则，防灾疏散场地合理分布在灾害威胁地域，方便居民就近避难疏散。

（4）安全原则。防灾疏散场地是居民避难行动与避难生活的安全空间，把居民从危险性高的场所转移到安全性高的场所。避难疏散躲避的灾害来自自然灾害、人为灾害以及这些灾害的次生灾害。而且，灾害的严重破坏作用和恶劣后果增加某些场所的危险性。规划建设防灾疏散场地的目的是降低危险性，提高安全性。防灾疏散场地的安全环境、安全条件和安全设施是其自身固有的或者人为附加的，人为附加的安全条件是对防灾疏散场地安全性的完善与提高。

1）自然环境安全与社会环境安全。自然环境是环绕在人类周围的各种自然因素的总和，划分为五大自然圈（大气圈、水圈、生物圈、土壤圈和岩石圈）。规划建设防灾疏散场地避开危险性高的自然环境，例如：山口、河口、风口，洪水与暴雨淹没区，泥石流、滑坡危害地域，地震活断层、岩溶塌陷区、矿山采空区、土壤严重液化区，低洼地与沼泽地以及可能发生山崩的山麓等。

社会环境是人类为不断提高自身的物质和精神生活水平，在自然环境的基础上，通过长期有计划、有目的地发展，逐步创造和建立起来的人工环境。社会环境的质量是评价人类物质文明建设和精神文明建设水准的重要指标。规划建设防灾疏散场地宜选择在社会环境好且与自然环境相和谐的地域。例如：抗震、抗风、抗洪、抗海啸性能高的钢筋混凝土、钢骨混凝土建筑设施（学校教室、机关办公楼、体育场馆、滨海高层建筑等）、公园绿地；充分利用消防设施、医疗资源、防灾设施以及防灾物资储备仓库等为居民避难以及灾后救援与恢复服务；防灾疏散场地避开高压电线、危险品生产工厂和仓库、可能倒塌或可能发生核泄漏的建筑设施等。

2）规模安全。防灾疏散场地的规模决定其类型、功能与安全程度。在城市防灾疏散场所规划中，总面积50hm² 以上的防灾疏散场地用作中心固定避难所。总面积10hm² 左右的防灾疏散场地用作固定避难所。总面积1hm² 以下的防灾疏散场地可以用作紧急避难所，供居民家庭或单位的避难者短期避难或向固定避难所转移的集合场所。与城市不同，农村人口密度低，距离空旷场地距离近（一般村庄的村中心到村边田地也就100～200m），在场地面积和建设标准方面可参考城市防灾疏散场所的要求酌情进行规划建设。我国近几十年抗震救灾实践表明，农村重灾时将救灾帐篷分散布置在村中，亲朋好友合用一顶是合适的，离家近，有利于恢复重建。

避难所的规模是影响避难者人均有效避难面积的重要因素。固定避难所人均有效避难面积2m²以上，最低不得少于1m²。

避难所规模还决定其服务半径或避难圈大小。紧急避难所500m左右，约10min的避难疏散路程；固定避难所2000m左右，避难者步行1h左右可以到达避难所。

3）避难疏散道路安全。合理规划避难疏散道路的宽度、人流密度，防止人流拥堵，确保避难疏散道路安全。道路两侧的建筑设施具有耐火性能，有可能发生火灾的路段，设消防通道、消防栓，必要时道路两侧设防火隔离带、防火树林带。

避难疏散道路为避难弱者（老、弱、病、残、孕）提供自立避难疏散的安全条件，残疾人的轮椅能够顺畅地通行，有通往避难疏散场地的盲道等。

洪涝灾害避难疏散道路规划在不被洪水淹没或淹没很浅的地域，道路上没有深沟和陷阱。

在海啸避难疏散道路上避难者的路应背向海啸袭来的方向。火灾避难疏散道路在上风头，远离火源的方向。

规划建设网状结构的农村街道，形成多个迂回线路或留有冗余线路，使各个避难疏散场地之间合理衔接，形成完整的安全的避难疏散道路系统。各个避难疏散场所有合理的进出口数量和方便居民进入的入口形态、周边形态。灾时，强化避难疏散道路的安全管理，如有必要实施交通管制。

4）避难所安全。防灾疏散场地具有较强的抗灾能力。用作避难所的建筑设施不倒塌、不严重破坏、不发生严重次生灾害，生命线系统不瘫痪，上述建筑设施即使遭受破坏也能在较短时间内恢复。

火灾是大地震的严重次生灾害。规划建设避难疏散场地充分考虑消防设施与防火措施。农村的消防能力和消防道路满足灾时的消防需求，防灾疏散场地两侧或周围设置防火隔离带、防火树林带，避难所内设消防设施，建立严格的防火规章制度。避难所设安全撤退道路，一旦发生火灾，避难人群能够快速逃生。

高度重视防疫灭病，杜绝瘟病发生与蔓延。

5）防灾设施安全。防灾设施是赋予防灾疏散场地防灾功能的基础设施，也是确保避难者安全避难的基本条件。主要有情报设施、水设施、能源与照明设施、防灾树林带、应急厕所、防灾物资资源储备仓库以及运输设施等。全面考虑各种设施的完善性和安全性，充分发挥多种防灾设施的综合防灾效益。利用农村公园作避难所，有效开发普通公园设施（景观设施、休闲设施、运动场所、教育设施、管理设施、餐饮设施、停车场等）的防灾功能。

（5）功能原则。依据功能原则把避难所划分为紧急避难所、固定避难所、中心固定避难所 3 个层次，农村可通过防灾公园、防灾据点等建设满足避难疏散要求，形成完整的避难疏散场地系统。避难所的功能主要是为避难者提供基本生活条件和安全保障。具体的避难功能包括就寝功能、救护功能、饮食功能、洗澡功能、排泄功能、安全功能等。充分地全面地发挥、利用这些功能，是提高避难行动、避难生活质量与安全的基本保障。

紧急避难疏散场地的主要功能是供邻近建筑内的人群临时避难，也是各个家庭或单位在建筑附近集合并转移到固定避难所的过渡性场所。固定避难所是供灾民较长时间避难和进行集中性救灾的重要场所。中心固定避难所则具有更完善的防灾功能，包括避难、指挥、救护、宿营、运输等多种功能。不同类型防灾疏散场地的避难功能强度有较大的差异。学校、公园是最重要的防灾疏散场地。

"平灾结合"原则、综合防灾原则、就近避难原则、安全原则以及功能原则等五原则，明确了规划建设防灾疏散场地的关键性要求。特别强调以人为本，有效保护居民的生命财产；在农村合理配置防灾疏散场地，缩短居民避难行动的时程，创造方便居民避难疏散的安全环境，提高避难疏散的质量，确保居民避难的基本生活条件；在建筑设施平时功能的基础上人为附加灾时功能，实现平灾功能的有机结合；防灾疏散场地统一领导、统一规划、统一管理、统一利用、统一指挥，体现综合防灾理念；充分发挥、全面利用防灾疏散场地及其防灾设施的防灾功能，确保避难疏散安全；避难疏散道路、避难所以及防灾设施形成防灾系统，增强总体防灾能力；有效开发利用人力资源、技术资源、建筑资源、公园绿地资源等，扩大避难疏散场地的规模和人均有效避难面积。上述五原则是评价防灾疏散场地的重要指标。满足这些原则的因素越多，越重要，防灾疏散场地的满足度越高。如果满足度很低，则不能用作防灾疏散场地。

2. 防灾等级

针对农村避难疏散体系，考虑综合防灾的要求，结合我国实际情况提出两个等级划分，即紧急和固定避难疏散场所，如图4.5所示。

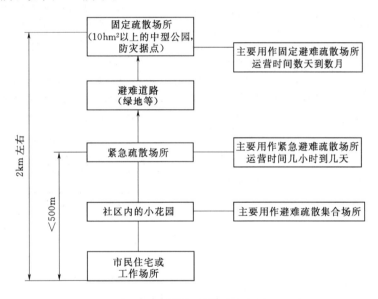

图 4.5 疏散场所体系示意图

（1）紧急避难疏散场地，即灾时较短时间内，紧急应对灾害的避难疏散场地。主要是农村的小花园、小公园、小广场、专业绿地、宅旁或路边的自由空间、高层建筑内的避难层（间）等，供附近的居民就近避难，也是居民家庭或住宅内居民集合并转移到固定疏散场地的过渡性空间。居民停留时间很短的紧急避难疏散场地不专设食宿地。

技术灾害大多属突发性的紧急避难疏散，灾害过后避难疏散结束。风暴潮、台风、海啸、泥石流和滑坡等是灾前有预报或警报的避难疏散，灾时需要紧急避难疏散场地，灾后若有大量无家可归者，开设固定避难疏散场地。

紧急避难疏散场地是避难疏散场地系统的重要组成部分和安全避难疏散的必备条件。居民避难疏散始于紧急避难疏散场地，然后进入固定避难疏散场地度过较长时间的避难生活。

（2）固定避难疏散场地。固定避难疏散场地是避难者较长时间度过避难生活和进行集中性救援的重要场所，主要是面积较大、可以收容较多避难者安全避难，有比较完善的防灾设施，避难者有基本生活保障。

农村建设规划时，应根据相关规划原则和防灾等级分类体系，规划设计农村的疏散场所体系，并统筹考虑与农村的应急道路系统相衔接。

3. 控制技术指标

通过总结我国以及日本、中国台湾等地的避难疏散场所的建设指标，考虑农村的综合防灾要求，提出规划控制技术指标见表 4.11。

表 4.11　　　　　　　　　　　　　防灾疏散场地技术指标

项目	防灾疏散场地类型	技术指标	适用的灾种与说明
规模	固定防灾疏散场地	1～50hm²（10hm² 左右为宜）	各种灾害。视灾种和灾情严重程度启用不同数量的防灾疏散场地。海啸、泥石流、滑坡、火灾、技术灾害等局域性灾害依据各自灾害的特点选用部分防灾疏散场地
	紧急防灾疏散场地	0.1hm² 以上	各种灾害
	海啸防灾疏散场地	视避难困难地域大小以及避难人数确定海啸避难所个数与收容人数。可能避难地域内的人群，疏散到邻近海啸浸水地域的防灾疏散场地避难。适用于海啸灾害	
人均有效避难面积	固定防灾疏散场地	2m²/人以上	能够放置携带的少量生活物品，有睡眠和出入的空间
	紧急防灾疏散场地	1m²/人以上	可以睡眠，能在人群中穿行
	海啸防灾疏散场地	1m²/人以上	海啸防灾疏散场地属紧急防灾疏散场地
服务半径	固定防灾疏散场地	2000m 左右	
	紧急防灾疏散场地	500m 左右	避难疏散行程 10min 左右
	海啸防灾疏散场地	可能避难距离	
	远程避难疏散	从灾区到非灾区或轻灾区的距离	
避难道路	固定防灾疏散场地	8m 以上	
	紧急防灾疏散场地	4m 以上	
	地下空间防灾疏散场地	避难道路（出入口）宽度按照地下空间的人数多少、全部人员离开地下空间的时间范围计算。规划从地下空间经出入口到地表的避难疏散道路和地表的避难所	
	海啸防灾疏散场地	与紧急防灾疏散场地相同	堤坝、高岗或通往避难所避难层的道路设台阶、扶手
	远程避难疏散	灾前指定	利用高速公路、国道等
	消防通道	不小于 3.5m（单车道）	出入口宽度不小于 4m。两个消防道路中心线的距离不大于 160m
	救援通道	不小于 3.5m（单车道）	
出入口数量	固定防灾疏散场地	不少于 4 个	
	紧急防灾疏散场地	不少于 2 个	
	海啸防灾疏散场地	不少于 1 个	海啸、台风、飓风等防灾疏散场地受"水墙"、狂风袭击的一则，玻璃窗宜小、宜少
	地下空间防灾疏散场地	不少于 2 个	出入口高度高于地表水流的深度

续表

项目	防灾疏散场地类型	技 术 指 标	适用的灾种与说明
避难疏散方向	地震防灾疏散场地	指定防灾疏散场地	
	洪涝灾害防灾疏散场地	指定防灾疏散场地	
	海啸防灾疏散场地	背向海啸袭来的方向	服务半径半圆形
	地下空间防灾疏散场地	朝向地下空间出入口	由低向高，朝不进水的出入口或从进水的出入口逆流而上
	火灾防灾疏散场地	背向火源	朝上风头或火灾无威胁的方向
	泥石流、滑坡防灾疏散场地	指定防灾疏散场地	有前兆或警报快速到指定防灾疏散场地避难
	技术灾害防灾疏散场地	向技术灾害无威胁处疏散	毒气泄漏避开下风头或直接威胁区
防灾设施	防灾贮水槽	贮存避难人群 3 天饮用水	利用湖水、池水、河水作生活用水、消防用水。
	应急水井	防灾贮水槽的补充	水质符合饮用水标准用作饮用水，或用作生活用水
	应急厕所	1 坑／（50～60）人	日本公园实测：1 坑/73 人
	应急广播设施 应急通信设施		利用现代通信手段，确保灾时通信畅通
	避难标示设施	依照或参照地方标准或规定	
	应急发电设施		
	应急照明与电源设施		尽可能利用风能、太阳能等自然能源
	防灾物资储备仓库	储备 3d 避难急需的物品	采用多种方式储备
	监控装置	关键部位设置摄像头	与防灾指挥机构的防灾信息系统连接
	直升机坪	参照相关标准	设置在规定防灾疏散场地
	管理机构	每个避难所设 1 个	负责平时管理、灾时启用与管理
	入口形态	宽度符合避难要求	便于避难人群和各种车辆进出
	外围形态		便于避难人群进出
	防火隔离带或防火树林带	与火源最少相隔 30m	防灾公园四周宜栽植遮蔽率高、树冠含水量多的树木，并设散水装置
	（棚宿区）	平坦、开阔、宜居	凡高低不平的场地，平整

4. 综合防灾的考虑

农村灾害按其影响范围划分为全域性灾害（地震灾害、台风、飓风等）和局部性灾害（技术灾害、火灾、水灾、泥石流与滑坡、海啸等）。严重的全域性灾害破坏地域广泛，往往有较多的无家可归者，需求的防灾疏散场地数量多，规模大，范围广。相对而言，严重的局部性灾害遭受破坏的地域小，无家可归者集中在局部地域，用较少的防灾疏散场地有可能满足避难人群的避难需求。无论是全域性灾害还是局部性灾害，可以通用避难疏散场地系统。但个别灾害对防灾疏散场地有个性要求，例如：海啸避难所既包含包括为避难可能地域的避难者准备的防灾疏散场地，又包括为避难困难地域避难人群规划建设的专用海啸避难所；洪水、浸水防灾疏散场地可以与其他灾害的防灾疏散场地通用，但必须放弃洪水、浸水淹没区的防灾疏散场地；火灾、毒气泄漏、海啸灾害等灾害对避难疏散方向有严格要求等。由于各类灾害的防灾疏散场地具有通用性，因此，规划依据、规划原则与规划程序大体相同。有些灾害的防灾疏散场地有个性，规划程序与规划具体内容可能有个性要求。通用性与个性的有机结合，形成对应各种灾害的防灾疏散系统。

气象灾害（暴雨、台风、飓风等）发生数日前可以比较准确地预报，海啸、泥石流与滑坡等灾害可以设置警报系统。凡可以预报、警报的严重灾害，有可能实施灾前避难疏散。而无预报和无警报的灾害则往往是灾后避难疏散。同一灾害灾前避难疏散与灾后避难疏散人员伤亡、经济损失以及对防灾疏散场地的需求会有较大的差异。有预报的海城地震震亡 1300 余人，而无预报的唐山地震震亡 24 万余人。

规划防灾疏散场地可以像地震防灾疏散场地那样采用现代的规划方法，也可以采用简易的选择或区划方法。建立城市综合防灾机构，统一领导防灾疏散场地的规划建设、管理与利用。规划防灾疏散场地的基本依据是因灾害造成的无家可归者人数（含住宅困难者或住宅危险者），按照相关的法律法规、技术规范和规划原则确定防灾疏散场地的规模、数量、分布、收容责任区以及每个责任区的避难疏散道路、避难所和防灾设施；进行防灾教育与防灾演习，确定所有居民的指定防灾疏散场地；灾时实施避难疏散劝告、指令，确保居民安全避难疏散。各种灾害防灾疏散场地的比较，见表 4.12。

表 4.12　　　　　　　　　　　　各种防灾疏散场地比较表

灾害	规划基本依据	通 用 性	特 点
地震	对于无家可归者的人数，日本、我国台湾省取农村总人口的 15%～30%	防灾疏散场地系统有选择性地适用于各种灾害	抗震性能高的钢筋混凝土结构的建筑或公园、广场的自由空间，火灾是严重次生灾害。灾时组织大范围的抢险救灾，扒救埋压在地震废墟中的灾民，紧急调集抗震救灾物资，确保灾民的基本生活，积极开展防疫灭病
水灾	利用供水、浸水危险图确定淹没区。计算淹没区内、水灾破坏的建筑内以及水灾次生灾害产生的无家可归者	淹没区内的或遭水灾破坏的地震防灾疏散场地，不能用作水灾的防灾疏散场地。从其他地震防灾疏散场地中选择水灾防灾疏散场地或规划建设的水灾防灾疏散场地	淹没区内的高层建筑防灾疏散场地，未被水淹且避难疏散功能完好的空间仍可用作水灾防灾疏散场地
火灾	烧毁住宅的无家可归者	组织居民从火灾现场沿安全的避难疏散道路到其他灾害防灾疏散场地或规划建设的火灾防灾疏散场地避难	避难疏散方向背离火灾现场；风速高时，避开下风头，火灾避难所不受火灾的威胁。规划防火隔离带、防火树林带，后者设洒水装置。无家可归者不可能在较短的时间内返回烧毁的原住宅，宜安置在固定避难所避难
海啸	避难可能地域的居民与旅游者到滨海的防灾疏散场地避难；避难困难地域的居民和旅游者到海啸专用避难所避难。分别统计避难可能地域与避难困难地域的避难人数。选择或规划建设各类防灾疏散场地	避难可能地域的居民与旅游者通用滨海的城灾疏散场地	避难困难地域的居民及时到专用海啸避难所避难。避难者背向海啸袭来的方向，成扇形方向避难疏散。可以利用避难困难地域内的高岗避难。不在入海的河流两侧设避难疏散道路，不在港口、码头的附近设海啸专用避难所。防潮大堤、避难高岗设台阶、扶手。避难空间不受海啸袭击。设海啸警报系统

续表

灾害	规划基本依据	通 用 性	特 点
台风	风灾以及伴生暴雨造成的无家可归者	通用其他灾害的防灾疏散场地或者规划建设台风避难疏散地。伴生暴雨时防灾疏散场地的选择于火灾相同	防灾疏散场地具有较强的抗风、抗雨、防涝能力。数天前能比较准确地预报台风的强度、路径以及暴雨雨量。可以组织灾前避难疏散
泥石流与滑坡	泥石流扇形地域与滑坡地域中的无家可归者	通用其他灾害的防灾疏散场地或者规划建设泥石流、滑坡避难疏散场地	依据前兆或警报实施灾前避难。防灾疏散场地在灾害现场附近的安全地域
技术灾害	灾害现场附近受灾害威胁或存在潜在危险的人群	通用其他灾害的防灾疏散场地或者规划建设技术灾害防灾疏散场地。由于技术灾害包括爆炸、毒气或核辐射泄漏、井喷等多类灾害。防灾疏散地宜有针对性、实用性	划定灾害威胁地域，确定避难疏散方向、经路与到达的防灾疏散场地。毒气泄漏避开下风头，辐射泄漏避开辐射区。由于技术灾害容易人员伤亡，避难疏散的同时抢救伤员
雪灾	雪积压房屋破坏的无家可归者	通用其他灾害的防灾疏散场地或者规划建设雪灾防灾疏散场地	组织清扫避难疏散道路，紧急调集防寒物资，确保居民基本生活
战争	已经或可能遭受空袭，无家可归、归宅困难者	人防工程	设防空警报系统

注 1. 无家可归者指其住宅丧失居住条件，归家困难者指其有家不能归。
 2. 如果农村没有规划地震防灾疏散场地，水灾、火灾、台风、技术灾害等的防灾疏散场地依据无家可归者人数多的灾种在农村选择，选择抗灾性能好的防灾设施完备（含人为附加的）的小学校等教育机构、公园绿地、广场、停车场、政府机关、福祉设施等，用作各种灾害的通用防灾疏散场地。
 3. 在综合防灾机构统一领导下，确定防灾疏散地系统后，逐个规划建设各个防灾疏散场地的避难疏散道路（含消防通道、救援道路）、紧急避难所和固定避难所、防灾设施，提出平灾功能转换的程序、避难疏散劝告与指令的方法，确定保障避难人群基本生活条件的有效措施，制定防灾疏散地系统应对各种灾害的分工、区划与应对的调整方案，研究防灾疏散场地避难疏散功能随避难行动与避难生活的变化与消亡过程等。完善、补充有个性要求的防灾疏散场地。

5. 规划建设要求

（1）避难场所的选择。避难场所为在地震、火灾等重大灾害中失去家园或暂时不能归家的居民提供一个安全的暂栖场所，科学系统地疏散与安置受灾居民是减少人员伤亡、防止灾情扩大的关键。疏散与安置受灾居民包括疏散预案制定、疏散区域划分、疏散场所建设、疏散路线选择、疏散引导组织、疏散工具准备、疏散安置供应等，避难场所的规划建设研究将避难环境建设体现在农村规划中。

各类避难场所布局一定要服务半径适宜，一旦发生灾害，人们可迅速疏散到避难场所，进入安全环境。避震疏散场地主要利用公园、绿地、操场、体育和文化场馆等空旷场所，要求建筑要坚固耐震耐冲击，能够避免发生火灾等次生灾害，应可以提供食物和清洁水源供应，具备能遮风挡雨的基本生活保障条件，具备基本的医疗卫生救治条件、通信联络手段与必要的交通条件。

广场、公园及绿地空间面积较大，作为防火分隔空间，可以有效地防止或延缓火灾的蔓延。根据日本关东大地震中广场和公园绿地对阻止火势蔓延的作用分析，发现其效力比人工灭火高一倍以上，并且许多人由于躲避在公园内而逃过了大火。

农村在重大灾害的救灾过程中，需设置现场应急指挥中心，组织大量的救援力量、救援物资和设备，如救援部队的驻扎营地、通信指挥设备，临时供电设备、临时供水设备、广播设备，物资储备设施以及临时加油设备甚至直升机起降平台等，因此需要有大型的开敞空间作为运作场地。根据农村规模和救灾要求，需要设若干个应急救灾运作场地。

学校是较好的避难场所，在日本阪神大地震中，神户市 80% 的避难市民是在各类学校中避难的。学校大多有比较好的避灾条件，具备避难必需的基础设施条件，有避灾的场地和建筑，可以作为基本的避难场所。

防灾公园可作为固定避难场所或中心避难场所，防灾公园可以接受的避难居民人数比较多，防救灾设施与救援功能比较齐全，是较理想的避难场所。

（2）避难场所规划要点。避难场所规划要点主要有：避难场所情况分析、避灾服务范围与避灾人口计算、避难场所规划建设要求、避难场所的安全性评估、避难场所的防灾功能与设施配置，要点内容和引导建议如下。

1）现状避难场所情况分析。现状避难场所情况主要是分析现有避难场所的分布、避灾道路的状况，对避难场所和可能作为避难场所的公园、学校等设施的环境条件、场地条件、避灾人口和避难场所的要求等。

2）避灾服务范围与避灾人口计算。避难场所的主要功能是为附近的居民提供避灾条件，因此避难场所的规模与设施能力都应满足服务范围内居民避灾的要求。规划需要计算农村人口分布密度，测算避难人口。避难场所的服务范围，可以以街区为界，同时考虑河流、铁路等分割因素。根据不同规模的避难场所可接纳的避灾人数，从所在片区的人口密度和避灾人口构成，估算出避灾服务范围。通过避难场所统筹规划，把避灾人口合理地分配在各个避难场所。计算无家可归人员时，可按照对建筑物的评价结果综合考虑农村的实际情况和发展要求综合确定。国外通常采用简化计算方法，紧急避难疏散人员按照责任区域 70% 计算，固定避难疏散人员可按照责任区域 40% 计算，并考虑部分其他人员的涌入。在实际测算时，考虑流动人口影响，可进行部分折减。

3）避难场所规划建设要求。避难场所建设应当符合农村建设规划和综合防灾规划的要求，根据农村布局的居住用地分布，重点考虑抗震避灾和防火避灾的要求，布置安排固定以上的避难场所。规划需选择可以用作避难场所的场地，确定避难场所名称、类别、面积、服务范围等。避难场所建设可以利用公园、学校、广场、体育场馆、停车场和开阔空地等，以提高土地利用效率。规划需确定避难场所的建设的数量、分布、规模和服务范围，形成完整的防灾避难场所系统。实施公园的防灾设计改造，不仅可以充分利用农村土地，而且可以充分利用公园设施发挥防灾减灾功能，明显地减少建设投资。防灾公园平时具有普通公园功能，供居民开展休闲文体活动，重大灾害发生后启动避灾与救援功能，发挥防灾减灾作用。

4）避难场所的安全性评估。规划应当对分区以上的避难场所进行安全评估，评估包括 3 个方面：避难场所自然环境的安全性，次生灾害的防范能力和避难疏散场所建筑的安全性。如发现避难场所不符合安全条件，应当采取相应措施改造完善。如避难场所完全不符合安全条件，则不应当选为避难场所。

5）选址安全。建设避难场所要评估环境的安全性，使避难场所避开不良地质地带，并且不受火灾、洪水、塌方等次生灾害的影响。场内应有易于搭建临时建筑或帐篷、易于进行避灾与救援活动的平坦、空旷、交通条件好的安全地域。而且有必要的防火、治安、卫生、防疫条件。避难场所必须远离危险品工厂与仓库、高压输电线；有防火隔离带、疏散通道和消防设施，配置生命线供应保障设施；设置紧急救治设备，基本生活物资储备设施和运送设施。公园内一般都有较大的可利用开敞空间以及树林、草坪、水面等可用于避灾的地貌，这些公园、广场、停车场和体育设施可以作为避难场所选择。确定为避难场所的公园、广场、停车场和体育设施应根据防灾的实际需要进行改造，开辟疏散道路、防火隔离带、建设供水供电设施、救灾物资储备库，成为功能完备的避难场所。

本 章 参 考 文 献

[1] 任晓蕾. 平原农村防灾减灾策略探析与研究——以地震灾害为例 [D]. 天津：天津大学，2011.
[2] 覃瑜. 市域农村居民点优化布局与模式选择研究 [D]. 北京：中国地质大学，2011.
[3] 张旭. 农村居民点空间布局优化模式构建研究——以重庆市忠县为例 [D]. 重庆：西南大学，2012.
[4] 管伟. 丘陵山地区农村居民点空间分布及其整理模式探讨 [D]. 福州：福建师范大学，2012.
[5] 谭雪兰. 农村居民点空间布局演变研究 [D]. 长沙：湖南农业大学，2011.
[6] 高燕，叶艳妹. 农村居民点用地整理的影响因素分析及模式选择 [J]. 农村经济，2004（3）：23 - 25.
[7] 韦红吉，张安明，汤鹏程，等. 乡镇农村居民点布局优化研究——以重庆市黔江区石会镇为例 [J]. 中国农学通报，2013，29（5）：123 - 126.
[8] 杨庆媛，张占录. 大城市郊区农村居民点整理的目标和模式研究——以北京市顺义区为例 [J]. 中国软科学，2003（6）：115 - 119.
[9] 胡馨. 集约利用评价与优化布局研究农村居民点 [D]. 重庆：西南大学，2011.

第5章　农村综合防灾减灾的工程措施

农村建房缺乏规范化管理，房屋质量差，不仅不能抗御强烈灾害冲击，尤其是强烈的地震灾害，就是6级左右的中强地震，甚至强有感地震也会导致房屋损坏而要付出沉重的代价。历次震害表明，房屋倒塌是农村产生地震灾害最主要的原因。因此，提高房屋的抗灾能力，是农村避免或减轻地震灾害、洪水灾害等多种灾害损失的有效途径。

5.1　农村抗震防灾的工程措施

根据国内外多次地震的经验证明，地基坚实、基础稳固，墙、柱、梁、屋盖彼此连接成一个牢固的整体，高度适当、屋盖轻巧、布局匀称、施工质量好，经常进行维修的建筑物，其抗震性能较好。很多6度地区发生了中强地震，造成了农村房屋的严重震害，因此6度及以上地区必须采取抗震措施。对新建工程进行抗震设计，对现有工程进行抗震加固是减轻地震灾害行之有效的措施。因此，对农村中层数为一、二层，采用木楼（屋）盖，或采用冷轧带肋钢筋预应力圆孔板楼（屋）盖的一般民用房屋应按现行国家标准《镇乡村建筑抗震技术规程》（JGJ 161—2008）进行设计和建造。三层及以上的房屋，或采用钢筋混凝土构造柱、圈梁和楼（屋）盖的房屋，应按现行国家标准《建筑抗震设计规范》（GB 50011—2010）（以下简称《抗震规范》）进行设计和建造。

5.1.1　农村房屋建筑抗震基本要求

1. 建筑设计和结构体系要求

形状比较简单、规则的房屋，在地震作用下受力明确，同时便于进行结构分析，在设计上易于处理。以往的震害经验也充分表明，简单、规整的房屋在遭遇地震时破坏也相对较轻。墙体均匀、对称布置，在平面内对齐、竖向连续是传递地震作用的要求，这样沿主轴方向的地震作用能够均匀对称地分配到各个抗侧力墙段，避免出现应力集中或因扭转造成部分墙段受力或变形过大而破坏、倒塌。例如我国南方一些地区农村的二、三层房屋，外纵墙在一、二层上下不连续，即二层外纵墙外挑，在7度地震影响下二层墙体普遍严重开裂。其中，抗震墙是砌体房屋抵抗水平地震作用的主要构件，对纵横墙开洞作出规定是为了确保抗震墙体有足够的抗剪承载能力所需的水平截面面积。在我国大部分地区，很多房屋前纵墙开洞过大，除纵横墙交接处留有墙垛外，基本均为门窗洞口，抗震墙体截面严重不足，不但整体的抗震能力不能满足要求，局部尺寸过小的门窗间墙在水平地震作用下还会因局部失效导致房屋整体破坏。前后纵墙开洞不一致还会造成地震作用下的房屋平面扭转，加重震害。楼梯间墙体侧向支承较弱，是抗震的薄弱部位，设置在房屋尽端或转角处时会进一步加重震害，在建筑布置时宜尽量避免将楼梯间设于尽端和转角处。悬挑楼梯在墙体开裂后会因嵌固端破坏而失去承载能力，容易造成人员跌落伤亡。烟道等竖向孔洞在墙体中留置时，因留洞削弱了墙体的厚度，刚度的突变容易引起应力集中，在地震作用下会首先破坏。应采取措施避免墙体的削弱，如改为附墙式或在砌体中增加配筋等。无下弦的人字屋架和拱形屋架端部节点有向外的水平推力，在地震作用下屋架端点位移增加会进一步加大对外纵墙的推力，使外纵墙产生外倾破坏。

震害调查发现，有的房屋纵横墙采用不同材料砌筑，如纵墙用砖砌筑、横墙和山墙用土坯砌筑，这类房屋由于两种材料砌块的规格不同，砖与土坯之间不能咬槎砌筑，不同材料墙体之间为通缝，导致房屋整体性差，在地震中破坏严重，抗震性能甚至低于生土结构；又如有些地区采用的外砖里坯（亦称里生外熟）承重墙，地震中墙体倒塌现象较为普遍。因此，农村房屋建筑的建筑设计和结构体系应符合以下要求：

（1）房屋体型应简单、规整，平面不宜局部突出或凹进，立面不宜高度不等。

（2）房屋的结构体系，应符合下列要求：①纵横墙的布置宜均匀对称，在平面内宜对齐，沿竖向应上下连续，在同一轴线上，窗间墙的宽度宜均匀；②抗震墙层高的 1/2 处门窗洞口所占的水平横截面面积，对承重横墙不应大于总截面面积的 25%，对承重纵墙不应大于总截面面积的 50%；③烟道、风道和垃圾道不应削弱承重墙体，当墙体被削弱时，应对墙体采取加强措施；④二层房屋的楼层不应错层，楼梯间不宜设在房屋的尽端和转角处，且不宜设置悬挑楼梯；⑤不应采用无锚固的钢筋混凝土预制挑檐；⑥木屋架不得采用无下弦的人字屋架或无下弦的拱形屋架。

（3）同一房屋不应采用木柱与砖柱、木柱与石柱混合的承重结构；也不应在同一高度采用砖（砌块）墙、石墙、土坯墙、夯土墙等不同材料墙体混合的承重结构。

2. 整体性连接和抗震构造措施要求

农村房屋因楼、屋盖构件支承长度不足导致楼屋盖塌落现象在地震中较为常见。而对楼、屋盖支承长度提出要求，是保证楼、屋盖与墙体连接以及楼、屋盖构件之间连接的重要措施。因此，楼、屋盖构件的支承长度不应小于表 5.1 的规定。

表 5.1　　　　　　　　　　　楼、屋盖构件的最小支承长度　　　　　　　　　　单位：mm

构件名称	预应力圆孔板		木屋架、木梁	对接木龙骨、木檩条		搭接木龙骨、木檩条
位置	墙上	混凝土梁上	墙上	屋架上	墙上	屋架上、墙上
支承长度与连接方式	80（板端钢筋连接并灌缝）	60（板端钢筋连接并灌缝）	240（木垫板）	60（木夹板与螺栓）	120（砂浆垫层、木夹板与螺栓）	满搭

木屋架和木梁浮搁在墙体上时，水平地震往复作用下屋架或梁支承处松动产生位移，与墙体之间相互错动，严重时会造成屋架或梁掉落导致屋面局部塌落破坏。加设垫木既可以加强屋盖构件与墙体的锚固，还增大了端部支承面积，有利于分散作用在墙体上的竖向压力。由于生土墙体强度较

低，抗压能力差，因此木屋架和木梁在外墙上的支承长度要求大于砖石墙体，同时也要求木屋架和木梁在支承处设置木垫块或砖砌垫层，以减少支承处墙体的局部压应力。根据《镇乡村建筑抗震技术规程》（JGJ 161—2008）相关规定木屋架、木梁在外墙上的支承部位应符合下列要求：①搁置在砖（砌块）墙和石墙上的木屋架或木梁下应设置木垫板或混凝土垫块，木垫板的长度和厚度分别不宜小于500mm、60mm，宽度不宜小于240mm或墙厚；②搁置在生土墙上的木屋架或木梁在外墙上的支承长度不应小于370mm，且宜满搭，支承处应设置木垫板；木垫板的长度、宽度和厚度分别不宜小于500mm、370mm和60mm；③木垫板下应铺设砂浆垫层；木垫板与木屋架、木梁之间应采用铁钉或扒钉连接。

历史震害表明突出屋面的烟囱、女儿墙等局部突出的非结构构件如果没有可靠的连接，在地震中是最容易破坏的部位，易掉落砸物伤人；砌体房屋的墙体开洞过大会减小墙体的抗剪面积，削弱墙体的抗震能力，造成因局部墙体的失效导致房屋倒塌的情况；由于过梁在支承处支承长度不足而引发墙体出现倒八字裂缝是较为普遍的破坏现象。因此，为了减轻破坏、控制房屋倒塌等情况，应采用减小突出屋面的烟囱、女儿墙等局部突出的非结构构件的高度、控制墙体上的开洞宽度和过梁支承长度，它们应符合以下几条要求：①突出屋面无锚固的烟囱、女儿墙等易倒塌构件的出屋面高度，8度及8度以下时不应大于500mm；9度时不应大于400mm。当超出时，应采取拉结措施。（注：坡屋面上的烟囱高度由烟囱的根部上沿算起。）②横墙和内纵墙上的洞口宽度不宜大于1.5m；外纵墙上的洞口宽度不宜大于1.8m或开间尺寸的一半。③门窗洞口过梁的支承长度，6～8度时不应小于240mm，9度时不应小于360mm。④墙体门窗洞口的侧面应均匀分布预埋木砖，门洞每侧宜埋置3块，窗洞每侧宜埋置2块，门、窗框应采用圆钉与预埋木砖钉牢。

通过震害现场调查发现，地震中溜瓦是瓦屋面常见的破坏形式，冷摊瓦屋面的底瓦浮搁在椽条上时更容易发生溜瓦；农村不少硬山搁檩房屋的檩条直接搁置在山尖墙的砖块上，山尖墙的墙顶为锯齿形，搁置檩条的砖块只在下表面和上侧面有砂浆黏结；一些农村房屋设有较宽的外挑檐，在屋檐外挑梁的上面砌筑用于搁置檩条的小段墙体，甚至砌成花格状，没有任何拉结措施；当地震发生时，由于这些不安全情况存在，容易造成破坏掉落伤人。因此要求冷摊瓦屋面的底瓦与椽条应有锚固措施，加强墙顶的整体性并将檩条固定，解决外挑部位檩条的支承问题。要实施这些措施和要求，房屋建造时应该符合以下要求：①当采用冷摊瓦屋面时，底瓦的弧边两角应设置钉孔，可采用铁钉与椽条钉牢；盖瓦与底瓦宜采用石灰或水泥砂浆压垄等做法与底瓦黏结牢固。②当采用硬山搁檩屋盖时，山尖墙墙顶处应采用砂浆顺坡塞实找平。③屋檐外挑梁上不得砌筑砌体。

3. 结构材料和施工要求

墙体砌筑材料、木构件和连接件、钢筋及混凝土的材质和强度等级直接关系到墙体、木构架的承载能力和房屋整体性连接的可靠性。钢筋的锚固形式、节点的连接、钢筋铁件的防锈和木构件的防潮防腐等措施都是加强连接作用，提高结构整体性、耐久性的主要措施。因此，应对房屋结构材料及其施工技术措施提出要求，见表5.2。

表 5.2 农村房屋建造的结构材料和施工要求

项 目	基 本 要 求
结构材料性能	砖及砌块的强度等级：烧结普通砖、烧结多孔砖、混凝土小型空心砌块不应低于 MU7.5；蒸压灰砂砖、蒸压粉煤灰砖不应低于 MU15； 砌筑砂浆强度等级：烧结普通砖、烧结多孔砖、料石和平毛石砌体不应低于 M1；混凝土小型空心砌块不应低于 Mb5；蒸压灰砂砖、蒸压粉煤灰砖不应低于 M2.5； 钢筋宜采用 HPB235（Ⅰ级）和 HRB335（Ⅱ级）热轧钢筋； 铁件、扒钉等连接件宜采用 Q235 钢材； 木构件应选用干燥、纹理直、节疤少、无腐朽的木材； 生土墙体土料应选用杂质少的黏性土； 石材应质地坚实，无风化、剥落和裂纹； 混凝土小型空心砌块孔洞的灌注，应采用专用灌孔混凝土，强度等级不应低于 Cb20； 混凝土构件的强度等级不应低于 C20
建造施工	HPB235（光圆）钢筋端头应设置 180°弯钩； 外露铁件应做防锈处理； 嵌在墙内的木柱宜采取防腐措施；木柱伸入基础内部分必须采取防腐和防潮措施； 配筋砖圈梁和配筋砂浆带中的钢筋应完全包裹在砂浆中，不得露筋；砂浆层应密实； 设有纵横墙连接钢筋的灰缝处，勾缝砂浆强度等级不应低于 M5，并应抹压密实

5.1.2 场地、地基和基础的抗震措施

1. 建筑场地选择要求

地震波是通过场地土传播的，场地土的土质和覆盖层厚度对建筑物的震害程度影响很大。地基失稳引起的不均匀沉降对于结构整体性较差的农村房屋更易造成严重破坏，造成墙体裂缝或错位，这种破坏往往由上部墙体贯通到基础，震后难以修复；上部结构和基础整体性较好时地基不均匀沉降则会造成建筑物倾斜。可见，场地条件对上部结构的震害有直接影响，因此，选择建筑场地时应按表 5.3 的规定划分对建筑抗震有利、不利和危险的地段，宜选择对建筑抗震有利的地段；宜避开不利地段，当无法避开时应采取有效措施；不应在危险地段建造房屋。

表 5.3 有利、不利和危险地段的划分

地段类型	地质、地形、地貌
有利地段	稳定基岩，坚硬土，开阔、平坦、密实、均匀的中硬土等
不利地段	软弱土，液化土，条状突出的山嘴，高耸孤立的山丘，非岩质的陡坡，河岸和边坡的边缘，平面分布上成因、岩性、状态明显不均匀的土层（如故河道、疏松的断层破碎带、暗埋的塘浜沟谷和半填半挖地基）等
危险地段	地震时可能发生滑坡、崩塌、地陷、地裂、泥石流等及发震断裂带上可能发生地表错位的部位

2. 地基和基础设计要求与措施

（1）农村房屋占地面积小，基础平面简单，易于保证地基土和基础类型的一致性，避免因地基土性质不同或基础类型的差异引起不均匀沉降，造成上部结构的破坏。农村建筑的基础材料一般因地制宜选取，但应保证基础具有一定的强度和防潮能力，同时考虑基础应地下水位以上和冰冻线以下的深度要求。因此，农村房屋的地基和基础应满足下列几个方面要求和措施。

1) 地基和基础的基本要求：①同一结构单元的基础不宜设置在性质明显不同的地基土上；②同一结构单元不宜采用不同类型的基础；③同一结构单元基础底面不在同一标高时，应按1：2的台阶逐步放坡；④基础材料可采用砖、石、灰土或三合土等，砖基础应采用实心砖砌筑、灰土或三合土应夯实。

2) 当地基有淤泥、可液化土或严重不均匀土层时，应采取垫层换填方法进行处理，换填材料和垫层厚度、处理宽度应符合下列要求：①垫层换填可选用砂石、黏性土、灰土或质地坚硬的工业废渣等材料，并应分层夯实；②换填材料砂石级配应良好，黏性土中有机物含量不得超过5‰；灰土体积配合比宜为2：8或3：7，灰土宜用新鲜的消石灰，颗粒粒径不得大于5mm；③垫层的底面宜至老土层，垫层厚度不宜大于3m；④垫层在基础底面以外的处理宽度：垫层底面每边应超过垫层厚度的1/2且不小于基础宽度的1/5；垫层顶面宽度可从垫层底面两侧向上，按基坑开挖期间保持边坡稳定的当地经验放坡确定，垫层顶面每边超出基础底边不宜小于300mm。

(2) 农村房屋层数低，上部结构荷载较小，对地基承载力的要求相对不高，在满足地基稳定和变形要求的前提下，应考虑土质、地下水位及气候条件等因素综合确定基础的设计方案和严格完成施工。农村房屋的基础设计主要从以下几个方面考虑。

1) 基础的埋置深度应综合考虑下列条件确定：①除岩石地基外，基础埋置深度不宜小于500mm；②当为季节性冻土时，宜埋置在冻深以下或采取其他防冻措施；③基础宜埋置在地下水位以上，当地下水位较高，基础不能埋置在地下水位以上时，宜将基础底面设置在最低地下水位200mm以下，施工时尚应考虑基坑排水。

2) 石砌基础应符合下列要求（图5.1）。

a. 基础放脚及刚性角要求。

石砌基础的高度应符合下式要求：

$$H_0 \geq 3(b-b_1)/4 \tag{5.1}$$

式中　H_0——基础的高度；

　　　b——基础底面的宽度；

　　　b_1——墙体的厚度。

阶梯形石基础的每阶放出宽度，平毛石不宜大于100mm，每阶应不少于两层；毛料石采用一阶两皮时，不宜大于200mm，采用一阶一皮时，不宜大于120mm。基础阶梯应满足下式要求：

$$H_i/b_i \geq 1.5 \tag{5.2}$$

式中　H_i——基础阶梯的高度；

　　　b_i——基础阶梯收进宽度。

b. 平毛石基础砌体的第一皮块石应坐浆，并将大面朝下；阶梯形平毛石基础，上阶平毛石压砌下阶平毛石长度不应小于下阶平毛石长度的2/3；相邻阶梯的毛石应相互错缝搭砌。

c. 料石基础砌体的第一皮应坐浆丁砌；阶梯形料石基础，上阶石块与下阶石块搭接长度不应小于下阶石块长度的1/2；当采用卵石砌筑基础时，应将其凿开使用。

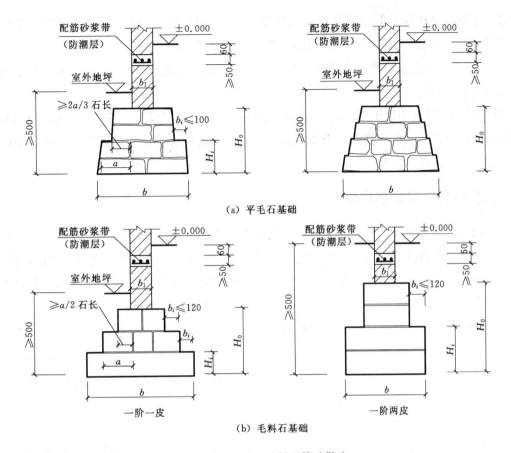

图 5.1 平毛石、毛料石基础做法

3）实心砖或灰土（三合土）基础应符合下列要求（图 5.2）。

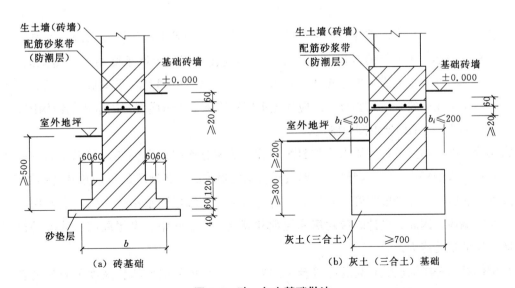

图 5.2 砖、灰土基础做法

119

①砌筑基础的材料应不低于上部墙体的砂浆和砖的强度等级。砂浆强度等级不应低于 M2.5；②灰土（三合土）基础厚度不宜小于 300mm，宽度不宜小于 700mm。

4）当上部墙体为生土墙时，基础砖（石）墙砌筑高度应取室外地坪以上 500mm 和室内地面以上 200mm 中的较大者。

5）基础的防潮层宜采用 1:2.5 的水泥砂浆内掺 5% 的防水剂铺设，厚度不宜小于 20mm，并应设置在室内地面以下 60mm 标高处；当该标高处设置配筋砖圈梁或配筋砂浆带时，防潮层可与配筋砖圈梁或配筋砂浆带合并设置。

5.1.3　砌体结构房屋抗震措施

砌体结构房屋历史悠久，是我国目前农村中最为普遍的一种结构型式。以砖墙为承重结构，在不同地区屋面做法有所区别，华北和西北地区为满足冬季保温的要求，多采用吊顶做法，屋盖较重，在华东、西南、中南等地区则以小青瓦屋盖居多。钢筋混凝土圆孔楼板在我国华东、中南地区应用广泛。砌体房屋的承重墙体材料传统上为烧结黏土砖，目前随着建筑材料的发展和适应及少占农田、限制黏土砖的环保要求，墙体材料已大为扩展。房屋的抗震能力除与材料、施工等多方面因素有关外，与房屋的总高度、结构体系等直接相关。农村砌体房屋与正规设计的多层砖砌体房屋相比，在结构体系、材料、施工技术等方面有较大差距，抗震构造措施囿于经济水平，远达不到现行《建筑抗震设计规范》（GB 50011—2010）的要求。

1. 砌体房屋结构体系要求与布局规定

震害实践表明，房屋的震害程度与承重体系有关。相对而言，横墙承重或纵横墙共同承重房屋的震害较轻，纵墙承重房屋因横向支撑较少，震害较重。横墙承重房屋纵墙只承受自重，起围护及稳定作用，这种体系横墙间距小，横墙间由纵墙拉结，具有较好的整体性和空间刚度，因此抗震性能较好。纵墙承重房屋、横墙起分隔作用，通常间距较大，房屋的横向刚度差，对纵墙的支承较弱，纵墙在地震作用下易出现弯曲破坏。采用硬山搁檩屋盖时，如果山墙与屋盖系统没有有效的拉结措施，山墙为独立悬墙，平面外的抗弯刚度很小，纵向地震作用下山墙承受由檩条传来的水平推力，易产生外闪破坏。在 8 度地震区檩条拔出、山墙外闪以至房屋倒塌是常见的破坏现象。因此，砌体结构房屋的结构体系应符合下列要求：①应优先采用横墙承重或纵横墙共同承重的结构体系；②在 8 度、9 度地震区时不应采用硬山搁檩屋盖。

震害实践表明，房屋的抗震能力除与材料、施工等多方面因素有关外，与房屋的总高度直接相关。横墙间距越大的房屋，震害越严重。墙段布置均匀对称时，各墙段的抗剪承载力能够充分发挥，墙体的震害相对较轻，各墙段宽度不均匀时，有时宽度大的墙段因承担较多的地震作用，破坏反而重于宽度小的墙段。因此，设计时应对房屋层数和高度、横墙间距、房屋局部尺寸等进行控制，以保证砌体房屋的抗震能力。

（1）砌体结构房屋的层数和高度应符合下列要求：①房屋的层数和总高度不应超过表 5.4 的规定；②房屋的层高：单层房屋不应超过 4.0m；两层房屋不应超过 3.6m。

表 5.4 房屋层数和总高度限值

墙体类别	最小墙厚/mm	烈 度							
		6 度		7 度		8 度		9 度	
		高度/m	层数	高度/m	层数	高度/m	层数	高度/m	层数
实心砖墙、多孔砖墙	240	7.2	2	7.2	2	6.6	2	3.3	1
小砌块墙	190	7.2	2	7.2	2	6.6	2	3.3	1
多孔砖墙 蒸压砖墙	190 240	7.2	2	6.6	2	6.0	2	3.0	1
空斗墙	240	7.2	2	6.0	2	3.3	1		

注 房屋总高度指室外地面到主要屋面板板顶或檐口的高度。

（2）房屋抗震横墙间距，不应超过表5.5的要求。

表 5.5 房屋抗震横墙最大间距　　　　　　　　　　单位：m

墙体类别	最小墙厚/mm	房屋层数	楼层	木楼、屋盖横墙最大间距/m			预应力圆孔板楼、屋盖横墙最大间距/m		
				烈度6、烈度7	烈度8	烈度9	烈度6、烈度7	烈度8	烈度9
实心砖墙 多孔砖墙 小砌块墙	240 240 190	一层	1	11.0	9.0	5.0	15.0	12.0	6.0
		二层	2	11.0	9.0	—	15.0	12.0	—
			1	9.0	7.0	—	11.0	9.0	—
多孔砖墙 蒸压砖墙	190 240	一层	1	9.0	7.0	5.0	11.0	9.0	6.0
		二层	2	9.0	7.0	—	11.0	9.0	—
			1	7.0	5.0	—	9.0	7.0	—
空斗墙	240	一层	1	7.0	5.0	—	9.0	7.0	—
		二层	2	7.0	—	—	9.0	—	—
			1	5.0	—	—	7.0	—	—

（3）砌体结构房屋的局部尺寸限值，宜符合表5.6的要求。

表 5.6 房屋局部尺寸限值　　　　　　　　　　单位：m

部　位	6 度、7 度	8 度	9 度
承重窗间墙最小宽度	0.8	1.0	1.3
承重外墙尽端至门窗洞边的最小距离	0.8	1.0	1.3
非承重外墙尽端至门窗洞边的最小距离	0.8	0.8	1.0
内墙阳角至门窗洞边的最小距离	0.8	1.2	1.8

2. 砌体房屋墙体的要求与构造措施

墙体是砌体房屋的主要承重构件和围护结构，是主要的抗侧力构件。墙体的连接、构造措施及施工要求对抵抗地震作用具有重要作用。为了保证承重墙体基本的承载能力和稳定性，应根据当地情况综合考虑所在地区的设防烈度和经济、气候等条件，墙体的设计、施工主要从以下几个方面进行控制。

（1）砌体房屋的承重（抗震）墙厚度应满足：实心砖墙、蒸压砖墙不应小于 240mm；多孔砖墙不应小于 190mm；小砌块墙不应小于 190mm；空斗墙不应小于 240mm。

（2）当屋架或梁的跨度大于或等于下列数值时，支承处宜加设壁柱，或采取其他加强措施：①240mm 以上厚实心砖墙、蒸压砖墙、多孔砖墙为 6m；190mm 厚多孔砖墙为 4.8m；②190mm 厚小砌块墙为 4.8m；③240mm 厚空斗墙为 4.8m。

（3）纵横墙交接处的连接应符合下列要求：①7 度时空斗墙房屋、其他房屋中长度大于 7.2m 的大房间，及 8 度和 9 度时，外墙转角及纵横墙交接处，应沿墙高每隔 750mm 设置 2Φ6 拉结钢筋或 Φ4@200 拉结钢丝网片，拉结钢筋或网片每边伸入墙内的长度不宜小于 750mm 或伸至门窗洞边（图 5.3、图 5.4）；②突出屋顶的楼梯间的纵横墙交接处，应沿墙高每隔 750mm 设 2Φ6 拉结钢筋，且每边伸入墙内的长度不宜小于 750mm（图 5.3、图 5.4）。

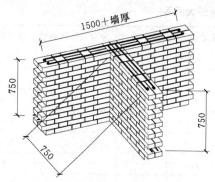
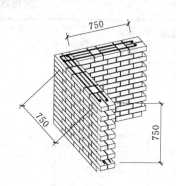

图 5.3　纵横墙交接处拉结（T 形墙）　　图 5.4　纵横墙交接处拉结（L 形墙）

（4）8 度、9 度时，顶层楼梯间的横墙和外墙，宜沿墙高每隔 750mm 设置 2Φ6 通长钢筋。

（5）后砌非承重隔墙应沿墙高每隔 750mm 设置 2Φ6 拉结钢筋或 Φ4@200 钢丝网片与承重墙拉结，拉结钢筋或钢丝网片每边伸入墙内的长度不宜小于 500mm；长度大于 5m 的后砌隔墙，墙顶应与梁、楼板或檩条连接，连接做法应符合《镇乡村建筑抗震技术规程》（JGJ 161—2008）第六章的有关规定。

（6）空斗墙体的下列部位，应卧砌成实心砖墙：①转角处和纵横墙交接处距墙体中心线不小于 300mm 宽度范围内墙体；②室内地面以上不少于三皮砖、室外地面以上不少于十皮砖标高处以下部分墙体；③楼板、龙骨和檩条等支承部位以下通长卧砌四皮砖；④屋架或大梁支承处沿全高，且宽度不小于 490mm 范围内的墙体；⑤壁柱或洞口两侧 240mm 宽度范围内；⑥屋檐或山墙压顶下通长卧砌两皮砖；⑦配筋砖圈梁处通长卧砌两皮砖。

（7）小砌块墙体的下列部位，应采用不低于 Cb20 灌孔混凝土，沿墙全高将孔洞灌实作为芯柱：①转角处和纵横墙交接处距墙体中心线不小于 300mm 宽度范围内墙体；②屋架、大梁的支承处墙体，灌实宽度不应小于 500mm；③壁柱或洞口两侧不小于 300mm 宽度范围内。

（8）小砌块房屋的芯柱竖向插筋不应小于 φ12，并应贯通墙身；芯柱与墙体配筋砖圈梁交叉部位局部采用现浇混凝土，在灌孔时同时浇筑，芯柱的混凝土和插筋、配筋砖圈梁的水平配筋应连续通过。

（9）砖砌体施工应符合下列要求：①砌筑前，砖或砌块应提前1～2d浇水润湿。②砖砌体的灰缝应横平竖直，厚薄均匀；水平灰缝的厚度宜为10mm，不应小于8mm，也不应大于12mm；水平灰缝砂浆应饱满，竖向灰缝不得出现透明缝、瞎缝和假缝。③砖砌体应上下错缝，内外搭砌；砖柱不得采用包心砌法（图5.5）。④砖砌体在转角和内外墙交接处应同时砌筑。对不能同时砌筑而又必须留置的临时间断处，应砌成斜槎，斜槎的水平长度不应小于高度的2/3；严禁砌成直槎。⑤砌筑钢筋砖过梁时，应设置砂浆层底模板和临时支撑；钢筋砖过梁的钢筋应埋入砂浆层中，过梁端部钢筋伸入支座内的长度应符合《镇乡村建筑抗震技术规程》（JGJ 161—2008）第3.2.5条的要求，并设90°弯钩埋入墙体的竖缝中，竖缝应用砂浆填塞密实。⑥小砌块墙纵横墙交接处拉结筋的端部应设置90°弯钩，弯钩应向下伸入小砌块的孔中，并用砂浆等材料将孔洞填塞密实。⑦埋入砖砌体中的拉结筋，应位置准确、平直，其外露部分在施工中不得任意弯折；设有拉结筋的水平灰缝应密实，不得露筋。⑧砖砌体每日砌筑高度不宜超过1.5m。

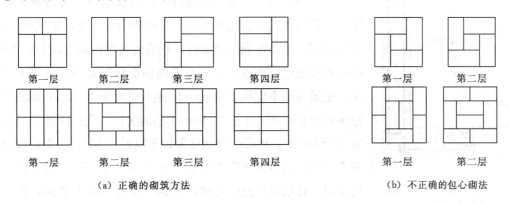

（a）正确的砌筑方法　　　　　　　　　　　　　　（b）不正确的包心砌法

图5.5　砖柱的砌筑方法

（10）空斗墙体施工尚应符合下列要求：①空斗墙体沿高度应采用一眠一斗的砌筑形式，设置配筋砖圈梁和纵横墙拉结钢筋处应采用两眠砌筑，沿水平方向每隔一块斗砖应砌一至两块丁砖，墙面不得有竖向通缝；②空斗墙体应采用整砖砌筑，不够整砖处应加丁砖，不得砍凿斗砖；③空斗墙体不应采用非水泥砂浆砌筑；④空斗墙体中的洞口，必须在砌筑时预留，严禁砌完后再行砍凿；⑤空斗墙体与实心砌体的竖向连接处，应相互搭砌。

3. 砌体房屋圈梁、过梁设计要求与措施

历次震害表明，设有圈梁的砌体房屋的震害相对未设置圈梁的房屋要轻得多，其作用十分明显，设置圈梁是增强房屋整体性和抗倒塌能力的有效措施。在农村地区，考虑到施工条件和经济发展状况，设置配筋砖圈梁是简单有效、经济可行的抗震构造措施。配筋砖圈梁是农村砌体结构房屋的重要抗震构造措施，可以有效加强房屋整体性，增强房屋刚度，并且可以使墙体受力均匀，对墙体起到约束作用，提高墙体的抗震承载力。农村砌体建筑的配筋砖圈梁的设置、设计、施工等方面应符合以下规定。

（1）砌体结构房屋应在下列部位设置配筋砖圈梁：①所有纵横墙的基础顶部、每层楼、屋盖（墙顶）标高处；②当8度为空斗墙房屋和9度时应在层高的中部设置一道。

（2）配筋砖圈梁的构造应符合下列要求：①砂浆强度等级，6度、7度时不应低于M5，8度、9度时不应低于M7.5；②配筋砖圈梁砂浆层的厚度不宜小于30mm；③配筋砖圈梁的纵向钢筋配置不应低于表5.7的要求；④配筋砖圈梁交接（转角）处的钢筋应搭接（图5.6）；⑤当采用小砌块墙体时，在配筋砖圈梁高度处应卧砌不少于两皮普通砖。

表5.7　　　　　　　　　　　　　　　配筋砖圈梁最小纵向配筋

墙体厚度 t/mm	6度、7度	8度	9度
≤240	2Φ6	2Φ6	2Φ6
370	2Φ6	2Φ6	3Φ8
490	2Φ6	3Φ6	3Φ8

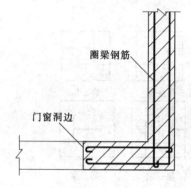

图5.6　配筋砖圈梁在洞口边、转角处钢筋搭接做法

（3）钢筋混凝土楼、屋盖房屋，门窗洞口宜采用钢筋混凝土过梁；木楼屋盖房屋，门窗洞口可采用钢筋混凝土过梁或钢筋砖过梁。当门窗洞口采用钢筋砖过梁时，钢筋砖过梁的构造应符合下列规定：①钢筋砖过梁底面砂浆层中的纵向钢筋配筋量不应低于表5.8的要求；钢筋直径不应小于6mm，间距不宜大于100mm；钢筋伸入支座砌体内的长度不宜小于240mm；②钢筋砖过梁底面砂浆层的厚度不宜小于30mm，砂浆层的强度等级不应低于M5；③钢筋砖过梁截面高度内的砌筑砂浆强度等级不宜低于M5；④当采用多孔砖或小砌块墙体时，在钢筋砖过梁底面应卧砌不少于两皮普通砖，伸入洞边不小于240mm。

表5.8　　　　　　　　　　　　　　钢筋砖过梁底面砂浆层最小配筋

过梁上墙体高度 h_w/m	门窗洞口宽度 b/m	
	$b \leq 1.5$	$1.5 < b \leq 1.8$
$h_w \geq b/3$	3Φ6	3Φ6
$0.3 < h_w < b/3$	4Φ6	3Φ8

4. 砌体房屋屋盖的设计要求与措施

加强房屋的整体性可以有效地提高房屋的抗震性能，各构件之间的拉结是加强整体性的重要措施。

（1）木楼、屋盖砌体结构房屋应在下列部位采取拉结措施：①两端开间和中间隔开间的屋架间或硬山搁檩屋盖的山尖墙之间应设置竖向剪刀撑；②山墙、山尖墙应设墙揽与木屋架或檩条拉结；③内隔墙墙顶应与梁或屋架下弦拉结。

（2）木楼盖应符合下列构造要求：①搁置在砖墙上的木龙骨下应铺设砂浆垫层；②内墙上龙骨

应满搭或采用夹板对接或燕尾榫、扒钉连接；③木龙骨与搁栅、木板等木构件应采用圆钉、扒钉等相互连接。

（3）木屋盖房屋应在房屋中部屋檐高度处设置纵向水平系杆，系杆应采用墙揽与各道横墙连接或与屋架下弦杆钉牢。

（4）当6度、7度采用硬山搁檩屋盖时，应符合下列构造要求：①当为坡屋面时，应采用双坡或拱形屋面；②檩条支承处应设垫木，垫木下应铺设砂浆垫层；③端檩应出檐，内墙上檩条应满搭或采用夹板对接或燕尾榫、扒钉连接；④木屋盖各构件应采用圆钉、扒钉或铁丝等相互连接；⑤竖向剪刀撑宜设置在中间檩条和中间系杆处；剪刀撑与檩条、系杆之间及剪刀撑中部宜采用螺栓连接；剪刀撑两端与檩条、系杆应顶紧不留空隙（图5.7）；⑥木檩条宜采用8号铁丝与配筋砖圈梁中的预埋件拉结。

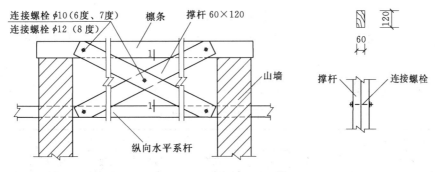

图5.7　硬山搁檩屋盖山尖墙竖向剪刀撑（单位：mm）

（5）当采用木屋架屋盖时，应符合下列构造要求：①木屋架上檩条应满搭或采用夹板对接或燕尾榫、扒钉连接；②屋架上弦檩条搁置处应设置檩托，檩条与屋架应采用扒钉或铁丝等相互连接；③檩条与其上面的椽子或木望板应采用圆钉、铁丝等相互连接。

（6）预应力圆孔板楼、屋盖的整体性连接及构造，应符合下列要求：①支承在墙或混凝土梁上的预应力圆孔板，板端钢筋应搭接，并应在板端缝隙中设置直径不小于φ8的拉结钢筋与板端钢筋焊接（图5.8）；②预应力圆孔板板端的孔洞，应采用砖块与砂浆等材料封堵；③预应力圆孔板支承处应有坐浆；板端缝隙应采用不低于C20的细石混凝土浇筑密实；板上应有水泥砂浆面层。

（7）钢筋混凝土梁下应设置混凝土或钢筋混凝土垫块。

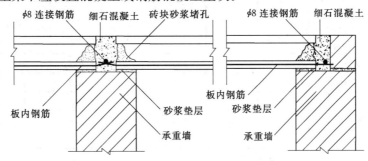

图5.8　预制板板端钢筋连接与锚固

5.1.4　木结构房屋抗震措施

我国木构架房屋应用广泛，发展历史悠久，形式多种多样，按照承重结构形式将木结构房屋分为穿斗木构架、木柱木屋架、木柱木梁三种，均采用木楼（屋）盖，这三种类型的房屋在我国广大农村地区被广泛采用。

1. 木结构房屋的结构布局的基本要求

由于结构构造、骨架与墙体连接方式、基础类型、施工做法及屋盖形式等各方面存在不同，各类木结构房屋的抗震性能也有一定的差异。其中穿斗木构架和木柱木屋架房屋结构性能较好，通常采用重量较轻的瓦屋面，具有结构重量轻、延性较好及整体性较好的优点，因此抗震性能比木柱木梁房屋要好，6 度、7 度时可以建造两层房屋。木柱木梁房屋一般为重量较大的平屋盖泥被屋顶，通常为粗梁细柱，梁、柱之间连接简单，从震害调查结果看，其抗震性能低于穿斗木构架和木柱木屋架房屋，一般仅建单层房屋。因此，在不同烈度区，控制木结构房屋的层数和高度可以提高各类木结构房屋的整体抗震性能，木结构房屋的层数和高度应符合下列要求：①房屋的层数和总高度不应超过表 5.9 的规定；②房屋的层高：单层房屋不应超过 4.0m；两层房屋不应超过 3.6m。

表 5.9　　　　　　　　　　房屋层数和总高度限值　　　　　　　　　　单位：m

结构类型	围护墙种类（墙厚）		烈度 6		烈度 7		烈度 8		烈度 9	
			高度	层数	高度	层数	高度	层数	高度	层数
穿斗木构架和木柱木屋架	砖墙	实心砖（240mm）多孔砖（240mm）	7.2	2	7.2	2	6.6	2	3.3	1
		小砌块（190mm）	7.2	2	7.2	2	6.6	2	3.3	1
		多孔砖（190mm）蒸压砖（240mm）	7.2	2	6.6	2	6.0	2	3.0	1
		空斗墙（240mm）	7.2	2	6.0	2	3.3	1	—	—
	生土墙（≥250mm）		6.0	2	4.0	1	3.3	1	—	—
	石墙	细料石（240mm）	7.0	2	7.0	2	6.0	2	—	—
		粗料石（240mm）	7.0	2	6.6	2	3.6	1	—	—
		平毛石（400mm）	4.0	1	3.6	1	—	—	—	—
木柱木梁	砖墙	实心砖（240mm）多孔砖（240mm）	4.0	1	4.0	1	3.6	1	3.3	1
		小砌块（190mm）	4.0	1	4.0	1	3.6	1	3.3	1
		多孔砖（190mm）蒸压砖（240mm）	4.0	1	4.0	1	3.6	1	3.0	1
		空斗砖（240mm）	4.0	1	3.6	1	3.3	1	—	—
	生土墙（≥250mm）		4.0	1	4.0	1	3.3	1	—	—
	石墙	细料石（240mm）	4.0	1	4.0	1	3.6	1	—	—
		粗料石（240mm）	4.0	1	4.0	1	3.6	1	—	—
		平毛石（400mm）	4.0	1	3.6	1	—	—	—	—

注　1. 房屋总高度指室外地面到主要屋面板板顶或檐口的高度。
　　　2. 坡屋面应算到山尖墙的 1/2 高度处。

抗震横墙是承担横向地震力的主要构件，应有足够的抗剪承载力；同时抗震横墙刚度较大，当墙体与木构架连接牢固时，可以约束木构架的横向变形，增加房屋的抗震性能。限制抗震横墙的间距可以保证房屋横向抗震能力和整体的抗震性能。因此，房屋抗震横墙间距，不应超过表5.10的要求。

表 5.10 　　　　　　　　　　　　　　　　**房屋抗震横墙最大间距** 　　　　　　　　　单位：m

结构类型	围护墙种类（最小墙厚）		房屋层数	楼层	烈　　度			
					6 度	7 度	8 度	9 度
穿斗木构架和木柱木屋架	砖墙	实心砖（240mm）多孔砖（240mm）	一层	1	11.0	9.0	7.0	5.0
			二层	2	11.0	9.0	7.0	—
				1	9.0	7.0	6.0	—
		小砌块墙（190mm）	一层	1	11.0	9.0	7.0	5.0
			二层	2	11.0	9.0	7.0	—
				1	9.0	7.0	6.0	—
		多孔砖（190mm）蒸压砖（240mm）	一层	1	9.0	7.0	6.0	—
			二层	2	9.0	7.0	6.0	—
				1	7.0	6.0	5.0	—
		空斗墙（240mm）	一层	1	7.0	6.0	5.0	—
			二层	2	7.0	6.0	—	—
				1	5.0	4.2	—	—
		生土墙（240mm）	一层	1	6.0	4.5	3.3	—
			二层	2	6.0	—	—	—
				1	4.5	—	—	—
	石墙	细、半细料石（240mm）	一层	1	11.0	9.0	6.0	—
			二层	2	11.0	9.0	6.0	—
				1	7.0	6.0	5.0	—
		粗料、毛料石（240mm）	一层	1	11.0	9.0	6.0	—
			二层	2	11.0	9.0	—	—
				1	7.0	6.0	—	—
		平毛石（400mm）	一层	1	11.0	9.0	6.0	—
木柱木梁	砖墙	实心砖（240mm）多孔砖（240mm）	一层	1	11.0	9.0	7.0	5.0
		小砌块（190mm）	一层	1	11.0	9.0	7.0	5.0
		多孔砖（190mm）蒸压砖（240mm）	一层	1	9.0	7.0	6.0	5.0
		空斗墙（240mm）	一层	1	7.0	6.0	5.0	—
	生土墙（240mm）		一层	1	6.0	4.5	3.3	—
	石墙（240mm、400mm）		一层	1	11.0	9.0	6.0	—

注 400mm 厚平毛石房屋仅限 6 度、7 度。

根据震害经验，窗洞角部是抗震的薄弱部位，窗间墙由窗角延伸的 X 形裂缝是典型的震害现象；门（窗）洞边墙位于墙角处，在地震作用下易出现应力集中，很容易产生破坏甚至局部倒塌；限制这些部位的房屋局部尺寸，能够防止因这些部位的失效造成房屋整体的破坏甚至倒塌。因此，木结构房屋围护墙的局部尺寸限值，宜符合表 5.11 的要求。

表 5.11 房屋围护墙局部尺寸限值　　　　　　　　　　　　　　　　　　　单位：m

部　　位	6 度	7 度	8 度	9 度
窗间墙最小宽度	0.8	1.0	1.2	1.5
外墙尽端至门窗洞边的最小距离	0.8	1.0	1.0	1.0
内墙阳角至门窗洞边的最小距离	0.8	1.0	1.5	2.0

　　2. 木结构房屋的木柱构造措施

　　分析震害表明，当木柱直接浮搁在柱脚石上时，地震时木柱的晃动易引起柱脚滑移，严重时木

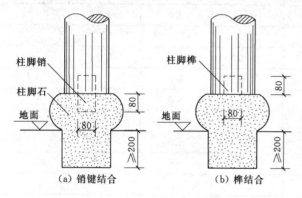

图 5.9　柱脚与柱脚石的锚固（单位：mm）

柱从柱脚石上滑落，引起木构架的塌落。因此应采用销键结合或榫结合加强木柱柱脚与柱脚石的连接，并且销键和榫的截面及设置深度应满足一定的要求，以免在地震作用较大时销键或榫断裂、拔出而失去作用。墙体砌筑在木柱外侧可以避免墙体向内倒塌伤人，且便于木柱的维护检查，预防木柱腐朽。木柱下设置柱脚石也是为了防止木柱受潮腐烂。因此，木结构房屋的木柱应满足以下要求：①围护墙应砌筑在木柱外侧，不宜将木柱全部包入墙体中；木柱下应设置柱脚石，不应将未做防腐、防潮处理的木柱直接埋入地基土中。②柱脚与柱脚石之间宜采用石销键或石榫连接（图 5.9）；柱脚石埋入地面以下的深度不应小于 200mm。③木柱梢径不宜小于 150mm。

　　木柱的施工应符合下列要求：①木柱不宜有接头；当接头不可避免时，接头处应采用拍巴掌榫搭接，并应采用铁套或铁件将接头处连接牢固，接头处的强度和刚度不得低于柱的其他部位；②应避免在木柱同一高度处纵横向同时开槽；③在同一截面处开槽面积不应超过截面总面积的二分之一。

　　3. 木结构房屋围护墙体的构造措施

　　生土墙体防潮性能差，勒脚部位容易返潮或受雨水侵蚀而酥松剥落，削弱墙体截面并降低墙体的承载力，因此采取排水防潮、通风防蛀措施非常重要，在生土围护墙的勒脚部分，应采用砖、石砌筑，并采取有效的排水防潮措施。

　　山尖墙的外闪、倒塌是常见的震害现象，加设墙揽可以有效加强山墙与屋盖系统的连接，约束墙顶的位移，减轻震害。墙揽的设置和构造应满足一定的要求才能起到应有的作用。墙揽布置时应

尽量靠近山尖屋面处，沿山尖墙顶布置，纵向水平系杆位置应设置一个，这样对整个墙的拉结效果较好。同时应保证墙揽在山墙平面外方向有一定的刚度，才能发挥对墙体约束作用。因此，对于墙揽来说，关键是布置的位置，与屋盖系统的连接和长度、刚度等应满足一定要求。山墙、山尖墙墙揽的设置与构造应符合下列要求：①抗震设防烈度为6度、7度时山墙设置的墙揽数不宜少于3个，8度、9度或山墙高度大于3.6m时墙揽数不宜少于5个；②墙揽可采用角铁、梭形铁件或木条等制作；墙揽的长度应不小于300mm，并应竖向放置；③檩条出山墙时可采用木墙揽（图5.10），木墙揽可用木销或铁钉固定在檩条上，并与山墙卡紧；④檩条不出山墙时宜采用铁件（如角铁、梭形铁件等）墙揽，铁件墙揽可根据设置位置与檩条、屋架腹杆、下弦或柱固定（图5.11）；⑤墙揽应靠近山尖墙面布置，最高的一个应设置在脊檩正下方，纵向水平系杆位置应设置一个，其余的可设置在其他檩条的正下方或屋架腹杆、下弦及柱的对应位置处。

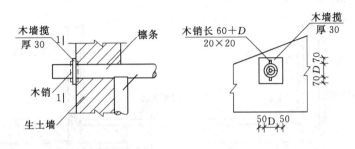

图5.10　木墙揽连接做法（单位：mm）

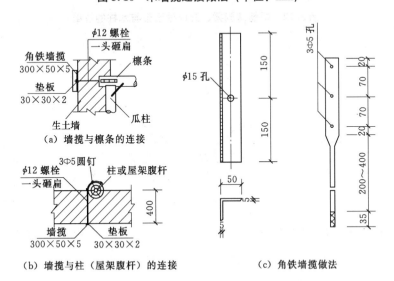

（a）墙揽与檩条的连接

（b）墙揽与柱（屋架腹杆）的连接

（c）角铁墙揽做法

图5.11　角铁墙揽连接做法（单位：mm）

在木构架与围护墙之间采取较强的连接措施后，砌体围护墙成为主要的抗侧力构件，因此墙体厚度应满足一定的要求，砖、小砌块抗震墙厚度不应小于190mm，生土抗震墙厚度不应小于250mm；石抗震墙厚度不应小于240mm。

4. 木结构房屋圈梁、过梁的构造措施

木构架和砌体围护墙（抗震墙）的质量、刚度有明显差异，自振特性不同，在地震作用下变形性能和产生的位移不一致，木构件的变形能力大于砌体围护墙，连接不牢时两者不能共同工作，甚至会相互碰撞，引起墙体开裂、错位，严重时倒塌。加强墙体与柱的连接，可以提高木构架与围护墙的协同工作性能。一方面柱间刚度较大的抗震墙能减少木构架的侧移变形；另一方面抗震墙受到木柱的约束，有利于墙体抗剪。振动台试验表明，在较强地震作用下即使墙体因抗剪承载力不足而开裂，在与木柱有可靠拉结的情况下也不致倒塌。因此，木结构房屋的围护墙，沿高度应设置配筋砖圈梁、配筋砂浆带或木圈梁，在门窗洞口设置钢筋砖（石）过梁或木过梁。

配筋砖圈梁、配筋砂浆带和木圈梁与柱的连接应符合下列要求：①配筋砖圈梁、配筋砂浆带与木柱应采用不小于 $\phi6$ 的钢筋拉结（图 5.12）；②木圈梁应加强接头处的连接（图 5.13），并应与木柱采用扒钉等可靠连接（图 5.14）。

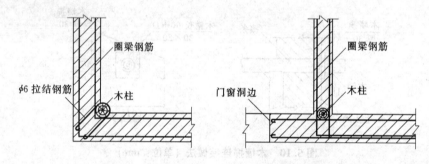

图 5.12　配筋砖圈梁、配筋砂浆带与木柱的拉结

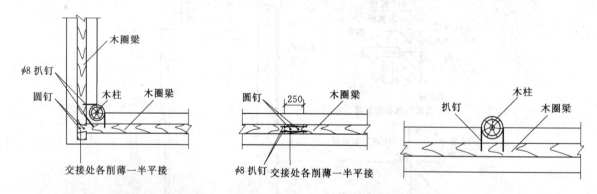

图 5.13　木圈梁接头处及与木柱的连接（单位：mm）　　　**图 5.14　木圈梁与木柱的连接**

砖（小砌块）围护墙、生土围护墙和石围护墙的门窗洞口钢筋砖（石）过梁底面砂浆层中的配筋及木过梁截面尺寸应符合下列要求：①墙厚为 190mm、240mm 的砖（小砌块）墙，钢筋砖过梁配筋应采用 $2\Phi6$；墙厚为 370mm、490mm 时，应采用 $3\Phi6$；②墙厚为 240mm 的石墙，钢筋石过梁配筋应采用 $2\Phi6$；墙厚为 400mm 时，应采用 $3\Phi6$；③木过梁截面尺寸不应小于表 5.12 的要求，其中矩形截面木过梁的宽度宜与墙厚相同；④当一个洞口采用多根木杆组成过梁时，木杆上表面宜采用木板、扒钉、铁丝等将各根木杆连接成整体。

表 5.12 木过梁截面尺寸 单位：mm

墙厚 /mm	门窗洞口宽度 b					
	$b \leqslant 1.2m$			$1.2m < b \leqslant 1.5m$		
	矩形截面	圆形截面		矩形截面	圆形截面	
	高度 h	根数	直径 d	高度 h	根数	直径 d
240	35	5	45	45	4	60
370	35	8	45	45	6	60
500	35	10	45	45	8	60
700	35	12	45	45	10	60

注 d 为每一根圆形截面木过梁的直径。

5. 木结构房屋屋架、屋盖的构造措施

双坡屋架结构的受力性能较单坡的好，双坡屋架的杆件仅承受拉、压荷载，而单坡屋架的主要杆件受弯。采用轻型材料屋面是提高房屋抗震能力的重要措施之一。重屋盖房屋重心高，承受的水平地震作用相对较大，震害调查也表明，地震时重屋盖房屋比轻屋盖房屋破坏严重。房屋中部采用木构架承重、端山墙硬山搁檩的混合承重房屋破坏严重，主要是两者的变形能力不协调，山墙易外闪倒塌，造成端开间的塌落。因此木柱木屋架和穿斗木屋架房屋宜采用双坡屋盖，且坡度不宜大于30°；屋面宜采用轻质材料（瓦屋面）；木结构房屋应设置端屋架（木梁），不得采用硬山搁檩。

木构架各构件之间的拉结措施是提高木构架的整体性的重要手段，可以有效地提高木结构房屋的抗震性能。其中，设置剪刀撑可以增强木构架平面外的纵向稳定性，提高木构架的整体刚度。三角形木屋架在纵向的整体性和刚度相对较差，设置纵向水平系杆可以在一定程度上提高纵向的整体性。木屋架的腹杆与弦杆靠暗榫连接，在强震作用时容易脱榫，采用双面扒钉钉牢可以加强节点处连接，防止节点失效引起屋架整体破坏。用墙揽拉结山墙与木构架，可以有效防止山墙尤其是高大的山尖墙在地震时外闪倒塌。内隔墙墙顶与屋架构件拉结，可以增强内隔墙的稳定，防止墙体在水平地震作用下平面外失稳倒塌。因此，木结构房屋应在下列部位采取拉结措施。

（1）三角形木屋架的跨中处应设置纵向水平系杆，系杆应与屋架下弦杆钉牢；屋架腹杆与弦杆除用暗榫连接外，还应采用双面扒钉钉牢。三角形木屋架和木柱木梁房屋应在屋架（木梁）与柱的连接处设置斜撑。三角形木屋架或木梁与柱之间的斜撑宜采用木夹板，并采用螺栓连接木柱与屋架上、下弦（木梁）；木柱柱顶应设置暗榫插入柱顶下弦（木梁）或附木中，木柱、附木及屋架下弦（木梁）宜采用 U 形扁铁和螺栓连接（图 5.15、图 5.16）。

（2）两端开间屋架和中间隔开间屋架应设置竖向剪刀撑；穿斗木构架应在屋盖中间柱列两端开间和中间隔开间设置竖向剪刀撑，并应在每一柱列两端开间和中间隔开间的柱与龙骨之间设置斜撑。穿斗木构架纵向柱列间的剪刀撑或柱与龙骨之间的斜撑，上端与柱顶或龙骨、下端与柱身应采用螺栓连接。三角形木屋架的剪刀撑宜设置在靠近上弦屋脊节点和下弦中间节点处；剪刀撑与屋架上、下弦之间及剪刀撑中部宜采用螺栓连接（图 5.17）；剪刀撑两端与屋架上、下弦应顶紧不留空隙。

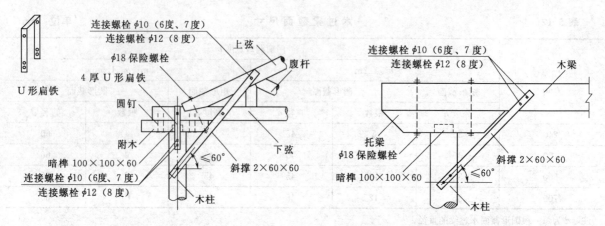

图 5.15 三角形屋架加设斜撑（单位：mm）   图 5.16 木柱与木梁加设斜撑（单位：mm）

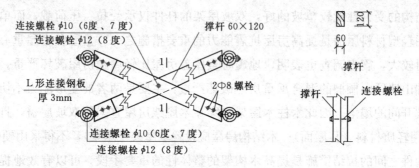

图 5.17 三角形木屋架竖向剪刀撑（单位：mm）

（3）山墙、山尖墙应采用墙揽与木构架（屋架）拉结；内隔墙墙顶应与梁或屋架下弦拉结。内隔墙墙顶与梁或屋架下弦应每隔 1000mm 采用木夹板或铁件连接（图 5.18）。

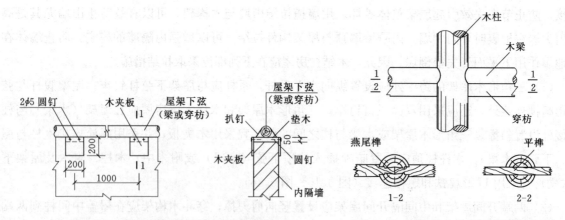

图 5.18 内隔墙墙顶与屋架下弦的连接   图 5.19 梁柱节点处燕尾榫构造形式

（4）木构架房屋的构件及节点应加强连接。穿斗木构架房屋的构件设置及节点连接构造应符合下列要求：①木柱横向应采用穿枋连接，穿枋应贯通木构架各柱，在木柱的上、下端及二层房屋的楼板处均应设置；②榫接节点宜采用燕尾榫、扒钉连接（图 5.19）；采用平榫时应在对接处两侧加设厚度不小于2mm的扁铁，扁铁两端用两根直径不小于12mm的螺栓夹紧；③穿枋应采用透卯贯穿木柱，穿枋端部应设木销钉，梁柱节点处应采用燕尾榫（图5.19）；④当穿枋的长度不足时，可采用两根穿枋在木柱中对接，并应在对接处两侧沿水平方向加设扁铁；扁铁厚度不宜小于2mm、宽度不宜小于60mm，两端用两根直径不小于12mm的螺栓夹紧；⑤立柱开槽宽度和深度应符合表5.13的要求。

表 5.13　　　　　　　　　　　穿斗木构架立柱开槽宽度和深度

榫类型＼柱类型		圆柱	方柱
透榫宽度	最小值	$D/4$	$B/4$
	最大值	$D'/3$	$3B/10$
半榫深度	最小值	$D'/6$	$B/6$
	最大值	$D'/3$	$3B/10$

注　D为圆柱直径；D'为圆柱开榫一端直径；B为方柱宽度。

檩条与屋架（梁）的连接及檩条之间的连接应符合下列要求：①连接用的扒钉直径，当6度、7度时宜采用$\phi8$，8度时宜采用$\phi10$，9度时宜采用$\phi12$；②搁置在梁、屋架上弦上的檩条宜采用搭接，搭接长度不应小于梁或屋架上弦的宽度（直径），檩条与梁、屋架上弦以及檩条与檩条之间应采用扒钉或8号铁丝连接；③当檩条在梁、屋架、穿斗木构架柱头上采用对接时，应采用燕尾榫对接方式，且檩条与梁、屋架上弦、穿斗木构架柱头应采用扒钉连接；檩条与檩条之间应采用扒钉、木夹板或扁铁连接；④三角形屋架在檩条斜下方一侧（脊檩两侧）应设置檩托支托檩条；⑤双脊檩与屋架上弦的连接除应符合以上要求外，双脊檩之间尚应采用木条或螺栓连接。

5.1.5　生土结构房屋抗震措施

生土墙承重房屋在我国西部广大地区农村大量使用，在我国华北、东北等经济欠发达地区农村也有一定数量的生土墙承重房屋。历史震害调查表明，9度区生土墙承重房屋多数严重破坏或倒塌，少数产生中等程度破坏。缩尺模型的生土墙体拟静力试验结果表明，夯土墙在6度时基本保持完好；在7度时已超过或接近开裂荷载，8度时墙体承载能力达到或接近极限荷载，当地震烈度达到9度时，地震作用已超过墙体的极限荷载。因此，生土结构房屋一般在8度及8度以下地区使用，并应采取一定的抗震措施。

1. 生土结构房屋的结构布局要求

震害实践表明，房屋的震害程度与承重体系、房屋高度、抗震墙间距及局部尺寸等多种因素有关。相对而言，横墙承重或纵横墙共同承重房屋的震害较轻，纵墙承重房屋因横向支撑较少震害较重。生土结构房屋的横向地震力主要由横墙承担，限制抗震横墙的间距，既保证了房屋横向抗震能力，也加强了纵墙的平面外刚度和稳定性。房屋墙体局部尺寸的限制是为了满足墙体抗剪承载力的要求，目的在于防止因这些部位的破坏而造成整栋房屋的破坏甚至倒塌。采用硬山搁檩屋盖时，如果山墙与屋盖系统没有有效的拉结措施，山墙为独立悬墙，平面外的抗弯刚度很小，纵向地震作用下山墙承受由檩条传来的水平推力，易产生外闪破坏。

因此，生土结构房屋的结构体系应符合下列要求。

（1）应优先采用横墙承重或纵横墙共同承重的结构体系。

（2）生土结构房屋的层数和高度应符合下列要求：①房屋的层数和总高度不应超过表 5.14 的规定；②房屋的层高：单层房屋不应超过 4.0m；两层房屋不应超过 3.0m。

表 5.14　　　　　　　　　　　　　房屋层数和高度限值　　　　　　　　　　　　单位：m

烈　　　度					
6 度		7 度		8 度	
高度	层数	高度	层数	高度	层数
6.0	2	4.0	1	3.3	1

注　房屋总高度指室外地面到平屋面屋面板板顶或坡屋面檐口的高度。

（3）房屋抗震横墙间距，不应超过表 5.15 的要求。

表 5.15　　　　　　　　　　　　　房屋抗震横墙最大间距　　　　　　　　　　　单位：m

房屋层数	楼层	烈　　　度		
		6 度	7 度	8 度
一	1	6.6	4.8	3.3
二	2	6.6	—	—
	1	4.8	—	—

注　抗震横墙指厚度不小于 250mm 的土坯墙或夯土墙。

（4）生土结构房屋的局部尺寸限值，宜符合表 5.16 的要求。生土结构房屋门窗洞口的宽度，6度、7 度时不应大于 1.5m，8 度时不应大于 1.2m。

表 5.16　　　　　　　　　　　　　房屋局部尺寸限值　　　　　　　　　　　　　单位：m

部　　位	6 度	7 度	8 度
承重窗间墙最小宽度	1.0	1.2	1.4
承重外墙尽端至门窗洞边的最小距离	1.0	1.2	1.4
非承重外墙尽端至门窗洞边的最小距离	1.0	1.0	1.0
内墙阳角至门窗洞边的最小距离	1.0	1.2	1.5

2. 生土结构房屋的墙体构造措施

两道承重横墙之间，屋檐高度处设置纵向通长水平系杆，可加强横墙之间的拉结，增强房屋纵向的稳定性；生土房屋的振动台试验表明，山尖墙之间或山尖墙和木屋架之间的竖向剪刀撑具有很好的抗震效果；震害调查表明，檩条在山墙上搭接较短或与山墙没有连接时，地震中檩条易从墙中拔出，引起屋顶塌落，山墙倒塌。因此，生土结构房屋应在下列部位采取拉结措施：①每道横墙在屋檐高度处应设置不少于三道的纵向通长水平系杆；并应在横墙两侧设置墙揽与纵向系杆连接牢固，墙揽可采用方木、角铁等材料；②两端开间和中间隔开间山尖墙应设置竖向剪刀撑；③山墙、山尖墙应采用墙揽与木檩条和系杆等屋架构件拉结。

生土墙在纵横墙交接处沿高度每隔500mm左右设一层荆条、竹片、树条等拉结网片，可以加强转角处和内外墙交接处墙体的连接，约束该部位墙体，提高墙体的整体性，减轻地震时的破坏。震害表明，较细的多根荆条、竹片编制的网片，比较粗的几根竹竿或木杆的拉结效果好，主要是因为网片与墙体的接触面积大，握裹好。其主要做法为：生土墙应在纵横墙交接处沿高度每隔500mm左右设一层荆条、竹片、树条等编制的拉结网片，每边伸入墙体应不小于1000mm或至门窗洞边（图5.20），拉结网片在相交处应绑扎，当墙中设有木构造柱时，拉结材料与木构造柱之间应采用8号铁丝连接。

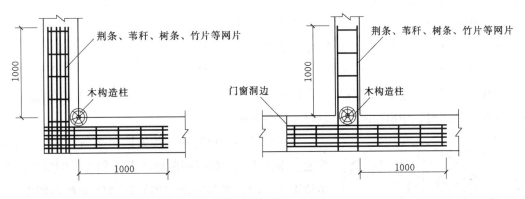

图5.20　纵横墙拉结做法（单位：mm）

土坯及夯土墙体在使用荷载长期压应力作用下洞口两侧墙体易向洞口内鼓胀，在门窗洞口边缘采取构造措施，可以约束墙体变形。民间夯土墙房屋建造时在洞边预加拉结材料，可以提高洞边墙体强度和整体性。因此，生土墙门窗洞口两侧宜设木柱（板）；夯土墙门窗洞口两侧宜沿墙体高度每隔500mm左右加入水平荆条、竹片、树枝等编制的拉结网片，每边伸入墙体应不小于1000mm或至门窗洞边。

震害调查表明，生土山墙较高或较宽，地震时易发生平面外失稳破坏，设置扶壁柱可以增强山墙平面外稳定性。因此，当硬山山墙高厚比大于10时应设置扶壁墙垛（图5.21）。

墙体抗震性能试验结果表明，两层夯土墙水平接缝处是夯土墙的薄弱环节，在地震往复荷载作用下，该处最先出现水平裂缝，施工时应在水平接缝处竖向加竹片、木条等拉结材料予以加强。因此，在7度及7度以上地区，夯土墙在上下层接缝处应设置木杆、竹竿（片）等竖向销键（图5.22），沿墙长度方向间距宜取500mm左右，长度可取400mm左右。

夯土墙、土坯墙缩尺模型的拟静力试验表明，生土墙体抗剪强度低，具有一定厚度的墙体才能承担地震作用。同时试验表明，土坯墙、夯土墙抗剪能力相当，因此，生土承重墙体厚度限制于外墙不宜小于400mm，内墙不宜小于250mm。生土墙应采用平毛石、毛料石、凿开的卵石、黏土实心砖或灰土（三合土）基础，基础墙应采用混合砂浆或水泥砂浆砌筑。

图 5.21 山墙扶壁墙垛

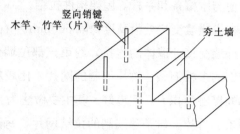

图 5.22 夯土墙上、下层拉结做法

泥浆的强度对土墙的受力性能有重要的影响。在泥浆内掺入碎草，可以增强泥浆的黏结强度，提高墙体的抗震能力。泥浆存放时间较长时，对强度有不利影响。施工中泥浆产生泌水现象时，和宜性差、施工困难，且不容易保证泥缝的饱满度。因此，生土墙土料中的掺料宜满足下列要求：①宜在土料中掺入 0.5%（重量比）左右的碎麦秸、稻草等拉结材料；②夯土墙土料中可掺入碎石、瓦砾等，其重量不宜超过 25%（重量比）；③夯土墙土料中掺入熟石灰时，熟石灰含量宜在 5%～10%（重量比）之间。土坯墙砌筑泥浆内宜掺入 0.5%（重量比）左右的碎草，泥浆不宜过稀，应随拌随用。泥浆在使用过程中出现泌水现象时，应重新拌和。

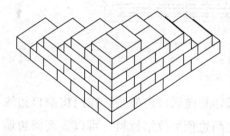

图 5.23 土坯墙体斜槎做法

土坯墙体的转角处和交接处同时砌筑，对保证墙体整体性能有很大作用。临时间断处高度差和每天砌筑高度的限定，是考虑施工的方便和防止刚砌好的墙体变形和倒塌。试验表明，泥缝横平竖直不仅仅是墙体美观的要求，也关系到墙体的质量。水平泥缝厚度过薄或过厚，都会降低墙体强度。因此，土坯墙的砌筑应符合下列要求：①土坯墙墙体的转角处和交接处应同时咬槎砌筑，对不能同时砌筑而又必须留置的临时间断处，应砌成斜槎（图 5.23），斜槎的水平长度不应小于高度的 2/3；严禁砌成直槎；②土坯墙每天砌筑高度不宜超过 1.2m；临时间断处的高度差不得超过一步脚手架的高度；③土坯的大小、厚薄应均匀，墙体转角和纵横墙交接处应采取拉结措施；④土坯墙砌筑应采用错缝卧砌，泥浆应饱满；土坯墙接槎时，应将接槎处的表面清理干净，并填实泥浆，保持泥缝平直；⑤土坯墙在砌筑时应采用铺浆法，不得采用灌浆法。严禁使用碎砖石填充土坯墙的缝隙；⑥水平泥浆缝厚度应在 12～18mm 之间。

夯土墙的竖向通缝严重影响墙体的整体性，不利于抗震。规定每层虚铺厚度，使其既能满足该层的压密条件，又能防止破坏下层结构，以求达到最佳夯筑效果。因此，夯土墙的夯筑应符合下列要求：①夯土墙应分层交错夯筑，夯筑应均匀密实，不应出现竖向通缝（图 5.24）。纵横墙应同时咬槎夯筑，不能同时夯筑时应留踏步槎；②夯土墙每层夯筑

图 5.24 夯土墙交错夯筑做法

虚铺厚度不应大于 300mm，每层夯击不得少于 3 遍。

3. 生土结构房屋的构造柱、圈梁和过梁构造措施

震害表明，木构造柱和圈梁组成的边框体系可以有效提高墙体的变形能力，改善墙体的抗震性能，增强房屋在地震作用下的抗倒塌能力。振动台试验结果表明，木构造柱与墙体用钢筋连接牢固，不仅能提高房屋整体变形能力，还可以有效约束墙体，使开裂后的墙体不致倒塌。因此，在 8 度时生土结构房屋应按下列要求设置木构造柱：①在外墙转角及内外墙交接处设置；②木构造柱的梢径不应小于 120mm；③木构造柱应伸入墙体基础内，并应采取防腐和防潮措施。

圈梁能增强房屋的整体性，提高房屋的抗震能力，是抗震的有效措施，圈梁类别的选取还应考虑生土墙体的施工特点；夯土墙夯筑上部墙体时易造成下面的钢筋砖圈梁或配筋砂浆带的损坏，因此，夯土墙体宜使用木圈梁，仅在基础和屋盖处可使用钢筋砖圈梁。生土结构房屋的配筋砖圈梁、配筋砂浆带或木圈梁的设置应符合下列规定：①所有纵横墙基础顶面处应设置配筋砖圈梁；各层墙顶标高处应分别设一道配筋砖圈梁或木圈梁，夯土墙应采用木圈梁，土坯墙应采用配筋砖圈梁或木圈梁；②8 度时，夯土墙房屋尚应在墙高中部设置一道木圈梁；土坯墙房屋尚应在墙高中部设置一道配筋砂浆带或木圈梁。生土结构房屋配筋砖圈梁、配筋砂浆带和木圈梁的构造应符合下列要求：①配筋砖圈梁和配筋砂浆带的砂浆强度等级 6 度、7 度时不应低于 M5，8 度时不应低于 M7.5；②配筋砖圈梁和配筋砂浆带的纵向钢筋配置不应低于表 5.17 的要求；③配筋砖圈梁的砂浆层厚度不宜小于 30mm；④配筋砂浆带厚度不应小于 50mm；⑤木圈梁的截面尺寸不应小于（高×宽）40mm×120mm。

表 5.17 土坯墙、夯土墙房屋配筋砖圈梁与配筋砂浆带最小纵向配筋

墙体厚度 t/mm ＼ 设防烈度	6 度	7 度	8 度
$t \leqslant 400$	2Φ6	2Φ6	2Φ6
$400 < t \leqslant 600$	2Φ6	2Φ6	3Φ6
$t > 600$	2Φ6	3Φ6	4Φ6

土坯墙与夯土墙的强度较低（M1 左右），宜采用木过梁。当一个洞口采用多根木杆组成过梁时，在木杆上表面采用木板、扒钉、铁丝等将各根木杆连接成整体可避免地震时局部破坏塌落。因此，生土结构房屋门窗洞口过梁应符合下列要求：①生土墙宜采用木过梁；②木过梁截面尺寸不应小于表 5.18 的要求，其中矩形截面木过梁的宽度与墙厚相同；木过梁支承处应设置垫木；③当一个洞口采用多根木杆组成过梁时，木杆上表面宜采用木板、扒钉、铁丝等将各根木杆连接成整体。

表 5.18 木过梁截面尺寸 单位：mm

墙厚 /mm	门窗洞口宽度 b					
	$b \leqslant 1.2m$			$1.2m < b \leqslant 1.5m$		
	矩形截面	圆形截面		矩形截面	圆形截面	
	高度 h	根数	直径 d	高度 h	根数	直径 d
240	90	2	120	110	—	—

续表

墙厚 /mm	门窗洞口宽度 b					
	b≤1.2m			1.2m<b≤1.5m		
	矩形截面	圆形截面		矩形截面	圆形截面	
	高度 h	根数	直径 d	高度 h	根数	直径 d
360	75	3	105	95	3	120
500	65	5	90	85	4	115
700	60	8	80	75	6	100

注　d 为每一根圆形截面木过梁（木杆）的直径。

4. 生土结构房屋的屋盖构造措施

单坡屋面结构不对称，房屋前后高差大，地震时前后墙的惯性力相差较大，高墙易首先破坏引起屋盖塌落或房屋的倒塌，而且屋面采用轻型材料，可以减轻地震作用。因此，生土结构房屋不宜采用单坡屋盖；坡屋顶的坡度不宜大于 30°；屋面宜采用轻质材料（瓦屋面）。

由于生土墙材料强度较低，为防止在局部集中荷载作用下墙体产生竖向裂缝，集中荷载作用点均应有垫板或圈梁。檩条要满搭在墙上，端檩要出檐，以使外墙受荷均匀，增加接触面积。伸入外纵墙上的挑檐木在地震时往返摆动，会导致外纵墙开裂甚至倒塌。因此房屋不应采用挑檐木，应直接把椽条伸出做挑檐，并在纵墙顶部两侧放置檩条，固定挑出的椽条，保证纵墙稳定。震害调查表明，檩条在山墙上搭接较短或与山墙没有连接，地震时易造成檩条从墙中拔出，引起屋顶塌落，山墙倒塌。因此，硬山搁檩房屋檩条的设置与构造应符合下列要求。

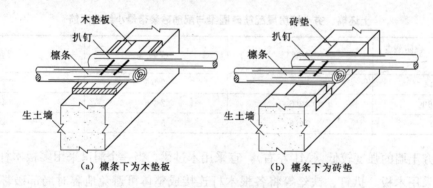

（a）檩条下为木垫板　　（b）檩条下为砖垫

图 5.25　檩条支承及连接做法

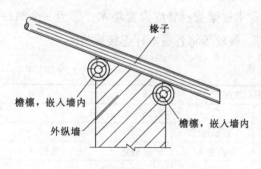

图 5.26　双檐檩檐口构造做法

（1）檩条支承处应设置不小于 400mm×200mm×60mm 的木垫板或砖垫（图 5.25）；内墙檩条应满搭并用扒钉钉牢（图 5.25），不能满搭时应采用木夹板对接或燕尾榫扒钉连接。

（2）檐口处椽条应伸出墙外做挑檐，并应在纵墙墙顶两侧设置双檐檩夹紧墙顶（图 5.26），檐檩宜嵌入墙内。

（3）硬山搁檩房屋的端檩应出檐，山墙两侧应采用方木墙揽与檩条连接（图5.27）。

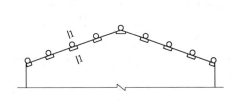

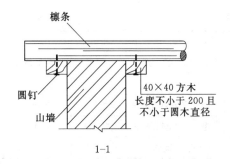

图5.27 山墙与檩条、墙揽连接做法（单位：mm）

（4）山尖墙顶宜沿斜面放置木卧梁支撑檩条（图5.28）；木檩条宜采用8号铁丝与山墙配筋砂浆带或配筋砖圈梁中的预埋件拉结。

5.1.6 石结构房屋抗震措施

1. 石结构房屋的结构体系要求

合理的抗震结构体系对于提高房屋整体抗震能力是非常重要的。震害经验表明，纵墙承重的砌体结构中，横墙

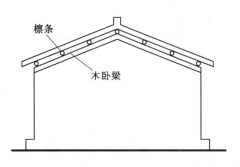

图5.28 山尖墙斜面木卧梁

间距较大，纵墙的横向支撑较少，易发生平面外的弯曲破坏，且横墙为非承重墙，抗剪承载能力较低，故房屋整体破坏程度比较重，应优先采用整体性和空间刚度比较好的横墙承重或纵横墙共同承重的结构体系。石砌体相对砖砌体而言，本身的整体性比较差，又因为石板、石梁自重大、材料缺陷或偶然荷载作用下易发生脆性断裂，从房屋抗震性能和安全使用的角度来说，都不应采用石板、石梁及独立料石柱作为承重构件。因此，石结构房屋的结构体系应符合下列要求：①应优先采用横墙承重或纵横墙共同承重的结构体系；②8度时不应采用硬山搁檩屋盖；③严禁采用石板、石梁及独立料石柱作为承重构件；④严禁采用悬挑踏步板式楼梯。

历史地震震害调查和石墙体结构试验研究均表明：多层石结构房屋地震破坏机理及特征与砖砌体房屋基本相似，其在地震中的破坏程度随房屋层数的增多、高度的增大而加重。因此，基于石砌体材料的脆性性能和震害经验，应对房屋结构层数和高度加以控制。同时，鉴于石材砌块的不规整性及不同施工方法的差异性，对多层石砌体房屋层高和总高度的限值相对砖砌体结构更为严格。因此，石结构房屋的层数和高度应符合下列要求：①房屋的层数和总高度不应超过表5.19的规定；②房屋的层高：单层房屋6度不应超过4.0m；两层房屋不应超过3.5m。

石结构墙体在平面内的受剪承载力较大，而平面外的受弯承载力相对很低，横向地震作用主要由横墙承担，当房屋横墙间距较大，而木或预制圆孔板楼（屋）盖又没有足够的水平刚度传递水平地震作用时，一部分地震作用会转而由纵墙承担，纵墙就会产生平面外弯曲破坏。因此，石结构房屋应按所在地区的抗震设防烈度和楼、屋盖的类型来限制横墙的最大间距，房屋抗震横墙间距不应

超过表 5.20 的要求。

表 5.19	房屋层数和总高度限值		单位：m						

墙体类别		最小墙厚	烈度					
			6 度		7 度		8 度	
			高度	层数	高度	层数	高度	层数
料石砌体	细、半细料石砌体（无垫片）	240mm	7.0	2	7.0	2	6.6	2
	粗料、毛料石砌体（有垫片）	240mm	7.0	2	6.6	2	3.6	1
平毛石砌体		400mm	3.6	1	3.6	1	—	—

注　1. 房屋总高度指室外地面到檐口的高度；对带阁楼的坡屋面应算到山尖墙的 1/2 高度处。
　　2. 平毛石指形状不规则，但有两个平面大致平行、且该两平面的尺寸远大于另一个方向尺寸的块石。

表 5.20	房屋抗震横墙最大间距		单位：m		

房屋层数	楼层	烈度			
		木楼、屋盖		预应力圆孔板楼、屋盖	
		6 度、7 度	8 度	6 度、7 度	8 度
一	1	11.0	7.0	13.0	9.0
二	2	11.0	7.0	13.0	9.0
	1	7.0	5.0	9.0	7.0

注　抗震横墙指厚度不小于 240mm 的料石墙或厚度不小于 400mm 的毛石墙。

　　大量震害表明，房屋局部的破坏必然影响房屋的整体抗震性能，而且，某些重要部位的局部破坏还会带来连锁的反应，从而形成"各个击破"以至倒塌。根据震害经验，对易遭受破坏的墙体局部尺寸进行限制，可以防止由于这些部位的失效造成房屋整体的破坏甚至倒塌。石结构房屋的局部尺寸限值，宜符合表 5.21 的要求。

表 5.21	房屋局部尺寸限值	单位：m	

部位	烈度	
	6 度、7 度	8 度
承重窗间墙最小宽度	1.0	1.0
承重外墙尽端至门窗洞边的最小距离	1.0	1.2
非承重外墙尽端至门窗洞边的最小距离	1.0	1.0
内墙阳角至门窗洞边的最小距离	1.0	1.2

注　出入口处的女儿墙应有锚固。

2. 石结构房屋的墙体构造措施

　　墙体是石结构房屋的主要承重构件和围护结构，为了保证承重墙体基本的承载力和稳定性，在实际中尚应根据当地情况综合考虑所在地区的设防烈度和气候条件规定最小墙厚。承重石墙厚度，料石墙不宜小于 240mm，平毛石墙不宜小于 400mm。

　　石砌墙体转角及内外墙交接处是抗震的薄弱环节，刚度大、应力集中，地震破坏严重。由于我国农村房屋基本不进行抗震设防，房屋墙体在转角处无有效拉结措施，墙体连接不牢固，往往7度时就出现破坏现象，8度区则破坏明显。在转角处加设水平拉结钢筋可以加强转角处和内外墙交接处墙体的连接，约束该部位墙体，减轻地震时的破坏。因此，纵横墙交接处应符合下列要求：①料石砌体应采用无垫片砌筑，平毛石砌体应每皮设置拉结石（图5.29）；②7度、8度时应沿墙高每隔500～700mm设置2Φ6拉结钢筋，每边伸入墙内不宜小于1000mm或伸至门窗洞边（图5.30）；③突出屋面的楼梯间，内外墙交接处应沿墙高每隔500～700mm设2Φ6拉结钢筋，且每边伸入墙内不应小于1000mm。7度、8度时顶层楼梯间横墙和外墙宜沿墙高每隔1000mm左右设2Φ6通长钢筋。

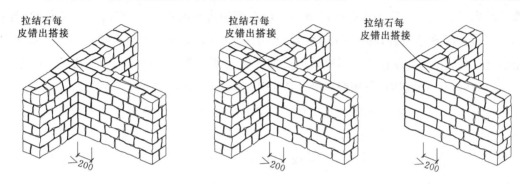

图5.29 平毛石砌体转角砌法（单位：mm）

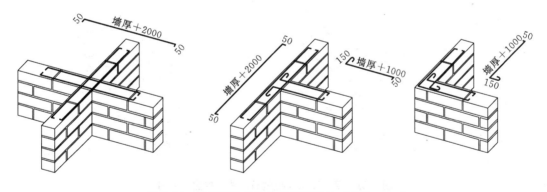

图5.30 纵横墙连接处拉结钢筋做法（单位：mm）

石结构房屋的抗震性能与墙体砌筑方式及质量有直接关系，因此，石结构的砌筑砂浆稠度、灰缝厚度、每日砌筑高度等应符合下列要求：①石砌体砌筑前应清除石材表面的泥垢、水锈等杂质。②砌筑砂浆稠度（坍落度），无垫片时为10～30mm，有垫片时为40～50mm，并可根据气候变化情况进行适当调整。③石砌体的灰缝厚度，细料石砌体不宜大于5mm，半细料石砌体不宜大于10mm，无垫片粗料石砌体不宜大于20mm；有垫片粗料石、毛料石、平毛石砌体不宜大于30mm。④无垫片料石和平毛石砌体每日砌筑高度不宜超过1.2m，有垫片料石砌体每日砌筑高度不宜超过1.5m。⑤已砌好的石块不应移位、顶高；当必须移动时，应将石块移开，将已铺砂浆清理干净，重新铺浆。

料石砌体施工应符合下列要求：①料石砌筑时，应放置平稳；砂浆铺设厚度应略高于规定灰缝厚度，其高出厚度，细料石、半细料石宜为3～5mm，粗料石、毛料石宜为6～8mm；②料石墙体上下皮应错缝搭砌，错缝长度不宜小于料石长度的 1/3；③有垫片料石砌体砌筑时，应先满铺砂浆，并在其四角安置主垫，砂浆应高出主垫 10mm，待上皮料石安装调平后，再沿灰缝两侧均匀塞入副垫。主垫不得采用双垫，副垫不得用锤击入；④料石砌体的竖缝应在料石安装调平后，用同样强度等级的砂浆灌注密实，竖缝不得透空；⑤石砌墙体在转角和内外墙交接处应同时砌筑。对不能同时砌筑而又必须留置的临时间断处，应砌成斜槎，斜槎的水平长度不应小于高度的 2/3；严禁砌成直槎。

平毛石砌体施工应符合下列要求：①平毛石砌体宜分皮卧砌，各皮石块间应利用自然形状敲打修整，使之与先砌石块基本吻合、搭砌紧密；应上下错缝，内外搭砌，不得采用外面侧立石块中间填心的砌筑方法；中间不得夹砌过桥石（仅在两端搭砌的石块）、铲口石（尖角倾斜向外的石块）和斧刃石；②平毛石砌体的灰缝厚度宜为 20～30mm，石块间不得直接接触；石块间空隙较大时应先填塞砂浆后用碎石块嵌实，不得采用先摆碎石后塞砂浆或干填碎石块的砌法；③平毛石砌体的第一皮和最后一皮，墙体转角和洞口处，应采用较大的平毛石砌筑；④平毛石砌体必须设置拉结石（图 5.31），拉结石应均匀分布，互相错开；拉结石宜每 0.7m² 墙面设置一块，且同皮内拉结石的中距不应大于 2m；拉结石的长度，当墙厚等于或小于 400mm 时，应与墙厚相等；当墙厚大于 400mm 时，可用两块拉结石内外搭接，搭接长度不应小于 150mm，且其中一块的长度不应小于墙厚的 2/3。

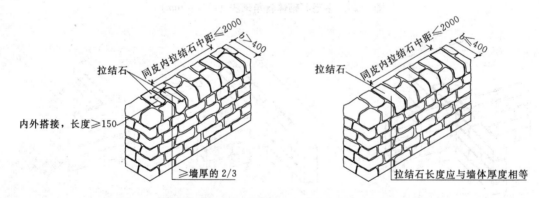

图 5.31　平毛石砌体拉结石砌法（单位：mm）

3. 石结构房屋的构造柱、圈梁和过梁的构造要求

当屋架或梁跨度较大时，梁端有较大的集中力作用在墙体上，设置壁柱除了可进一步增大承压面积，还可以增加支承墙体在水平地震作用下的稳定性。当屋架或梁的跨度大于 4.8m 时，支承处宜加设壁柱或采取其他加强措施，壁柱宽度不宜小于 400mm，厚度不宜小于 200mm，壁柱应采用料石砌筑（图 5.32）。

圈梁和构造柱能够较大地提高砌体结构整体性和抗震性能即是其中之一，这里综合考虑农村地区经济状况和房屋抗震性能需求，以配筋砂浆带代替钢筋混凝土圈梁，既可以降低房屋造价，又能适当提高房屋整体性和抗震能力。因此，在石结构房屋应在下列部位设置配筋砂浆带：①所有纵横墙的基础顶部、每层楼、屋盖（墙顶）标高处；②8 度时尚应在墙高中部增设一道。而且，配筋砂浆带的构造应符合下列要求：①砂浆强度等级 6 度、7 度时不应低于 M5，8 度时不应低于 M7.5；②配

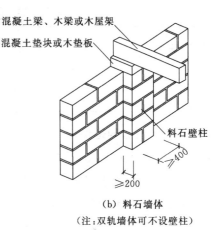

（a）平毛石墙体
（注：墙厚≥450mm时可不设壁柱）

（b）料石墙体
（注：双轨墙体可不设壁柱）

图 5.32　壁柱砌法（单位：mm）

筋砂浆带的厚度不宜小于 50mm；③配筋砂浆带的纵向钢筋配置不应低于表 5.22 的要求；④配筋砂浆带交接（转角）处钢筋应搭接（图 5.33）。

表 5.22　　　　　　　　　　　　　　　配筋砂浆带最小纵向配筋

墙体厚度 t/mm	6度、7度	8度
≤300	2Φ8	2Φ10
>300	3Φ8	3Φ10

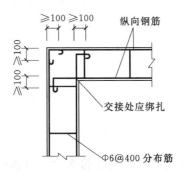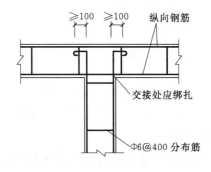

图 5.33　配筋砂浆带交接处钢筋搭接做法（单位：mm）

　　调查发现，农村中不少石砌体房屋的门窗过梁是用整块条石砌筑的，由于条石是脆性材料，抗弯强度低，条石过梁在跨中横向断裂较为多见。为防止地震中因过梁破坏导致房屋震害加重，在经济条件允许的情况下，石墙房屋应尽可能采用钢筋混凝土过梁。因此，钢筋混凝土楼屋盖房屋，门窗洞口宜采用钢筋混凝土过梁；木楼屋盖房屋，门窗洞口可采用钢筋混凝土过梁或钢筋石过梁。当门窗洞口采用钢筋石过梁时，钢筋石过梁的构造应符合下列规定：①钢筋石过梁底面砂浆层中的钢筋配筋量应不低于表 5.23 的规定，间距不宜大于 100mm；②钢筋石过梁底面砂浆层的厚度不宜小于 40mm，砂浆层的强度等级不应低于 M5，钢筋伸入支座长度不宜小于 300mm；③钢筋石过梁截面高度内的砌筑砂浆强度等级不宜低于 M5。

143

表 5.23	钢筋石过梁底面砂浆层中的钢筋配筋量	
过梁上墙体高度 h_w/m	门窗洞口宽度 b/m	
	$b \leqslant 1.5$m	1.5m$<b \leqslant 1.8$m
$h_w \geqslant b/2$	4Φ6	4Φ6
$0.3b \leqslant h_w < b/2$	4Φ6	4Φ8

4. 石结构房屋的屋盖构造措施

楼（屋）盖构件之间以及墙体与楼（屋）盖系统之间的连接也是重要的影响因素。我国农村房屋、尤其是南方多雨地区大多以木屋架坡屋顶为主，而多次震害调查结果表明，此类房屋屋架整体性较差。加强房屋屋盖体系及其与承重结构的连接，提高屋盖体系整体性，发挥结构空间作用效应，对提高房屋抗震性能具有重要作用。因此，木楼、屋盖石结构房屋应在下列部位采取拉结措施：①两端开间屋架和中间隔开间屋架应设置竖向剪刀撑；②山墙、山尖墙应采用墙揽与木屋架或檩条拉结；③内隔墙墙顶应与梁或屋架下弦拉结。当采用硬山搁檩木屋盖时，屋盖木构件拉结措施应符合下列要求：①檩条应在内墙满搭并用扒钉钉牢，不能满搭时应采用木夹板对接或燕尾榫扒钉连接；②木檩条应用 8 号铁丝与山墙配筋砂浆带中的预埋件拉结；③木屋盖各构件应采用圆钉、扒钉或铁丝等相互连接。内隔墙墙顶与梁或屋架下弦应每隔 1000mm 采用木夹板或铁件连接。

设置纵向水平系杆可以加强石结构房屋屋盖系统的纵向稳定性，提高屋盖系统的抗侧力能力，改善石房屋的抗震性能。当采用墙揽与各道横墙连接时还可以加强横墙平面外的稳定性。因此，木屋盖房屋应在跨中屋檐高度处设置纵向水平系杆，系杆应采用墙揽与各道横墙连接或与屋架下弦杆钉牢。

5.1.7　现役房屋建筑抗震加固措施

抗震加固的目标是提高房屋的抗震承载力、变形能力和整体抗震性能，根据我国近 30 年的试验研究和抗震加固实践经验，常用的抗震加固方法分述如下。

1. 增强自身加固法

增强自身加固法是为了加强结构构件自身，使其恢复或提高构件的承载能力和抗震能力，主要用于修补震前结构裂缝缺陷和震后出现裂缝的结构构件的修复加固。

（1）压力灌注水泥浆加固法：可以用来灌注砖墙裂缝和混凝土构件的裂缝，也可以用来提高砌筑砂浆强度等级≤M1（即 10 号砂浆以下）砖墙的抗震承载力。

（2）压力灌注环氧树脂浆加固法：可以用于加固有裂缝的钢筋混凝土构件。

（3）铁扒锔加固法：此法用来加固有裂缝的砖墙。

2. 外包加固法

指在结构构件外面增设加强层，以提高结构构件的抗震承载力，变形能力和整体性。这种加固方法适用于结构构件破坏严重或要求较多地提高抗震承载力，一般做法有：①外包钢筋混凝土面层加固法，这是加固钢筋混凝土梁、柱和砖柱、砖墙和筒壁的有效方法，尤其适用于湿度高的地区。

②钢筋网水泥砂浆面层加固法，此法主要用于加固砖柱、砖墙与砖筒壁，比较简便。③水泥砂浆面层加固法，适用于不需要过多地提高抗震强度的砖墙加固。④钢构件网笼加固法，适用于加固砖柱、砖烟囱和钢筋混凝土梁、柱及桁架杆件，其优点是施工方便，但须采取防锈措施，在有害气体侵蚀和湿度高的环境中不宜采用。

3. 增设构件加固法

在原有结构构件以外增设构件是提高结构抗震承载力、变形能力和整体性的有效措施。在进行增设构件的加固设计时，应考虑增设构件对结构计算简图和动力特性的影响。主要做法有：①增设墙体加固法；②增设柱子加固法，设置外加柱可以增加其抗倾覆能力；③增设拉杆加固法，此法多用于受弯构件（如梁、桁架、檩条等）的加固和纵横墙连接部位的加固，也可用来代替沿内墙的圈梁；④增设支撑加固法，可以提高结构的抗震能力和整体性，并可增加结构受力的冗余度；⑤增设圈梁加固法；⑥增设支托加固法；⑦增设刚架加固法，可用于受使用净空要求的限制的情况；⑧增设门窗框加固法。

4. 增强连接加固法

震害调查表明，构件的连接是薄弱环节。针对各结构构件间的连接采用下列方法进行加固，能够保证各构件之间的抗震承载力、提高变形能力、保障结构的整体稳定性。这种加固方法适用于结构构件承载能力能够满足，但构件间连接差的情况。其他各种加固方法也必须采取措施增强其连接。主要做法有：①拉结钢筋加固法；②压浆锚杆加固法：适用于纵横墙间没有咬槎砌筑，连接很差的部位；③钢夹套加固法：适用于隔墙与顶板和梁连接不良时；④综合加固也可增强连接。

5. 替换构件加固法

对原有强度低、韧性差的构件用强度高、韧性好的材料来替换。替换后须做好与原构件的连接。通常采用的有：①钢筋混凝土替换砖，如钢筋混凝土柱替换砖柱，钢筋混凝土墙替换砖墙；②钢构件替换木构件。

对于重要建筑物来说，其抗震加固一般均可以采用传统的抗震加固方法进行，但由于重要建筑物往往有其特殊的使用要求，例如功能不能中断，建筑形式需要保护等。现代土木工程技术的发展提供了许多抗震加固的新的方法，这些方法有的还可以应用到普通建筑物的加固中去。如利用纤维增强聚合物（Fiber Reinforced Polymer，简写为FRP）对已有建筑物进行修复和加固、采用结构隔震、减震控制技术进行结构抗震加固改造等，这些新技术的应用大大提高了现存不满足抗震要求的建筑抗震能力，在村庄整治过程中可以根据实际需求进行选择。

5.2 农村洪水防御的工程措施

防御洪水应采取工程与非工程相结合的综合性措施。在较大或特大洪水情况下，为确保重点，还应当按照"牺牲局部、保护全局"的原则，适时地采取泄洪、滞洪措施，使淹没损失减少到最低限度。同时，要对做出牺牲地区的人民生命财产安全和恢复生活生产等方面进行妥善的安排。蓄滞洪区主要指河堤外洪水临时贮存的低洼地区及湖泊等，其中多数历史上就是江河洪水淹没和调蓄的场所，由于人口增长、蓄洪垦殖，逐渐开发利用成为蓄滞洪区。蓄滞洪区是我国实行综合性防洪措施的重要组成部分，在历次防洪斗争中对保障广大地区的安全和国民经济建设发挥了十分重要的作用。

经调查，在内涝和行蓄洪中，农村房屋破坏最为严重，造成这种状况的原因主要是农村房屋建设质量较差。有的房屋墙体为土坯垒筑，或者直接用生土垛起，然后用铁铲削平，再加盖木檩条和覆盖麦秸泥等；也有一些是用砖、石或空心砌块与土坯混合砌筑，这种墙体不能承受洪水浸泡，以至遇水后倒塌；此外有部分砖砌筑房屋，被破坏的原因是墙体直接用黄土泥浆砌成空斗墙，砌砖间咬合不紧，甚至有较长的通缝，因而使墙体结构强度减弱，被洪水浸泡、冲刷破坏；也有一些房屋基础处理不当，洪水袭来时引起变形，造成房屋墙体局部乃至全部开裂或倒塌。因此，要减轻农村洪水损失，克服农村房屋抗洪能力弱的问题，农村蓄滞洪区建筑工程应根据《蓄滞洪区建筑工程技术规范》（GB 50181—93）相关内容进行设计。

5.2.1　蓄滞洪区建筑抗洪设计基本要求

1. 一般规定及建筑设计要求

（1）建筑结构设计时，应根据建筑物在蓄滞洪期间对抗洪减灾的重要性和结构破坏可能产生危及人的生命、造成经济损失、产生社会影响等后果的严重性，采用不同的抗洪安全等级。建筑物抗洪安全等级应符合表 5.24 的要求。

表 5.24　　　　　　　　　　　　　蓄滞洪区建筑物抗洪安全等级

抗洪安全等级	破坏后果	建　筑　类　型
一级	很严重	对抗洪减灾起关键作用的公共建筑物和其他重要建筑物
二级	严重	一般性抗洪减灾建筑物
三级	不严重	蓄滞洪期间不用于人员避洪的其他建筑物

（2）选择适宜的结构体系和基础形式，在建筑物受水浸泡后，应保证其稳定性和使用功能。建筑结构设计应根据蓄滞洪期间结构材料、装饰材料的物理（自重、体积等）和力学性能等变化，以及退洪后结构自重增加和地基承载力降低等不利情况进行，并选择相应的构造措施。

（3）承重墙体应采用烧结普通砖实心砌筑，砖强度等级不应低于 MU7.5，砂浆强度等级通过计算确定，但不应小于 M5。严禁使用生土作为承重墙体材料。

（4）建筑体型宜简单。平面形状多转折的建筑物可分成若干平面形状简单的单体建筑。

（5）单体建筑的长宽比不宜大于 3。

（6）室内地面高出室外地面不应小于 0.45m。在洪水含泥沙量大的蓄滞洪农村地区，可根据情况适当抬高室内地面设计高度，以使清淤后的室内地面不低于室外地面。

（7）用作人员避洪的房屋，必须设置通至近水面安全层的室外安全楼梯。抗洪安全等级为一级的房屋，安全楼梯宽度不宜小于1.2m；抗洪安全等级为二级的房屋，可采用简易室外安全楼梯或钢爬梯。

（8）蓄滞洪期间进水的建筑物，其门窗洞口设计应有利于洪水出入。

（9）安全庄台和避水台的迎水流面和迎风面应设护坡，并应设置行人台阶或坡道。台顶面标高应按蓄滞洪设计水位、风增减水高及安全超高三者之和确定。

2．构造措施及其他

（1）建筑物应采取下列抗洪措施：①钢筋混凝土结构的梁、柱应采用现浇整体式结构；②砖砌体结构应采用钢筋混凝土抗浪柱、圈梁、配筋砌体等；③空旷房屋应设置完整的支撑系统，屋架与柱顶、支撑与主体结构之间应牢固连接；④安全庄台和避水台必须采用分层压实或夯实修筑，其地基处理、填筑材料选取及施工质量控制等，应按本规范《蓄滞洪区建筑工程技术规范》（GB 50181—93）有关规定执行。

（2）室外楼梯设计应符合下列规定：①砖砌体房屋的室外楼梯应设独立的柱子和边梁；钢筋混凝土房屋的室外楼梯应与主体结构可靠连接；当采用悬挑式楼梯时应进行风浪荷载验算；②避洪房屋应计算船只的停靠作用；对于排水量不大于3t的船只，在室外楼梯处宜设置两个系缆栓柱，每个系缆柱栓的系缆力可按4kN计算；挤靠力不超过4kN/m；③当设有防止船只撞击的保护措施时，可不计算船只的撞击作用。

（3）有供水管网的地区，供水管应延伸至安全楼层上；无供水管网的地区，应采取其他供水措施。

（4）安全层以下的非承重构件、设施、管线和装饰，应便于退洪后检修和重复利用。

（5）近水面安全层宜设有防止蛇、鼠及其他害虫上爬的设施；在雷击区，避洪安全楼上应设避雷装置。

（6）建设场地的天然排水系统和植被应充分利用和保护；在房屋周围应采取退洪时可迅速排除积水的措施。

5.2.2 蓄滞洪区建筑地基和基础工程措施

在保证承载力要求外，蓄滞洪区的建筑基础还要防止不均匀沉降以避免结构开裂，因此，在同一房屋单元内，各基础的荷载、型式、尺寸和埋置深度宜相近。对于多层砖砌体结构的房屋，应采用基础梁，并在平面内联成封闭系统。钢筋混凝土框架结构下的独立基础，宜沿两个主轴方向设置基础系梁。

房屋建筑地基处理的好坏直接决定着基础以及上部结构的稳定性和安全性，在地基处理时要综合考虑填土使用条件、范围和填土压实工程的所用材料和对于密实度、含水量等的要求。压实填土与基底的紧密结合是确保这类土方工程安全运用的一个重要方面。对位于斜坡上或软弱土层上的压实填土是否稳定也是确保安全的另一个重要方面。同时，把好质量检验关，做好排水工程，是对建筑物安全使用的不可少的保证。因此，填筑开工前，应选择合适填料，确定填料压实系数和应控制的含水量范围，并根据施工条件等合理选择压实机具，确定铺土厚度和压实遍数等参数。必要时应通过填土压实试验确定。

当利用填土作为建筑物的地基时，必须分层压实或夯实。压（夯）实填土的密实度、含水量应符合表 5.25 的规定。压（夯）实填土的承载力标准值应根据试验确定；当无试验数据时，可按表 5.26 选用。

表 5.25　　　　　　　　　　　　压（夯）实填土的密实度和含水量

填土类别	用途	压实系数	含水量/%
I	建筑物地基	≥0.95	砂土：充分灌水；粉土和黏性土：$W_{op} \pm 2$
II	安全庄台和避水台	≥0.90	

注　压实系数为土的控制干密度 d_p 与最大干密度 p_{dmax} 的比值，W_{op} 为最优含水量。

表 5.26　　　　　　　　　　压（夯）实填土承载力标准值 f_k　　　　　　　　　单位：kPa

I 类填土	碎石、卵石	砂夹石（其中碎石、卵石占全重 30%～50%）	土夹石（其中碎石、卵石占全重 30%～50%）	粉质黏土、粉土（8<I_p<14）
	200～300	200～250	150～200	130～180
II 类填土	中砂、细砂	粉质黏土、粉土	黏土	
	110～140	90～120	80～110	

压实填土的最大干密度宜采用击实试验确定。当压实填土为碎石或卵石时，其最大干密度可取 $2.2～2.3t/m^3$。

当利用压实填土作地基时，不得使用淤泥、淤泥土质、耕土、冻土、膨胀性土和有机物含量大于 8 的土作填料。当采用粗颗粒土作填料时，应选用级配良好的材料。填土基底的处理，应符合下列规定：①清除树根、淤泥、杂物及积水等，坑穴应分层回填夯实；②当填土基底为不很厚的耕植土或松土时，应将基底辗压密实；③遇有水田、沟渠或池塘等，应根据实际情况，采用排水疏干，挖除淤泥或抛填块石、砂砾、矿碴等方法处理；④当地面坡度不大于 10 且土质较好时，可不清除基底上的草皮，但应割除长草；当山坡坡度为 10～20 时，应清除基底上的草皮，当坡度大于 20 时，应将基底挖成阶梯形，梯宽度不应小于 1m。

压实填土地基应采取地面排水措施。当填土堵塞原地表水流或地下潜水时，应根据地形和汇水量，做好排水工程。位于填土区的上下水道，应采取防渗、防漏措施。

当自然地面高程能满足建筑物要求，但地基内有厚度不大的淤泥或泥炭土等局部软土时，应挖除，并用碎石或石碴等回填夯实；当软土厚度较大且分布范围较小时，可设置梁、板等跨越。当表层软弱土层很薄并且处于稍湿状态时，可直接在原土表面进行夯压处理或选择合适的换填材料作为垫层。对于埋藏不深的软弱土层也可采用换土垫层、重锤夯实、砂桩、碎石桩、灰土桩等方法处理。

当地表需要处理的松散土层为碎石土、砂土、粉土、低饱和的黏性土、素填土和杂填土等时，可采用强夯法。对于饱和度较高的黏性土等地基，当有工程经验或试验资料证明采用强夯法有加固效果的也可采用强夯法。当地基软土层厚度较大，难以挖除或挖除不经济时，可采用透水材料，加速排水固结提高地基土强度，此透水材料可使用砂砾、土工合成材料或两者结合使用。但地基稳定性与变形必须经过验算。上部结构施工时应严格控制加载速率，确保工程安全。

5.2.3　蓄滞洪区砖砌体房屋措施

1. 结构体系要求

由于承重墙体的抗剪抗弯能力均较非承重墙体高，且波浪荷载的作用方向对房屋来说是任意的，故要求砖砌体房屋尽可能采用纵横墙共同承重的刚性方案。刚性方案应符合现行国家标准《砌体结构设计规范》（GB 50003—2011）的规定。纵横墙的布置均匀对称，同一轴线上的窗间墙等宽均匀，可使各墙垛受力基本均匀，避免薄弱部位的破坏。木楼板刚度小，水平荷载传递能力差，在水环境下易产生吸水膨胀、翘曲等现象，不能保持楼板的应有功能。因此，砖砌体房屋的结构体系应符合下列要求：①宜优先采用纵横墙共同承重方案；②横墙的布置宜均匀对称；③安全层以下各层楼板不应采用木楼板。

2. 墙体的构造措施

波浪荷载作用于纵墙上，通过楼板传递给横墙，这不但要求横墙有足够的承载能力，同时也要求楼板必须有足够的传递荷载的水平刚度。为了保证楼板有足够的传递水平波浪荷载的刚度，安全层以下承重横墙间距不应超过表 5.27 的规定。

表 5.27　　　　　　　　　　承重横墙间距　　　　　　　　　　　单位：m

楼（屋）盖类型	房屋两端	房屋中部
装配式	4	11
现浇或装配整体式		15

当窗台以下过梁以上的墙体较高时，在波浪作用下易沿水平缝首先破坏，故安全层以下房屋的局部高度不宜超过表 5.28 的规定。

表 5.28　　　　　　　安全层以下房屋的局部高度　　　　　　　单位：m

部　　　位	墙厚	高度
楼板或室内地坪、楼梯间休息平台上表面至钢筋混凝土窗台板上表面的高度	0.24	0.75
	0.37	1.00
楼板或屋檐板、楼梯间休息平台下表面至钢筋混凝土过梁下表面的高度	0.24	0.35
	0.37	0.55

开洞率为洞口面积与墙体毛面积之比。波浪对墙体的作用与开洞率有直接关系。开洞率越大，墙体所受波浪压强越小，房屋所受到的波浪总荷载也越小，反之亦然。研究表明，当墙体的开洞率过小（如小于 0.32）时，作用于墙体上的波浪荷载也将随之增大，墙体的受弯和受剪承载力难以满足，且抗浪柱的截面及配筋将增大，房屋造价也将提高，因此墙体的开洞率宜在 0.32～0.4 之间。内纵墙的开洞率宜与外墙的开洞率大致相同，主要考虑在波浪通过房屋时，使波浪的能量尽可能少

地作用在墙体上，这样不仅有利于房屋的局部构件，也有利于房屋整体的抗波浪性能。波浪作用于开洞山墙进入室内后，尽管其强度有很大的衰减（在开洞率为 0.32 情况下波浪压强约减小 36%），但仍将危及第一道内横墙的安全，因此要求第一道内横墙仍开设洞口。综上所述，安全层以下外墙的开洞率不宜小于 0.32；洞口大小及分布应均匀；内纵墙和从房屋两端算起的第一道内横墙的开洞率宜与外墙相近。（注：开洞率为洞口面积与墙体毛面积之比。）

设置墙体间、墙柱间的拉结钢筋，主要是为了加强这些关键部位的连接，可以改善墙体的抗浪性能。因此，承重墙交接处必须咬槎砌筑；当内外墙交接处未设置抗浪柱时，对抗洪安全等级为一、二级的房屋，应沿墙高每隔 500mm 配置 2Φ6 拉结钢筋，每边深入墙内不宜小于 100mm 或伸至门窗洞边。安全层以下后砌非承重墙体应沿墙高每隔 500mm 配置 2Φ6 钢筋与承重墙或柱拉结，且伸入墙内不宜小于 1000mm。后砌非承重墙体顶部应与楼板或梁拉结。

3. 抗浪柱的构造措施

为了确保墙体不首先沿水平通缝弯曲破坏，要求在孤立墙体的中部（即墙体宽度的 1/2 处）设置抗浪柱。为了使抗浪柱两侧墙体受载对称，需要在墙体 1/2 处设置抗浪柱。抗洪安全等级为一级的各层房屋，是蓄滞洪期间用于人员集体避难的重要建筑。为了提高这一安全等级房屋的变形能力，要求在外墙四角、大房间内外墙交接处、楼梯间横墙与外墙交接处、山墙与内纵墙交接处设置抗浪柱。

抗浪柱的主要功能是将作用于孤立墙体上的波浪荷载传递给楼板，从而达到保证孤立墙体安全的目的。抗浪柱不必单独设置基础，顶端可只伸到安全层楼板处，并与各层圈梁或楼板有可靠的连接。先砌墙后浇柱，使墙柱结合牢固；马牙槎可使柱外露便于检查柱的施工质量。因此，抗浪柱的设置应符合下列要求：①设置抗浪柱的墙体应先砌墙后浇柱；抗浪柱与墙体连接处应砌成马牙槎，并应沿柱高每隔 500mm 设 2Φ6 拉结钢筋，每边伸至门窗洞边；②抗浪柱可不单独设置基础，但应锚入墙体基础内；③抗浪柱顶端应伸至近水面安全层楼板，并应与各层的圈梁或楼板有可靠的连接；④非孤立墙体的抗浪柱纵向配筋可采用 4Φ14。

4. 圈梁、过梁的构造措施

圈梁能提高房屋的整体性，特别是对于装配式楼（屋）盖的砖砌体房屋。圈梁与抗浪柱有效的连接可对墙体起到约束作用，是房屋在波浪环境下维持其功能的主要措施之一。因此，近水面安全层及其以下装配式钢筋混凝土楼板处的外墙、内纵墙、房屋两端算起的前两道内横墙，应设置钢筋混凝土圈梁；房屋中部内横墙圈梁可隔间设置。其中，钢筋混凝土圈梁构造应符合下列要求：①圈梁应闭合，圈梁宜与楼板设在同一标高处或紧靠板底。②圈梁的截面高度不应小于 120mm，混凝土强度等级不宜低于 C20；当计算风速不大于 17m/s 时，纵向最小配筋为 4Φ8，最大箍筋间距为 250mm；当计算风速大于 17m/s 且不超过 22.6m/s 时，纵向最小配筋为 4Φ10，最大箍筋间距为 200mm。

窗台以下及洞口四角墙体在波浪作用下易首先破坏以致危及其他部位的安全，因此在窗台标高处设置钢筋混凝土现浇带可以有效防止破坏。现浇带的主要作用是减小墙体位于楼板处的弯矩，改善洞口四角的受力性能。现浇带不需周边闭合，但需与抗浪柱或与之垂直的墙体用钢筋锚固。位于窗台处的现浇带可代替窗台板；但位于洞口上方的现浇带不能代替过梁。钢筋混凝土现浇带的截面高度可采用60mm，宽度不应小于240mm；混凝土强度等级不宜低于C20；纵向钢筋不宜小于2φ12；应与抗浪柱或与其相垂直的墙体锚固。近水面安全层及其以下的门窗洞口，应采用钢筋混凝土过梁，过梁搁置长度不应小于240mm。

5.2.4 蓄滞洪区钢筋混凝土房屋措施

1. 结构体系的要求

波浪荷载的大小与房屋外墙迎浪面面积成正比。当墙面开孔分布均匀时，波浪荷载沿房屋水平方向的分布亦均匀。为了适应波浪荷载的作用特点，要求抗侧力构件在房屋平面内均匀对称布置。

框架—剪力墙结构主要以剪力墙承受波浪水平荷载，作为抗侧力构件的剪力墙至少应延伸到静水面以上的第一层安全层楼板。横向剪力墙与纵向剪力墙相连，有利于提高房屋的侧向承载能力和增加房屋整体性。

当砖砌体与框架梁柱连接紧密时，可以考虑砖砌体抗侧力的影响，此时墙体也承受一定的侧向力。波浪和地震对于建筑物是两种不同类型的外加作用。波浪作用表现为外加面力，其大小与房屋迎浪面墙体面积成正比，地震作用为结构外加变形，表现为体力，其值与房屋重量及房屋动力特性有关。虽然二者作用性质不同，但对于建筑物都是以水平向的分布作用为主。当框架中的砌体填充墙充当抗侧力构件时，波浪荷载由框架和填充墙共同承担。框架与填充墙二者协同工作抗御波浪荷载的情况与二者协同工作抗御地震作用类似。

2. 墙体的构造措施

在施工顺序上先砌墙后浇梁柱，以及在框架与填充墙之间设置拉筋，目的在于保证砖填充墙与框架柱之间有可靠连接和框架与填充墙二者的共同作用。因此，半透空式房屋安全层以下砖砌体填充墙，应符合下列要求：①施工时必须先砌墙，后浇梁柱；柱与墙体连接处应砌成马牙槎；墙厚不应小于240mm。②沿墙体高度每隔500mm设置2φ6拉结钢筋并伸入柱内；拉结筋在填充墙内的长度不宜小于1000mm或伸至门窗洞边。

3. 梁、柱的构造措施

为了避免形成短梁、短柱和在波浪反复荷载作用下梁柱的剪切破坏先于弯曲破坏的可能，框架梁、柱截面尺寸宜符合下列各项要求：①梁截面的高宽比不宜大于4；②梁净跨与截面高度之比不宜小于4；③柱净高与截面高度（圆柱直径）之比不宜小于4。

在波浪水平荷载反复作用下，框架节点附近的梁柱端部常先破坏。加密箍筋可起到约束混凝土，增加杆件变形能力，延缓框架破坏的作用。实践表明，箍筋对混凝土的约束作用与含箍量、箍筋形式、箍肢间距等因素有关。一般说来，箍筋含量高的杆件延性好；而在延性要求不变的条件下，螺旋箍等特殊箍筋的配箍量可低于普通矩形箍筋的配箍量；箍筋直径和间距相同时，箍肢间距愈小，则其对混凝土的约束作用愈大。因此，梁端箍筋加密范围及加密区箍筋配置，宜符合下列要求：①加密区长度采用梁高的1.5倍和500mm二者中的较大值；②箍筋最大间距采用1/4梁高、8倍纵向钢筋直径和150mm三者中的最小值；③箍筋最小直径为8mm，肢距不大于250mm。柱端箍筋加密范围宜按下列规定采用：①柱端采用截面高度（圆柱直径）、1/6 柱净高和 500mm 三者中的最大值；②底层柱采用刚性地面上下各 500mm。

为使框架梁柱的纵向钢筋有可靠的锚固，框架梁柱节点核芯区混凝土要具有良好的约束条件，其最小配箍量不应低于住端的实际配箍量。因此，柱加密区和框架节点核芯区的箍筋配置，宜符合下列要求：①箍筋最大间距采用 8 倍纵向钢筋直径和 150mm 二者中的小值；角柱的箍筋间距不宜大于 100mm。②箍筋最小直径为 8mm；当柱截面尺寸不大于 400mm 时，箍筋直径不小于 6mm。③箍筋肢距不大于 250mm，且每隔一根纵向钢筋在两个方向有箍筋约束。

安全层以下受力钢筋的混凝土保护层最小厚度，应符合表 5.29 的要求。板、墙中分布钢筋的保护层厚度不应小于 15mm；梁柱中箍筋和构造钢筋的保护层厚度不应小于 20mm。

表 5.29　　　　　　　　　　　　**混凝土保护层最小厚度**　　　　　　　　　　单位：mm

构件类别	混凝土强度等级	
	≤C20	C25、C30
墙、板	35	25
梁、柱	45	35

5.2.5　蓄滞洪区单层空旷房屋设计与措施

单层空旷房屋是一组由不同类型的结构组成的建筑，包含有单层的观众厅和多层的前后厅、两侧附属用房及无侧厅的食堂。

1. 结构布局要求

结构选型总的要求是，选用的结构构件应是自身抗洪性能好，且有利于整体抗洪能力的提高。大厅的房屋高、跨度大，对抗洪极为不利，因此要求采用钢筋混凝土柱。同时，附属房屋、屋盖选型、构造及非承重隔墙的合理设置，将有利于提高大厅的抗洪能力。附属房屋的总高一般不宜低于大厅屋檐高度，否则在波浪力的作用下高出附属房屋的大厅部分可能先行破坏。因此，单层空旷房屋的结构布置应符合下列要求：①当两侧有附属房屋时，其附属房屋的总高不宜低于大厅檐口高度；②当两侧无附属房屋时，大厅的柱应采用钢筋混凝土柱；混凝土强度等级不应低于 C25；③不得采用无端屋架的山墙承重方案。大厅不宜设置悬挑结构。

2. 墙体的构造措施

舞台口两侧墙体为一端自由的高大悬墙，其上搁置的梁亦为悬梁，很不稳定，受力复杂。因此，舞台口墙要加强与大厅屋盖体系的拉结，用钢筋混凝土柱和水平圈梁和卧梁来加强自身的整体性和稳定性。舞台口的横墙应符合下列要求：①舞台口横墙两侧及墙两端应设置钢筋混凝土柱；②舞台口横墙应设置钢筋混凝土卧梁，其截面高度不宜小于 180mm，并应与屋盖构件有可靠连接；③舞台口大梁上不应设置承重墙体。

当按透空式房屋进行设计时，大厅柱的截面和配筋无法承受墙体传来的荷载，因此必须使墙体在波浪荷载作用下能自行垮掉。当按半透空式房屋进行设计时，必须使填充墙体与柱和梁有牢固的连接，但墙体的开洞率也要有一定的要求。因此，大厅的砌体围护墙应符合下列要求：①当采用透空式结构时，围护墙与柱和圈梁不应拉结，且沿墙与柱、圈梁间可设置隔离层；②当采用半透空式结构时，围护墙、山墙的开洞率和墙体与柱、圈梁的拉结应符合《蓄滞洪区建筑工程技术规范》（GB 50181—93）第六章和第七章的有关规定。

3. **梁、柱的构造措施**

柱子在变位受约束的部位容易出现剪切破坏，增加箍筋，可以提高其抗剪能力。因此，钢筋混凝土排架柱的箍筋加密区，其箍筋间距不应大于100mm，加密区范围应符合下列要求：①柱头取柱顶以下500mm并不小于柱截面长边尺寸；②变截面柱取变截面处上、下各300mm；③柱根取下柱柱底至室内地坪以上500mm。

山墙是空旷房屋的薄弱部位之一，且开洞少，在波浪荷载的作用下容易外倾、局部倒塌、甚至全部倒塌。为提高山墙的承载力和稳定性，在山墙必须设置抗波浪力的钢筋混凝土柱、梁和卧梁，并加强锚拉措施。其中，山墙的钢筋混凝土柱，其截面与配筋不宜小于排架柱；间距不宜大于4m，并应通到山墙的顶端与卧梁连接。山墙应沿屋面设置钢筋混凝土卧梁，并应与屋盖构件锚拉。山墙沿墙高每隔3m左右应设钢筋混凝土梁，梁与大厅圈梁应连成封闭形式；梁的截面高度不应小于240mm，其纵向配筋按计算确定；箍筋直径不宜小于8mm，其间距不宜大于100mm。

4. **圈梁、过梁的构造措施**

增设多道圈梁主要是加强房屋的整体性和稳定性。大厅与周围房屋间不设伸缩缝时，交接处受力较大，所以要加强相互间的连接，以增强房屋的整体性。在这过程中，砖围护墙的现浇钢筋混凝土圈梁设置，应符合下列要求：①大厅柱（墙）顶标高处应设置圈梁一道，圈梁与柱或屋架应牢固连接；圈梁与柱连接的锚拉钢筋不宜小于4Φ12，且锚固长度不宜小于35倍钢筋直径。②半透空式房屋沿墙高每隔3m左右增设圈梁一道。③圈梁的截面宽度与墙厚相同，高度不应小于180mm；配筋不宜小于4Φ14，箍筋间距不宜大于200mm。④对软弱或不均匀地基，应增设基础圈梁一道。

大厅与附属房屋不设缝时，在同一标高处应设置封闭圈梁并在交接处连通，墙体交接处沿墙高每隔500mm应设置2Φ6拉结钢筋，且每边深入墙内不宜小于1m。

5. **屋盖的构造措施**

有檩屋盖主要是波形瓦（包括石棉瓦及槽瓦）屋面。这类屋盖只要设置完整的支撑体系檩条，以及檩条与屋架间有牢固的拉结，且保证在波浪作用下屋面瓦与檩条脱离，一般均具有一定的抗洪能力。若屋面与檩条的连接过于牢固，当波浪高度超过屋架下弦时。由于波浪力对屋面的冲击作用。将会对檩条屋架产生较大的破坏，甚至引起整个屋盖系统严重破坏。因此，有檩屋盖构件的连接及支撑布置，应符合下列要求：①檩条应与屋架牢固连接，并留有搁置长度；②当屋架下弦高度小于《蓄滞洪区建筑工程技术规范》（GB 50181—93）的第3.2.3条第二款关于近水面安全层楼（屋）盖板底面设计高度时，在波浪荷载作用下檩条上的槽瓦、瓦楞铁、石棉瓦等应与檩条脱离；③当采用木屋盖时，木望板应稀铺；④有檩屋盖的支撑布置宜符合表5.30的要求。

表 5.30   有檩屋盖的支撑布置

支　撑　名　称		屋架下弦高度 h/m	
		$\geqslant h_s$	$h < h_s$
屋架支撑	上弦横向支撑	房屋单元端开间各设一道 天窗天洞范围的两端各增设局部支撑一道	房屋单元端开间及隔 20m 设一道
	下弦横向支撑		
	跨中竖向支撑		隔间设置并加下弦通长水平压杆
天窗架支撑	两侧竖向支撑	天窗两端开间及每隔 30m 各设一道	天窗两端开间及每隔 18m 各设一道
	上弦横向支撑	天窗两端开间各设一道	

注　h_s 为近水面安全层楼（屋）盖板底面设计高度。

5.3　农村地质灾害防治的工程措施

地质灾害的防治措施较多，一般包括避让措施、工程措施、生物措施及法律措施等，但是需要针对各种地质灾害的类型、特点以及其成因选择防治措施。下面就常见的地质灾害，即崩塌、滑坡、泥石流、地面沉降及地面沉陷的工程防治措施分别予以介绍。

5.3.1　滑坡防治

滑坡防治是一个系统工程，各个环节环环相扣，紧密联系，根据防治滑坡的经验教训，提出以下 10 条原则：①正确认识滑坡的原则；②预防为主的原则；③一次根治，不留后患的原则；④全面规划，分期治理的原则；⑤治早、治小的原则；⑥综合治理的原则；⑦技术可行经济合理的原则；⑧科学施工的原则；⑨动态设计，信息化施工原则；⑩加强防滑工程维修保养的原则。

国外防治滑坡有 100 多年的历史，我国从 20 世纪 50 年代以来也防治了许多滑坡。美国将防治措施分为绕避、减小下滑力、增加抗滑力及滑带土改良四类。日本将其分为抑制工程和控制工程两大类。目前，我国常见的防治滑坡的工程措施方法主要有绕避、排水、力学平衡和滑带土改良四类，见表 5.31。虽然各国的具体条件不同，在防治滑坡的措施上也有所差异和侧重，但对滑坡总的防治原则基本是相同的。滑坡的工程防治主要有三个途径：①终止或减轻各种形成因素的作用；②改变坡体内部力学特征，增大抗滑强度使滑移终止；③直接阻止滑坡的起动发生。选择滑坡防治措施，必须针对滑坡的成因、性质及其发展变化的具体情况而定。

1. 绕避滑坡措施

绕避措施主要是通过一些工程措施绕开或避开滑坡的隐患点或危险区，以避免滑坡灾害造成的损失。由于早期人们对滑坡的性质和变化规律认识不深，以及社会经济发展的程度所限，对那些大中型滑坡，其堆积体往往规模巨大，难以整治，如果对它进行整治则工程浩大，一般可采用绕避措施。在铁路、公路选择路线时，通过设计地勘报告，反复比选，查明是否有滑坡存在，并对路线的整体稳定性做出判断，对路线有直接危害的大型或巨型滑坡应避开为宜。其主要的工程措施有：①改移路线；②用隧道避开滑坡；③用桥梁跨越滑坡；④清除滑坡。

方法类别	具　体　措　施
绕避	(1) 改移路线； (2) 用隧道避开滑坡； (3) 用桥梁跨越滑坡； (4) 清除滑坡
排水	(1) 地表排水系统：①滑体外截水沟；②滑体内排水沟；③自然沟防渗； (2) 地下排水系统：①截水盲沟；②盲（隧）洞；③水平钻孔群排水；④垂直孔群排水；⑤井群抽水；⑥虹吸排水；⑦支撑盲沟；⑧边坡渗沟；⑨洞-孔联合排水；⑩井-孔联合排水
力学平衡	(1) 减重工程； (2) 反压工程； (3) 支挡工程：①抗滑挡墙；②挖空钻孔桩；③钻孔抗滑桩；④锚索抗滑桩；⑤锚索；⑥微型桩群；⑦抗滑键；⑧排架桩；⑨刚架桩；⑩刚架锚索桩
滑带土改良	(1) 滑带注浆； (2) 滑带爆破； (3) 旋喷桩； (4) 石灰桩； (5) 石灰砂桩； (6) 焙烧

表 5.31　　　　　　　　　　　　　　　　防治滑坡的工程措施

绕避直接的办法就是改移线路，在选线时要以地质选线为原则和指导思想，在可研、初测和定测阶段加强地质勘察工作，详细查明所遇到的滑坡的规模、性质、稳定状态、发展趋势和危害程度等情况，尽量避开巨型滑坡所在地段；在通过滑坡地段时，尽量避免在工程活动中对滑坡的扰动，导致一些巨型老滑坡复活，可以采用工程跨越如以桥代路、用桥跨河、隧道绕避等方法通过巨型滑坡所在段（图 5.34）。

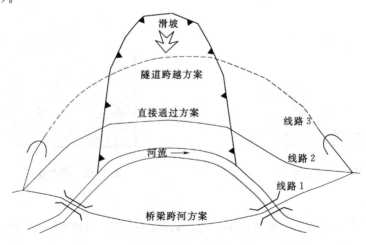

图 5.34　绕避滑坡方案示意图

2. 排水措施

排水措施的目的在于减少水体进入滑体内和疏干滑体中的水，以减小滑坡下滑力。

（1）排除地表水：对滑坡体外地表水要截流旁引，不使它流入滑坡体内。最常用的措施是在滑坡体外部斜坡上修筑截流排水沟，当滑体上方斜坡较高、汇水面积较大时，这种截水沟可能需要平行设置两条或三条。对滑坡体内的地表水，要防止它渗入滑坡体内，尽快把地表水用排水明沟汇集起来引出滑坡体外。应尽量利用滑体地表自然沟谷修筑树枝状排水明沟，或与截水沟相连形成地表排水系统（图 5.35）。地表排水沟要注意防止渗漏，沟底及沟坡均应以浆砌片石防护。图 5.36 表示截水沟断面的构造及尺寸。

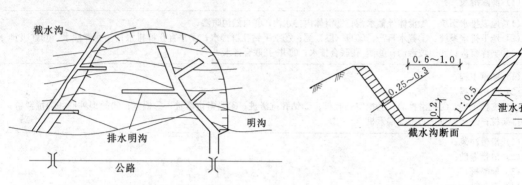

图 5.35　滑坡地表排水系统示意图　　　　图 5.36　截水沟断面构造图（单位：m）

（2）排除地下水：滑坡体内地下水多来自滑体外，一般可采用截水盲沟引流疏干。对于滑体内浅层地下水，常用兼有排水和支撑双重作用的支撑盲沟截排地下水。支撑盲沟的位置多平行于滑动方向，一般设在地下水出露处，平面上呈 Y 形或 I 形（图 5.37）。盲沟（也称渗沟）的迎水面作成可汐透层，背水面为阻水层，以防盲沟内集水再渗入滑体；沟顶铺设隔渗层（图 5.38）。

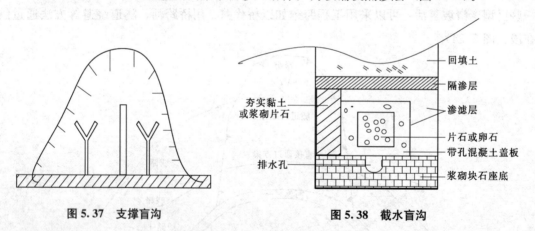

图 5.37　支撑盲沟　　　　　　　图 5.38　截水盲沟

3. 力学平衡措施

力学平衡措施是在滑坡体下部修筑抗滑石垛、抗滑挡土墙、抗滑桩、锚索抗滑桩和抗滑桩板墙等支挡建筑物，以增加滑坡下部的抗滑力。另外，可采取削方减载的措施以减小滑坡滑动力等。

（1）修建支挡工程。支挡工程的作用主要是增加抗滑力，使滑坡不再滑动。常用的支挡工程有挡土墙、抗滑桩和锚固工程。我国在滑坡防治中大量使用挖孔钢筋混凝土抗滑桩及锚索抗滑桩，其基本形式如图 5.39 所示。

挡土墙应用广泛，属于重型支挡工程。采用挡土墙必须计算出滑坡滑动推力、查明滑动面位置，

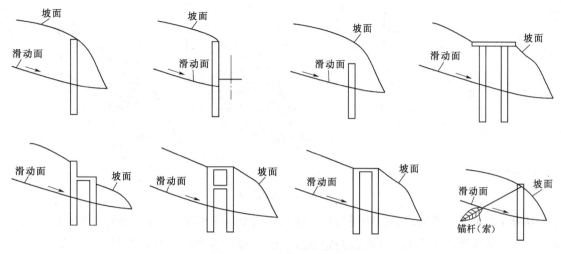

图 5.39 抗滑桩的基本形式

挡土墙基础必须设置在滑动面以下一定深度的稳定岩层上，墙后设排水沟，以消除对挡土墙的水压力（图 5.40）。

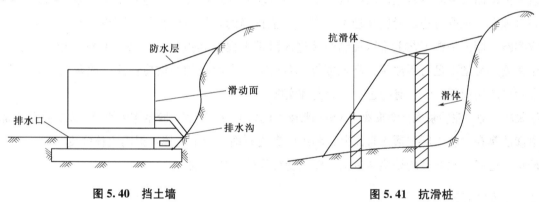

图 5.40 挡土墙   图 5.41 抗滑桩

抗滑桩（图 5.41）的桩材料多为钢筋混凝土，桩横断面可为方形、矩形或圆形，桩下部深入滑面以下的长度应大于全桩长的 1/4～1/3，平面上多沿垂直滑动方向成排布置，一般沿滑体前缘或中下部布置单排或两排。桩的排数、每排根数、每根长度、断面尺寸等均应视具体滑坡情况而定。已修成的较大滑坡抗滑桩实例为三排共 50 多根，最长的单根桩约 50m，断面 4m×6m。

锚固工程包括锚杆加固和锚索加固。通过对锚杆或锚索预加应力，增大了垂直滑动面的法向压应力，从而增加滑动面抗剪强度，阻止了滑坡发生（图 5.42）。

（2）减载与反压工程措施。这种措施主要是消减推动滑坡产生区的物质（即减重）和增加阻止滑坡产生区的物质（即反压），通常所谓的砍头压脚；或减缓边坡的总坡度，即通称的削方减载。主要做法是将滑体上部岩、土体清除，降低下滑力；清除的岩、土体可堆筑在坡脚，起反压抗滑作用。

对于前缘失稳的牵引式滑坡，整治的工程措施是在滑坡前缘修建片石垛载入反压，增加抗滑部分的土量，使滑坡得到新的稳定平衡。整治推移式滑坡，在滑坡体上部削方减载，以减少下滑力来稳定滑坡。

这种方法是经济有效的防治滑坡的措施，技术上简单易行且对滑坡体防治效果好，所以获得了

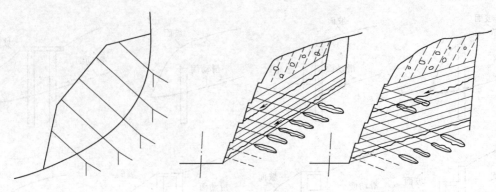

图 5.42　锚固滑体

广泛的应用并积累了丰富的经验。特别是对厚度大、主滑段和牵引段滑面较陡的滑坡体，其治理效果更加明显。对其合理应用则需先准确判定主滑、牵引和抗滑段的位置，否则不仅效果不显著，甚至会更加促使岩体不稳。

4. 滑带土改良措施

改善滑动面或滑动带岩土性质的目的是增加滑动面的抗剪强度，达到整治滑坡要求。滑带土改良提高滑坡自身抗滑力稳定滑坡从理论上讲是完全正确的，国内外都作过不少试验，但至今很少用于工程实践，原因是在工艺上难以控制浆液进入滑带土提高其强度，效果也不易检验，所以，除类均质土密度和强度不足可用注浆提高强度外，对沿软弱带滑动的滑坡应慎用。改善滑带岩土性质的方法在我国应用尚不广泛，有待进一步研究和实践。

灌浆法是把水泥砂浆或化学浆液注入滑动带附近的岩土中，凝固、胶结作用使岩土体抗剪强度提高。

电渗法是在饱和土层中通入直流电，利用电渗透原理；疏干土体，提高土体强度。

焙烧法是用导洞在坡脚焙烧滑带土，使土变得像砖一样坚硬。

5.3.2　崩塌防治

崩塌落石本身涉及少数不稳定的岩块，它们通常并不改变斜坡的整体稳定性，也不会导致有关建筑物的毁灭性破坏。因此，防止落石造成道路中断、建筑物破坏和人身伤亡是整治崩塌危岩的最终目的，即防治的目的并不一定要阻止崩塌落石的发生，而是要防止其带来的危害。因此，根据崩塌危害的特点，其防治工程措施归纳起来可分为防止崩塌发生的主动防治和避免造成危害的被动防治两种类型，见表 5.32。

表 5.32　　　　　　　　　　崩塌防治措施归纳表

措施类型	具体工程措施
主动防治	(1) 削坡；(2) 清除危岩；(3) 控制爆破；(4) 地表排水； (5) 加固或支护：①支挡；②锚固；③捆绑喷混凝土；④护面墙；⑤SNS 主动防护系统
被动防治	(1) 拦截：①落石沟槽；②拦石墙；③金属格栅；④SNS 被动防护系统； (2) 引导：①棚洞；②SNS 被动系统； (3) 避让：①绕道；②隧道措施；③变更工程位置

1. 主动防治措施

（1）护坡、削坡。对于破碎岩体坡面常用喷射混凝土加固，削坡减载是指对危岩体上部削坡，减轻上部荷载，增加危岩体的稳定性。削坡减载的费用比锚固和灌浆的费用小得多，但有时会对斜坡下方的建筑物造成一定损害，同时也破坏了自然景观。

（2）清除。对于规模小、危险程度高的危岩体通常采用爆破或手工进行清除，并对母岩进行适当的防护加固，彻底消除崩塌隐患，防止造成灾害。

（3）地表排水。地表水和地下水通常是崩塌产生的诱发因素，在可能发生崩塌的地段，务必还要做好地面排水和对有害地下水活动的处理。修建完善的地表排水系统，将地表径流汇集起来，通过排水沟系统排出坡外。

（4）支护加固措施

1）支撑加固：危石的下部修筑支柱、支护墙，如图 5.43（a）所示；亦可将易崩塌体用锚索、锚杆与斜坡稳定部分联固，如图 5.43（b）所示。

2）灌浆、勾缝：岩体中的空洞、裂隙用片石填补、混凝土灌注，如图 5.43（c）所示。

3）护面：易风化的软弱岩层，可用沥青、砂浆或浆砌片石护面，如图 5.43（d）所示。

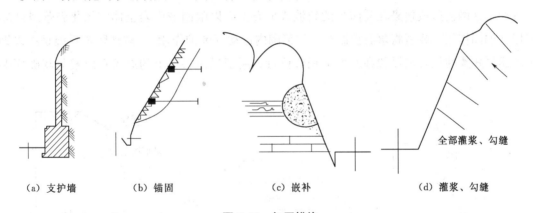

（a）支护墙　　　　（b）锚固　　　　　（c）嵌补　　　　（d）灌浆、勾缝

图 5.43　加固措施

2. 被动防治措施

（1）避让措施。对可能发生大规模崩塌地段，即使是采用坚固的建筑物，也经受不了这样大规模崩塌的巨大破坏力，因此必须设法绕避。对沿河谷线路来说，绕避有两种情况：①绕到对岸、远离崩塌体；②将线路向山侧移，移至稳定的山体内，以隧道通过。在采用隧道方案绕避崩塌时，要注意使隧道有足够的长度，使隧道进出口避免受崩塌的危害，以免隧道运营以后，由于长度不够，受崩塌的威胁，因而在洞口又接长明洞，造成浪费和增大投资。

（2）拦截措施。如果山坡的母岩风化严重，崩塌物质来源丰富，或崩塌规模虽然不大，但可能频繁发生，则可采用拦截建筑物，如落石平台、落石槽、拦石堤或拦石墙等措施（图 5.44）。在危岩带下方的斜坡大致沿等高线，修建拦石墙，以拦截上方危岩掉块落石，拦石墙可以是刚性的，也可以是柔性的。

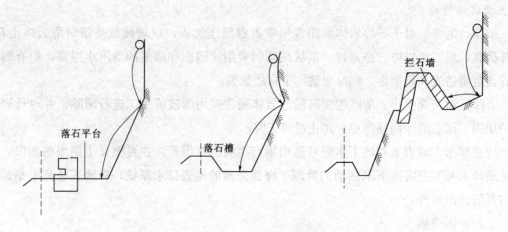

图 5.44　拦截建筑物

（3）SNS 边坡柔性防护系统。SNS 作为一种新型的边坡柔性防护系统，是以钢丝绳网为主要构成部分，并以覆盖（主动防护）和拦截（被动防护）两大基本类型来防治各类斜坡坡面地质灾害和雪崩、岸坡冲刷、飞石、坠物等危害的柔性安全防护系统（图 5.45）。主动防护系统是用以钢丝绳网为主的各种柔性网覆盖或包裹在需防护的斜坡或危石上，以限制坡面岩土体的风化剥落或破坏以及危岩崩塌（加固作用）或者将落石控制在一定范围内运动（围护作用）。被动防护系统是将以钢丝绳网为主的栅栏式柔性拦石网设置在斜坡上相应位置，用于拦截斜坡上的滚落石以避免其破坏保护的对象。

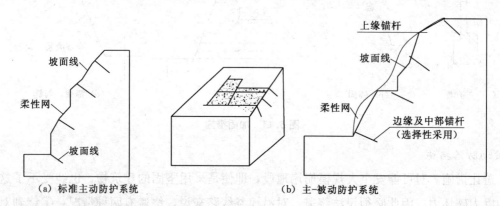

（a）标准主动防护系统　　　　　　　（b）主-被动防护系统

图 5.45　SNS 边坡柔性防护系统

（4）遮挡措施。对中型崩塌地段，如绕避不经济时，可采用明洞、棚洞等遮挡建筑物（图5.46）。明洞或棚洞防治，一方面可遮挡崩落的块石，一方面又可加固边坡下部而起稳定和支撑作用，一般适用于中、小型崩塌。

5.3.3　泥石流防治

经过几十年的泥石流防治实践，我国逐步形成和发展了岩土工程措施与生态工程措施相结合、

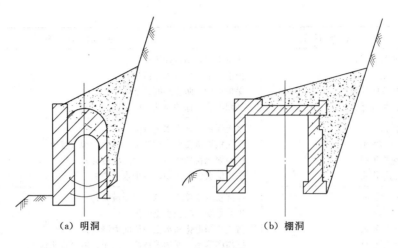

（a）明洞　　　　　　　　　　　（b）棚洞

图 5.46　遮挡建筑物

上下游统筹考虑、沟坡兼治的泥石流综合治理技术，对泥石流流域进行全面整治以逐步控制泥石流的发生发展，达到除害兴利的目的。不同的泥石流沟具有不同的发育特征，其相应的治理措施也应有所不同，主要采取以工程措施为主，兼用生物措施，具体防治措施见表 5.33。

表 5.33　　　　　　　　　　　　　　泥石流整治措施一览表

措施	工程	工程项目	防治作用
工程措施	治水工程	蓄水工程 引水工程 截水工程 控制冰雪融化工程	调蓄洪水，避免或减缓洪峰； 引、排供水，减缓、控制泄洪量； 拦截上方滑坡或水土流失地段径流； 人为促使冰雪提前融化，控制避免大量冰雪提前融化，加固或预先铲除冰碛堤
	治泥工程	拦坝、谷坊工程 拦墙工程 护坡、护岸工程 削坡工程 潜坝工程	拦蓄泥沙、稳固滑坡、节节拦蓄、减缓沟底坡度； 稳固滑坡、崩塌体，拦蓄泥沙； 加固边坡、岸坡，增强坡体抗滑抗流能力； 降低坡角，削减泥石流侵蚀力； 稳固沟床，防止泥石流下切
	排导工程	导流堤工程 顺水坝工程 排导沟工程 导槽工程 明洞工程 改沟工程	排导泥石流，防止泥石流冲淤； 调整导流向，排泄泥石流； 排泄泥石流，防止泥石流漫溢； 在道路上方或下方筑槽排泄泥石流； 以明洞形式排泄泥石； 将泥石流沟口改至相邻沟道
	拦截工程	储淤场工程 拦泥库工程	利用开阔低洼地，蓄积泥石淹； 利用平坦谷地，蓄积泥石流
	农田工程	水田改旱地工程 渠道防渗工程 坡地改梯田工程 田间排水、截水工程 夯实地面裂隙、田边筑便工程	减少水渗透量，防止山体滑坡； 防止渠水渗漏，稳定边坡； 防止坡面侵蚀和水土流失； 排导坡面径流，防止侵蚀； 防止水下渗，拦截泥沙，稳定边坡

续表

措施	工程	工程项目	防治作用
生物措施	林业工程	水源涵养林 水土保持林 护床防冲林 护堤固滩林	改良土壤，削减径流； 护水保土，减少水土流失； 保护沟床，防止冲刷、下切； 加固河堤，保护滩地，防风固砂
	农业工程	梯田耕作 立体种植 免耕种植 选择作物	水土保持，减少水土流失； 扩大植被覆盖率，截持降雨，减少地表径流； 促使雨水快速渗透，减少土壤侵蚀； 选择保水保土作物，减少水土流失
	牧业工程	适度放牧 圈养 分区轮牧 改良牧草 选择保水保土牧草	保持牧草覆盖率，减少水土流失； 扩养草场，减轻水土流失； 防止草场退化和水土保持能力降低； 提高产草率，增加植被覆盖面积，减轻水土流失； 提高保水保土能力，削减土坝侵蚀

1. 工程防治措施

（1）拦挡工程。拦挡工程是工程防治方法中采用最多的措施之一，它是修建在泥石流沟上的一种横向拦挡建筑物，可以将泥石流的大部分冲刷物质拦截于泥石流沟道内停淤，主要有拦沙坝和谷坊两种。其主要功能有：①拦沙截流，减小泥石流的峰值流量和密度，减缓泥石流流速，调节下泄固体物质总量，减轻对下游的冲淤作用；②抬高局部沟床的侵蚀基准，减轻对沟床的下切侵蚀和侧蚀作用，抑制泥石流固体物质的补给量，达到护床固坡的目的；③减缓回淤段的沟床坡降，减轻沟床侵蚀，抑制泥石流发育。但拦沙坝的库容量有限，待坝库容淤满以后，其效用将明显降低。因此，拦沙坝是一项持续性建设工程，建成后需要定期清淤养护。

（2）排导工程。泥石流排导工程是利用已有的天然沟道或者人工开挖及填筑形成的一种开敞式过流建筑物。其主要功能是把泥石流顺畅地排入下游非危险区，以控制泥石流对下游流通区和堆积区的淤埋和冲击作用，因此排导工程主要设置在堆积区。泥石流排导工程能够调节流路，限制漫流，改善沟槽纵坡，调整过流断面，控制泥石流流速和输沙能力，属永久性工程，其特点是工程简单，施工方便，防治效果稳定。通常包括导流堤、急流槽和束流堤三种类型。

（3）防护工程。防护工程包括稳坡固沟和调蓄洪水工程，目的是控制泥石流形成的水动力条件，减少固体物质补给来源，从而防止泥石流发生或者减小泥石流规模。具体措施有：防止坡脚和坡面受到侵蚀和冲刷的护坡、变坡、挡土墙；减轻泥石流下切侵蚀作用的护底工程、浅坝工程；削减洪峰，调节水动力条件，减小对下游松散土体冲刷的调洪水库；隔离上游水土或者将水直接排导到安全地区的排水沟、截水沟、排洪隧道等。通常包括护坡、挡墙、顺坝和丁坝等。

2. 生物防治工程

泥石流防治的生物措施是包括恢复植被和合理耕牧。一般采用乔、灌、草等植物进行科学的配置营造，充分发挥其滞留降水，保持水土，调节径流等功能，从而达到预防和制止泥石流发生或减小泥石流规模，减轻其危害程度的目的。生物措施一般需要在泥石流沟的全流域实施，对宜林荒坡更需采取此种措施。但要正确地解决好农、林、牧、薪之间的矛盾，如果管理不善，很难收到预期的效果。

泥石流的防治宜对形成区、流通区、堆积区统一规划和采取生物措施与工程措施相结合的综合治理方案，并应符合下列要求：①形成区宜采取植树造林、水土保持、修建引水、蓄水工程等削弱水动力措施，修建防护工程，稳定土体。流通区宜修建拦沙坝、谷坊，采取拦截松散固体物质、固定沟床和减缓纵坡的措施。堆积区宜修筑排导沟、急流槽、导流堤、停淤场，采取改变流路，疏排泥石流的措施。②对稀性泥石流宜修建调洪水库、截水沟、引水渠和种植水源涵养林，采取调节径流，削弱水动力，制止泥石流形成的措施。对黏性泥石流宜修筑拱石坝、谷坊、支挡结构和种植树木，采取稳定（岩）土体、制止泥石流形成的措施。

综上所述，无论是工程措施，还是生物措施，泥石流防治都离不开泥石流形成的三个基本条件，即控制水源，减少松散固体物质和改善陡峭的地形。制定具体的治理方案时，除了结合泥石流自身特点和发展规律、流域特征、当地经济条件外，不同类型的防治措施都有自身的优势，把各种措施结合起来，选择合理的防治措施。

5.3.4 地面沉降控制

地面沉降成因主要包括开发利用地下流体资源（地下水、石油、天然气等）、开采固体矿产、岩溶塌陷、软土地区与工程建设有关的固结沉降等，此外还包括新构造运动、动土融化等因素。当前对地面沉降的控制和治理措施可分为以下两类。

1. 表面治理措施

对已产生地而沉降的地区，要根据灾害规模和严重程度采取地面整治及改善环境。其方法主要有：

（1）在沿海低平面地带修筑或加高挡潮提、防洪堤，防止海水倒灌、淹没低洼地区。

（2）改造低洼地形，人为填土加高地面。

（3）改建村庄周围给、排水系统和输油、气管线，整修因沉降而被破坏的交通路线等线性工程，使之适应地面沉降后的情况。对地面可能沉陷地区预估对管线的危害，制定预防措施。

（4）修改村庄建设规划，调整村庄功能分区及总体布局、规划中的重要建筑物要避开沉降地区。

2. 根本治理措施

根本治理措施从研究消除引起地面沉降的根本因素入手，谋求缓和直到控制或终止地面沉降的措施。主要方法有：

（1）人工补给地下水（人工回灌）。选择适宜的地点和部位向被开采的含水层、含油层采取人工注水或压水，使含水（油、气）层小孔隙液压恢复或保持在初始平衡状态。把地表水的蓄积储存与地下水回灌结合起来，建立地面及地下联合调节水库，是合理利用水资源的一个有效途径。一方面利用地面蓄水体有效补给地下含水层，扩大人工补给来源；另一方面利用地层孔隙空间储存地表余水，形成地下水库以增加地下水储存资源。

（2）限制地下水开采，调控开采层次，以地面水源代替地下水源。其具体措施有：①以地面水源的工业自来水厂代替地下供水源；②停止开采引起沉降量较大的含水层而改为利用深部可压缩性较小的含水或基岩裂隙水；③根据预测方案限制地下水的开采量或停止开采地下水。

（3）限制或停止开采固体矿物。对于地面塌陷区，应将塌陷洞穴用反滤层填上，并加松散覆盖层，关闭一些开采量大的厂矿，使地下水状态得到恢复。

5.3.5　地面塌陷控制

地下采矿，造成地面塌陷是必然的。但采取一些科学合理的手段和适当技术方法，可减少地面塌陷的幅度和范围。如地下采煤可采用间歇法、留设煤柱或采取条带法，振动强度大的开采应避开断层和河流等敏感部位，必要时进行预注浆土封堵处理。如遇到突水时，应尽快采取有效的堵水措施，以减少水位的下降速率，防止引发塌陷或减少塌陷。同时，加强矿产资源管理，坚决取缔非法开采的矿井，杜绝非法和不合理采矿事件发生，以达到保护矿柱和岩柱、避免地面塌陷发生之目的。

对于岩溶塌陷治理，在岩溶发育区内严禁抽取地下水。在村庄建设区内严禁抽取地下水，包括建（构）筑物基础施工时大量抽排地下水，防止因地下水位迅速降低而导致岩溶塌陷发生。

对于路面塌陷治理，最有效的办法就是养护。为减少路面的重复开挖，新修路面要求水、电、热、通信等管网一步到位；当开挖路面不可避免时，应尽量少挖并缩短工期，采取有效措施保证回填压实。

对于黄土湿陷治理，采用防水、改土和建筑结构等措施。其中，改土措施的机理是充分破坏湿陷性黄土的大孔结构及管状节理，全部或部分消除地基的湿陷性，从根本上避免或削弱湿陷性。常采用黏性土或灰土垫层、重锤表层夯实、灰土挤密桩、混凝土灌桩和钢筋混凝土预制桩等施工方法。对于湿陷性黄土暗穴治理，一般采用灌砂法、注浆法、回填法、导洞法和竖井法施工。近年来，涌现了一些地基处理新技术与新方法，如土体加筋法、强夯法、孔内深层超强夯法和爆破法等。

5.4　农村火灾防御的工程措施

由于经济实力、历史原因和各地农村建筑风俗等方面因素，农村大部分建筑为土木或砖木结构，农村居民居住的房屋通常有楼房、砖瓦房、木板房、土房、茅草房等，但屋顶大部分由木材、草苫、油毛毡等可燃材料搭建而成，加之门窗多由木质材料制成，屋内多用纸张等易燃、可燃物吊顶，建筑耐火等级低，多为三、四级，甚至连四级也达不到，家中又放置农具、家具等物，一旦发生火灾，很短时间内就会造成房屋的坍塌，造成人员伤亡。因此，加强农村房屋建筑的防火措施研究与实施，将对农村火灾防御和减轻火灾损失起到不容忽视的作用。

5.4.1　农村建筑结构防火保护方法

农村建筑中，木结构、砌体结构较多，混凝土结构和钢结构也有一定量的分布。与钢结构和木结构相比，混凝土和砌体的耐火性能良好，一般不需进行防火保护，如有特别需要时，可对混凝土或砌体结构中的钢筋进行涂抹防火涂料的处理。钢结构耐火性能很差，在火灾中钢结构构件容易发生软化；木结构本身为可燃物，从火灾安全角度考虑，必须进行防火保护。本节将重点介绍钢结构和木结构的防火保护方法。

1. 农村钢结构建筑防火保护主要方法

钢结构防火保护的原理是采用绝热或吸热的材料或阻隔热量向钢结构传递积累的速度，推迟钢结构温升和强度减弱的时间。目前，世界各国对钢结构的防火保护有多种方法，这些方法从原理上来说可分为两种：截流法和疏导法。

(1) 截流法。截流法的基本原理是截断或阻滞火灾产生的热量传到钢构件上，使构件在规定的时间内温度不超过临界温度，具体的方法是在构件表面设置一层保护材料，火灾产生的高温首先传给这些保护材料，再由保护材料传给钢构件，由于保护材料的导热系数较小，而热容量又较大，所以能够很好地阻滞高温向构件的传导，保护构件。根据保护材料、施工工艺和适用性的不同，截流法又分为喷涂法、包封法、屏蔽法和水喷淋法。

1) 喷涂法。喷涂法是用喷涂机具将防火涂料直接喷涂在构件表面，形成保护层（图 5.47）。钢结构防火涂料的品种较多，根据防火机理可分为两类：一类是薄涂型防火涂料（B 类），亦即钢结构膨胀防火涂料；另一类是厚涂型涂料（H）类，即钢结构防火隔热材料。

2) 包封法。包封法是最常见的也是最基本的钢结构保护方法，它是用耐火材料把构件包裹起来。包封的材料有防火板材，陶粒混凝土，砖、钢丝网抹灰粉刷等。混凝土，砖、钢丝网抹耐火砂浆为传统包封材

图 5.47 喷涂法实例

料，它们本身具有耐火性能，根据厚度的不同耐火极限也不同。因此，可以用来包裹钢构件，使钢构件达到一定的耐火极限（图 5.48）。

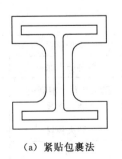

(a) 紧贴包裹法

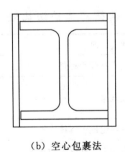

(b) 空心包裹法

(c) 实心包裹法

图 5.48 包封法示例

3）屏蔽法。屏蔽法是把钢构件包裹在耐火材料组成的墙体或吊顶内，主要适宜用于钢结构的屋盖系统的保护。屏蔽法与包封法的区别是：包封法中保护材料与构件紧密相挨；屏蔽法中保护材料与构件之间有一定的空间，因此吊顶的接缝和孔洞处应严密，防止串火（图 5.49）。

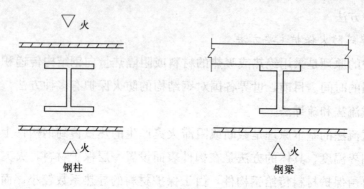

图 5.49　屏蔽法示例

4）水喷淋法。水喷淋法是用水作保护材料，它是在钢结构顶部设喷淋供水管网，火灾时自动启动（或手动）开始喷水，在构件表面形成一层连续流动的水膜，从而起到保护作用。它类似防火卷帘的保护水幕。这种方法广泛应用于高层建筑中。

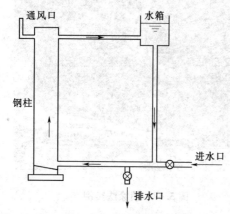

图 5.50　充水冷却法示例

（2）疏导法。疏导法允许热量传到钢构件上，但它可通过设置的系统把热量导走或消耗，从而使钢构件的温度不至于高到临界温度，以起到保护作用。疏导法的应用国内外仅有充水冷却这一种方法。该方法是在空心封闭的钢构件（主要为柱）充满水连成管网，火灾发生时构件把从火场中吸收的热量传给水，依靠水的蒸发消耗热量或通过循环把热量带走，使钢构件的温度控制在 100℃ 左右（图 5.50）。从理论上讲，这是钢结构保护最有效的方法。

总结各种工钢结构保护方法的原理、做法、采用材料及适用范围，具体内容见表 5.34。

表 5.34　　　　　　　　　　　　钢结构保护法比较

方法	做法	原理	保护材料	适用范围
截流法	喷涂法	用喷淋机具将防火涂料直接喷涂构件表面	各种防火涂料	任何钢结构
	包封法	用耐火材料把构件包裹起来	防火板材、混凝土、砖、砂浆	钢柱、钢梁
	屏蔽法	把钢构件包藏在耐火材料组成的墙体或吊顶内	防火板材	钢屋盖
	水喷淋法	设喷淋管网，在构件表面形成连续流动水膜	水	大空间钢结构
疏导法	充水冷却法	空心构件冲水，依靠水的蒸发消耗热量或通过水循环把热量导走	充水循环	钢柱

2. 农村木结构建筑防火保护方法

目前，木结构建筑的防火主要包括材料防火和结构防火两方面。

（1）材料防火。木材是天然高分子有机化合物，由90%的纤维素、半纤维素、木素及10%的浸填成分（挥发油、树脂、鞣质和其他酚类化合物等）组成。在火灾中，木材温度可高达800～1300℃。阻燃处理可以有效地减慢木材的热分解反应。因此，木结构住宅，特别是在室内，应尽量使用阻燃性材料。

木材阻燃处理大致可分为两类：一类是溶剂型阻燃剂的浸渍法，另一类是防火涂料（又称阻燃涂料）的涂布法。常用的工艺有3种：①深层处理：通过一定手段使阻燃剂或具有阻燃作用的物质，浸注到整个木材中或达到一定深度，如采用浸渍法和浸注法；②表面处理：在木材表面涂刷或喷淋阻燃物质，但这种方法不宜用于成材处理；③贴面处理：在木材表面覆贴阻燃材料，如无机物、金属薄板等非燃性材料，或经过阻燃处理的单板等，或在木材表面注入一层熔化了的金属液体，形成所谓的"金属化木材"。市场上常见的木材阻燃产品，大多是采用聚磷酸铵或以氨基树脂固定的阻燃剂。

（2）结构防火。目前在结构上，主要采用全封闭的耐火石膏板装修。石膏板不仅能自然调节室内外的湿度，也是极好的阻燃材料，所以这种组合墙体的耐火能力极强，与砖石或钢混住宅的防火性能相当。

3. 典型农村建筑结构防火改造措施

农村建筑的防火改造措施，一方面要从安全性考虑，措施要尽可能提高结构耐火性能，保障人民生命财产安全；另一方面也要从经济性考虑，应充分考虑农村的实际经济状况，尽量降低成本。

（1）在农村建筑中，对于钢筋混凝土框架结构的建筑，钢筋的保护层厚度和截面尺寸是影响结构耐火能力的主要因素，可通过增加保护层厚度、增加截面尺寸、设置防火保护层（包括喷涂防火涂料、抹水泥砂浆、贴防火板）、限制柱的轴压比等措施增加结构的耐火能力。对于砌体结构，通过火灾风险评估，对火灾危害较大的房间的外墙适当增加拉结钢筋与构造柱连接，可增加结构的整体性，增加结构抗火灾倒塌的能力。

（2）钢管混凝土结构、型钢混凝土结构的耐火性能优于钢结构，而造价低于钢结构，建议采用。为了适当节约钢材，建议对钢管混凝土柱或节点进行防火保护，保护措施可采用喷涂钢结构涂料、抹水泥砂浆或粘贴防火板等措施，当喷涂的涂料较厚时以及抹水泥砂浆时需增加金属网面，以增加防火保护层的粘接能力。防火保护层厚度计算和具体构造措施可参考内蒙古自治区工程建设标准《钢管混凝土结构技术规程》（DBJ 03-28—2008）、河北省工程建设标准《钢管混凝土结构技术规程》[DB13（J）/84—2009]。

（3）对于轻钢龙骨结构房屋可采用喷涂防火涂料和粘贴防火板的方法增加耐火能力。

（4）在农村，木结构一般用于住宅。独幢木结构房屋的防火性能，取决于房屋中构成屋顶、墙壁和地板所用的建筑材料及其整体装修材料的种类。推荐采用全封闭的耐火石膏作为防火保护方法。对经济困难的地区，可进行火灾风险评估，对于火灾风险较大的房间，如柴房、厨房、仓库等，采用表面法进行喷涂防火涂料。

（5）在进行以上防火改造措施同时，还应该在建筑的角部结点及易起火房间角部结点进行加固。通过对典型农村住宅和公共建筑的火灾结构反应分析得出建筑的角部节点及易起火房间角部节点变形较大，应进行加固，保证结构在火灾中不失效。

5.4.2　农村建筑与设施的防火措施

农村建筑物的防火措施应满足耐火等级和建筑构造的一般要求。

1. 农村建筑耐火等级要求

（1）农村厂（库）房和民用建筑的耐火等级、允许层数、允许占地面积及建筑构造防火要求应符合现行国家标准《农村建筑防火规范》（GB 50039—2010）的要求；新建的各种建筑，应当建造一级、二级耐火等级的建筑，控制三级建筑，严格限制四级建筑。

（2）对于既有农村建筑，应结合当地技术经济条件，逐步提高住宅建筑耐火等级，逐步改善建筑耐火性能。

（3）旧区耐火等级低的老建筑在有条件时应逐步加以改造，采取提高耐火等级等措施消除火灾隐患。

（4）农村建筑构造和构件选用应因地制宜，力争提高建筑耐火等级，建筑构件应采用不燃烧体或难燃烧体，耐火极限应满足表 5.35～表 5.37 的要求。

表 5.35　　　　　民用建筑的耐火等级、允许层数、允许占地面积、允许长度

耐火等级	允许层数	允许占地面积/m²	防火区允许长度/m
一、二	五	2000	100
三	三	1200	80
四	一	500	40
	二	300	20

注　体育馆、剧院、商场的长度可适当放宽。

表 5.36　　　　　厂（库）房的耐火等级、允许层数和允许占地面积、允许长度

火灾危险性分类	耐火等级	允许层数	一栋建筑的允许占地面积/m²
甲、乙	一、二	二	300
丙	一、二	三	1000
	三	二	500
丁、戊	一、二	五	不限
	三	三	1000
	四	一	500

注　1. 甲、乙类厂房和乙类库房宜采用单层建筑；甲类库房采用单层建筑。
　　2. 单层乙类库房，占地面积不超过 150m² 时，可采用三级耐火等级的建筑。
　　3. 火灾危险性分类，应符合《农村防火规范》（GB 50039—2010）附录二、三的规定。

表 5.37　住宅建筑构件的燃烧性能和耐火极限　单位：h

构件名称		耐火等级			
		一	二	三	四
墙	防火墙	不燃性	不燃性	不燃性	不燃性
		3.00	3.00	3.00	3.00
	非承重外墙、疏散走道两侧的隔墙	不燃性	不燃性	不燃性	难燃性
		1.00	1.00	0.75	0.75
	楼梯间的墙、电梯井的墙、住宅单元之间的墙、住宅分户墙、承重墙	不燃性	不燃性	不燃性	难燃性
		2.00	2.00	1.50	1.00
	房间隔墙	不燃性	不燃性	难燃性	难燃性
		0.75	0.50	0.50	0.25
柱		不燃性	不燃性	不燃性	难燃性
		3.00	2.50	2.00	1.00
梁		不燃性	不燃性	不燃性	难燃性
		2.00	1.50	1.00	1.00
楼板		不燃性	不燃性	不燃性	难燃性
		1.50	1.00	0.75	0.50
屋顶承重构件		不燃性	不燃性	难燃性	难燃性
		1.50	1.00	0.50	0.25
疏散楼梯		不燃性	不燃性	不燃性	难燃性
		1.50	1.00	0.75	0.50

2. 村庄建筑物防火间距要求

(1) 一般民用建筑防火间距。民用建筑的可燃物较少，与一些厂房或库房相比火灾危险性小，起火后对周围环境的影响范围也较小。在报警及时的情况下，消防人员一般可在火灾初始阶段到达现场。当三级耐火等级的民用建筑起火时，能会对站在 7m 前后的灭火人员构成较大威胁，而对处在 8m 外的其他三级耐火等级建筑，如果没有水枪射水冷却便会起火。因此，对三级与三级耐火等级的民用建筑物可采用 8m 的防火间距，四级与四级耐火等级的民用建筑物之间可增大到 12m，而一、二级耐火等级民用建筑物的防火间距可减小到 6m。在村庄建筑物整治过程中必须保证予以满足建筑物防火间距的最低要求见表 5.38。

表 5.38　一般民用建筑的防火间距

防火间距/m 耐火等级　　　　　　耐火等级	一、二	三	四
一、二	6	7	9
三	7	8	10
四	9	10	12

注　两栋建筑相邻较高一面的外墙为防火墙或两相邻外墙均为非燃烧体实体墙，且无外露可燃屋檐时，其防火间距不限。

（2）厂房和库房的防火间距。厂房和库房不同于民用建筑，厂房或库房内由于设备、电器和可燃物资比较多，火灾的危险性也就较大。一旦失火，燃烧产生的有害物质对周围环境的影响也会比较大。因此，此类建筑的防火间距应适当加大，特别是那些存储易燃易爆物品的仓库，防火间距要更大一些。在村庄整治过程中，厂（库）房的防火间距不宜小于表 5.39 的规定。

表 5.39　　　　　　　　　　　　　　厂（库）房之间的防火间距

防火间距/m　耐火等级　耐火等级	一、二	三	四
一、二	8	9	10
三	9	10	12
四	10	12	14

注　1. 防火间距应按照相邻建筑物外墙的最近距离计算，如外墙有凸出的燃烧构建，则应从凸出部分外缘算起。
　　2. 散发可燃气体，可燃气体的甲类厂房之间或与其他厂（库）房之间的防火间距，应按本表增加 2m，与民用建筑的防火间距不应小于 25m。
　　3. 甲类物品库房之间以及一、二、三级耐火等级的厂（库）房之间的防火间距不应小于 12m，甲、乙类物品库房与民用建筑之间的防火间距不应小于 25m。
　　4. 两栋建筑相邻较高一面的外墙为防火墙或两相邻外墙均为非燃烧体实体墙，且无外露可燃屋檐时，其防火间距不限。但甲类厂房之间不宜小于 4m。
　　5. 厂房附设有化学易燃物品的室外设备时，其外壁与相邻厂房室外设备外壁之间的防火间距，不应小于 8m。室外设备外壁与相邻厂房外墙之间的防火间距，不宜小于本表规定。

（3）堆场、贮罐的防火间距。甲、乙、丙类液体贮罐区，乙、丙类液体桶装露天堆场以及易燃、可燃材料堆场在发生火灾时会对周围建筑物产生很大影响，因此，防火等级要求较高，防火间距也相应较大，在村庄整治过程中，其防火间距不宜小于表 5.40 和表 5.41 的规定。

表 5.40　　　　　　　　　　　液体贮罐、堆场与建筑物的防火间距

总贮量/m³		火灾危险性分类	耐火等级		
			一、二	三	四
			防火间距/m		
贮罐区或堆场	1～50	甲、乙	12	15	20
		丙	10	12	18
	50～100	甲、乙	15	20	25
		丙	12	18	20

注　1. 贮罐区或堆场的防火间距应从最近的罐壁或桶壁算起。
　　2. 一、二、三级耐火等级的建筑，当相邻外墙无门窗洞口，且无外露的可燃屋檐时，乙、丙类液体贮罐或堆场与建筑物的防火间距，可按本表防火间距，减少 20%。
　　3. 甲类桶装液体不应露天堆放。
　　4. 火灾危险性分类应符合《农村防火规范》（GB 50039—2010）附录三的规定。
　　5. 甲、乙类液体储罐和乙类液体桶装露天堆场，距明火或散发火花地点的防火间距不宜小于 30m，距民用建筑不宜小于 25m；距主要交通道路边沟外沿不宜小于 20m。

表 5.41 易燃、可燃材料堆场与建筑物的防火间距

堆 场 名 称	堆场总储量	耐火等级		
		一、二	三	四
		防火间距/m		
粮食土圆仓、席芫囤	30~500t	8	10	15
	501~5000t	10	12	18
棉、麻、毛、化纤、百货等	10~100t	8	10	15
	101~500t	10	12	18
稻草、麦秸、芦苇等	50~500t	10	12	18
	501~5000t	12	15	20
木材等	50~500m³	8	10	15
	501~5000m³	10	12	18

注 1. 易燃、可燃材料堆场与甲、乙类液体贮罐和甲、乙类可燃气体贮罐的防火间距，不宜小于25m；与丙类液体贮罐和乙类助燃气体贮罐的防火间距，不宜小于20m。

2. 室外电力变压器与甲、乙类液体贮罐和易燃、可燃材料堆场的防火间距，不宜小于25m；与丙类液体贮罐的防火间距不宜小于20m。

（4）一、二级耐火等级建筑之间或与其他耐火等级建筑之间的防火间距不宜小于4m，当符合下列要求时，其防火间距可相应减小：①当建筑相邻外墙上的门窗洞口面积之和小于等于该外墙面积的10%且不正对开设时，建筑之间的防火间距可减少50%；②当一、二级耐火等级的建筑的外墙高于耐火等级较低的建筑物，且相邻外墙有一面为防火墙时，防火间距不限；③两相邻外墙均为不燃烧体实体墙，且无外露可燃屋檐时，防火间距不限；④当成组布置时，每组占地面积不应超过2500m²，且组与组之间的防火间距不应小于10m，其组内建筑的防火间距不限。

（5）三、四级耐火等级建筑之间的防火间距不宜小于6m，当符合下列要求时，其防火间距可相应减小：①当建筑相邻外墙上的门窗洞口面积之和小于等于该外墙面积的10%且不正对开设时，建筑之间的防火间距可减少25%；②当建筑的外墙高于耐火等级较低的建筑物，且相邻外墙有一面为防火墙时，防火间距不限；③两相邻外墙均为不燃烧体实体墙，且无外露可燃屋檐时，防火间距不限；④当成组布置时，每组占地面积不应超过1200m²，且组与组之间的防火间距不应小于12m，其组内建筑的防火间距不限。

3. 其他防火要求

（1）农村电气线路与电气设备的安装使用应符合现行国家有关电气设计技术规范和国家标准《农村建筑防火规范》（GB 50039—2010）的有关规定。消防用电应符合现行国家标准《建筑设计防火规范》（GB 50016—2014）的有关规定。农村建筑电气应做接地，配电线路应安装过载保护和漏电保护装置，电线宜采用线槽或穿管保护，不应直接敷设在可燃装修材料或可燃构件上，当必须敷设时应采取穿金属管、阻燃塑料管保护。

（2）现状存在火灾隐患的公共建筑，应根据《建筑设计防火规范》（GB 50016—2014）等国家相关标准进行整治改造。

（3）农村应积极采用先进、安全的生活用火方式，推广使用沼气、太阳能利用技术和集中供热。火源和气源的使用管理应符合国家标准《农村建筑防火规范》（GB 50039—2010）的有关规定。

（4）保护性文物建筑应建立完善的消防设施。

（5）设置在居住建筑内的厨房宜符合下列规定：①靠外墙设置；②与建筑内的其他部位采取防火分隔措施；③顶棚或屋面采用不燃或难燃材料。

（6）农村宜在适当位置设置普及消防安全常识的固定消防宣传栏；在易燃易爆区域应设置消防安全警示标志。

5.4.3　适用于农村地区消防设施与防火技术

1. 适用于农村建筑的消防设施

随着消防事业的不断发展，消防设施功能和种类都有了很大的改变，但是对于农村建筑，进行消防设施改造和研制必须结合农村的经济技术水平，适合农村建筑的消防设施，应具备经济性、实用性和简便性等特点。

（1）家用轻型消防水龙。在日常生产、生活当中，由于各种原因而引起的火灾，都会造成人员、财产的损失，而许多火灾往往是由于扑救不及时，加重了火情。因此，城市建筑中要求配置消火栓，保证在火灾初期能够进行灭火和有效控制。在广大农村地区，农户、商店、餐馆、办公室等场所几乎没有任何消防设备，在农村发生火灾时，由于城镇的消防站距离农村有一定的距离，消防部门的消防车需要较长时间才能到达火灾现场，所以当消防车到达现场时，火势已经变大，难以控制，造成不必要的经济损失。随着农村饮水工程的普及，自来水在农村比较普遍，迫切需要研制一种能与自来水系统相连、适用范围广、经济实用、使用方便的轻型消火栓，以便在农村单位、家庭以及公共场合使用。

1）结构特点。本简易消防水枪（图 5.51）设计简单。水枪的各个接口都采用快接口配置，组装方便，能避免由于安装失误而出现漏水现象。快装接头与水枪的枪尾的尺寸大小匹配，能实现即插即用。

2）结构组装。

a. 消防水枪外观侧面示意图如图 5.51（a）所示，水枪主体部分由喷水调节头、喷腔、手柄、开关把手和枪尾组成。

b. 本装置设计了与自来水管连接的快装接头座，配以快装接头，橡胶水管，与消防水枪枪尾连接的地方另配有快装接头，快装接头连接水管的端部设置了卡紧圈。

3）使用指南。

a. 打开水龙头进行加压，多功能水枪头部设置了可旋转的喷水调节头，只需旋转就可以控制水流喷出形式，喷出水流的形状分为花伞状、淋浴状、直冲状、雾状。

b. 通过拧紧螺帽可以把开关把手的上部与阀门调节拉杆的后端相连，拧紧和拧出螺帽可实现最大出水量控制。

c. 为避免因需要长时间用水时导致的手部疲劳情况发生，在阀门调节拉杆左右移动的路径外部设置了卡环，如果需要长时间喷水，可以把卡环卡住开关把手的上部，这样阀门调节拉杆就被固定住，实现不间断的长时间喷水。

4）维护与保养。当灭火完毕，应松开水枪手柄，应使喷头朝下排出喷头的中的剩余水量，避免水枪中金属部件生锈。

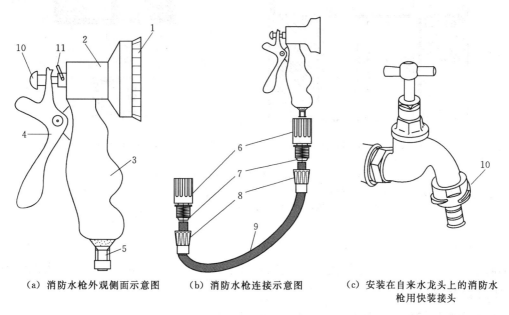

（a）消防水枪外观侧面示意图　　　（b）消防水枪连接示意图　　　（c）安装在自来水龙头上的消防水枪用快装接头

图 5.51　家用轻型消防水龙示意图
1—喷水调节头；2—喷腔；3—手柄；4—开关把手；5—枪尾；6—快装接头；7—卡紧圈；
8—橡胶水管接头；9—橡胶水管；10—快装接头座；11—卡环；12—螺帽

（2）多功能家用消防水池。目前，在广大的农村，消防设施比较滞后，消防设施严重缺乏，农民的防火意识比较淡薄。在我国的干旱严重的乡村地区，水源不足的先天性缺陷始终是制约农村消防自我防护的瓶颈。在遇到比较严重、复杂的火灾时，由于路途、路况所限，以及没有专用消防通道和专用水源，当火灾发生时没有备用的消防用水，往往使农民措手不及，造成很大损失，严重危害了农民的生命财产安全。加之青壮年多数外出打工，留在村子里的都是老人及小孩，给做好消防安全工作带来了一定的难度，安全工作难以真正落实到位。因此改善农村消防水源条件，提高村民消防安全意识，成为亟待解决的关键问题，而要解决水源问题，修建家用多功能消防水池势在必行。

1）性能指标。消防水池是在建在地下，因为地下温度比较低，水不容易变质；由于在地下，水池中的水可以防冻，而且不易蒸发。蓄水池被分割的净水池（饮用水）和消防水池之间有隔墙隔开，墙上装有虹吸单向阀，单向阀是控制水只能向一个方向流动的，是利用水自身的重力作用实现的。总水池体积建议 2m×2m×2m，雨水池和净水池各占一半容积（图5.52）。

2）使用范围。适用于干旱农村地区，建议以家庭为单位进行设置。

173

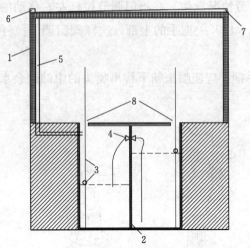

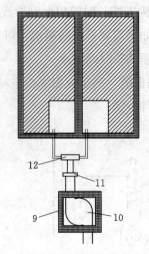

（a）平屋顶房子和水池侧剖面示意图　　　（b）水泵及管线与消防水池连接方式俯视图

图 5.52　消防水池及附属设备结构示意图

1—墙体；2—隔墙；3—梯子；4—虹吸单向阀；5—雨水管；6—挡水板；7—屋顶斜坡；
8—检修口；9—墙体；10—离心泵；11—过滤器；12—三通转向阀

3）建设要求。

a. 消防水池应设置在地下，因为地下温度比较低水不容易变质，由于在地下，水池中的水可以防冻，而且不易蒸发。

b. 水池底部做防渗处理，侧墙用石头或者砖砌好，并做好防渗处理。

c. 蓄水池被分割的净水池（饮用水）和消防水池之间有隔墙隔开，墙上装有虹吸单向阀，单向阀是控制水只能向一个方向流动的，利用水自身的重力作用实现的。

d. 消防水池通过管理应与设置屋顶的挡水槽相连，主要来源应为雨水。

4）使用指南。

a. 消防池中水源以雨水为主，可以借助斜坡屋顶或者平屋顶上的预先构筑的微小斜坡流入挡水板下面的水槽，接雨水管道到消防池。

b. 用消防水池设置浮球标尺观察液位，用一固定在水池底部的细滑棍穿过浮球，这样就避免了浮球在水池里乱动造成测量水位不准的情况的发生，通过观察浮球标尺可知水池液位。

c. 在久旱无雨时，可通过购买饮用水水源放入净水池，并对消防水池予以补充，保持有效液位。

d. 在火灾发生时，可以用离心泵，抽取消防水池中的水配以简单消防水枪直接达到在火灾初期及时灭火的目的，当遇到消防水池的水用没了的情况时，通过调整三通转向阀上的阀门可以变方向抽取饮用水池中的水。

5）维护与保养。

a. 在水泵的入口处放置个过滤器，达到防止腐蚀水泵的效果。

b. 在屋顶的收集雨水的管道入口处应设置过滤网，防止树叶等进入雨水管。

c. 在消防水池的进水管上设置旁通阀，当雨水过大至消防池满时开启旁通阀，使雨水不再流入消防水池。

d. 消防水池要定期进行底部和侧墙的防渗检查，如果出现渗水及时进行修补。

（3）家用灭火毯。随着城市以及农村地区城镇化发展，居室装修趋于高档化、家用电器类型增多。而且在农村地区，青年人到城市打工，留守人员多位老人、妇女、和儿童，因此对于家庭发生火灾的处理能力弱，容易造成家庭财产和人员伤亡。家用灭火毯技术不仅可以灭火，必要时还可以帮助紧急逃生，能够成为生命和家庭财产的护身符（图5.53）。

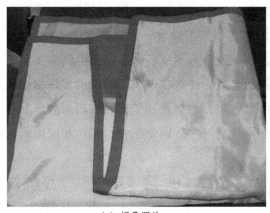

（a）折叠照片　　　　　　　　　（b）灭火毯展开照片

图5.53　家用灭火毯照片

1）灭火毯性能指标。

a. 耐火等级：B1级，符合BS EN1869—2001标准。

b. 特殊涂层处理，灭火性能好。

c. 尺寸1000mm×1000mm，体积小、重量轻、易储存、寿命长。

2）使用技术规程。

a. 灭火。起火时，迅速拉下紧急手柄，双手手心朝向毯面方向插向手柄内，展开灭火毯，扑向并完全盖住火源，直到火焰完全熄灭。

b. 逃生。火灾发生时，取出灭火毯，披到身上，用毯子裹住头部及身体后迅速离开火灾现场。

c. 救助。火灾发生时，用灭火毯裹住困境的人，然后提起手柄，迅速离开现场。

3）使用步骤。

a. 将灭火毯固定或放置于比较显眼且能快速拿取的墙壁上或抽屉内。

b. 当发生火灾时，快速取出灭火毯，双手握住两根黑色拉带。

c. 将灭火毯轻轻抖开，作为盾牌状拿在手中。

d. 将灭火毯轻轻的覆盖在火焰上，同时切断电源或气源。

e. 灭火毯持续覆盖在着火物体上，并采取积极灭火措施直至着火物体完全熄灭。

f. 待着火物体熄灭，并于灭火毯冷却后，将毯子裹成一团，作为不可燃垃圾处理。

g. 如果人身上着火，将毯子抖开，完全包裹于着火人身上扑灭火源，并迅速拨打急救电话 120。

4）维护与保养。

a. 请将灭火毯置于方便易取之处（例如室内门背后、床头柜内、厨房墙壁等），并熟悉使用方法。

b. 每 12 个月检查一次灭火毯。

c. 如发现灭火毯有损坏或污染请立即更换。

（4）农用高效、节水型机动消防车。目前，我国农村的消防基础非常薄弱，农民的火灾意识比较淡薄，重、特大火灾时有发生，往往一起重、特大火灾就使得数十或者数百农家由温饱小康重返贫困。在遇到火灾时，一般采用比较原始的方法，如用脸盆、水桶端水灭火，灭火的效果非常差。特别是当遇到重、特大火灾时，这种灭火方法更显得力不从心，而城市的消防车由于并不适应于农村的路况和环境条件，同时在农村没有专用的水源，往往在造成了较大的经济损失之后才赶到，对农民兄弟的生命财产造成了严重的损失。而通过多方的调查和了解，农用消防车的开发应用比较滞后。为适应当前的社会主义新农村建设，必须开发一种适用于在农村推广和应用的经济适用的简易农用消防车（图 5.54）。

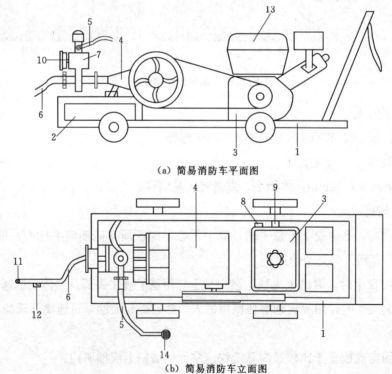

（a）简易消防车平面图

（b）简易消防车立面图

图 5.54（一）　农用高效、节水型机动消防车

1—农用车；2—水箱；3—汽（柴）油机；4—水泵；5—消防进水管；6—消防出水管；7—定压罐；
8—汽（柴）油机风门；9—汽（柴）油机油门；10—压力表；11—高压喷头；12—细水雾系统
开关；13—汽（柴）油机油箱；14—过滤装置

（c）机动消防车使用现场照片

图 5.54（二） 农用高效、节水型机动消防车

1）适用范围。该消防车适用于经济条件一般的农村配备使用，用于扑灭初期阶段的火灾。尤其适用于远离城镇，面临火灾时，短期内得不到消防队伍支援的地方使用。

2）农用消防车性能特征。

a. 耗水量小，利用细水雾系统灭火效果好，这对于农村紧急状态下取水不便时尤其重要。

b. 装置体积轻巧，可以放置在农用三轮车，或者两轮摩托上，携带方便。

c. 该消防车靠细水雾系统为高压喷头（由汽油机带动柱塞泵）可以在短时间内进行加压，并提供 4.0MPa 左右的压力，系统性能稳定。系统对泵本身的比直接用泵抽水灭火要求降低。

3）结构特点。该农用消防车由农用车及加装在农用车上的消防系统组成。其消防系统包括有一进水口和一出水口的水箱、通过消防水管与水箱出水口相连接的水泵、与水泵出水口相连接的柱塞泵和提供动力的汽（柴）油机以及与相连接的细水喷雾系统。水箱内设置有专门的过滤装置。系统的各个部分之间连接构造简单明确，便于组装使用。同时该农用消防车利用定压罐提供压力，对于泵本身的比直接用泵抽水灭火要求降低。

4）结构组装。

a. 该农用消防车主要由农用车（农用三轮车或农用摩托车）及加装在农用车上的消防系统组成，如图 5.54 所示。消防系统包括水箱、水泵、定压罐和细水雾系统。其中在水箱内设置有过滤装置，水泵与水箱的出水口相连，定压罐与水泵的出水口相连。在水箱的入水口处设置有水箱盖。

b. 发生火灾时可以迅速地将所需的消防设备放置在农用车上加以固定，同时将水箱进行注水，迅速的赶往火场实施扑救。

5）使用指南。

a. 取出水箱，将水箱盖取下以便向水箱中注水，直至注满为止。

b. 将注满水的水箱放置于农用车上并加以固定，使其不能够发生大幅度的晃动。

c. 将普通消防水管，柴油泵，消防水管和消防水管输出接头各部分相连接。

d. 启动农用车开至灭火区域，打开汽油机的风门和油门，发动汽油机。

e. 汽油机带动活塞泵进行加压，观察压力表，直至压力达到 4.0MPa。

f. 打开细水雾喷头，将喷头对准火场上方进行灭火。

g. 在灭火过程中，可以在水箱中的水量尚未用完的情况下，不断通过其他的容器为其注水，保证灭火工作的连续性。

6）维护与保养。

a. 当灭火完毕，应将水箱和消防水管中的剩余水量清理干净，并将水箱、水管接口处和喷头加以清理，以免有杂质存留堵塞喷头，影响其使用寿命。

b. 该装置的汽油机系统在平时应该关闭油门和风门。

c. 备用情况下细水雾的系统的取水口应保持干净，喷水口应该外加塑料薄膜进行保护，以免堵塞。

d. 要定期检查汽油机的油位，定期进行设备维护。

2. 适用于农村建筑的低造价防火构件

（1）农村地区用秸秆防火墙。已有轻型隔墙板主要由粉煤灰，砂石，水泥，石膏粉和玻璃丝等材料配制组成。虽然密度比实心黏土砖要小许多。但就其本身而言，实际重量仍比较重，面密度（60mm 厚）达 70～100kg/m²，施工不便。另一类轻体板类材料，如以打孔的聚苯板为芯材外覆水泥砂浆而成的板材，强度差，只能作为贴面保温板使用。而且由于其使用的是整张聚苯板，成本较高。因此，迫切需要发明一种重量轻、且适合农村地区使用的秸秆墙体。与此同时，我国有丰富的秸秆资源，年产量可达 7 亿多 t，其中 60% 为稻麦、玉米秸秆，约为 4 亿 t，同时用于还田、沼气和饲料的秸秆约占 30%～40%，而总量的 60%～70%（约 2.5 亿 t）长期以来没有得到经济合理的开发利用，以至于农民在秋收季节焚烧秸秆，造成公害，并且这种情况一直没有得到有效地改善。用秸秆为原料制造轻型墙体代替部分黏土砖的使用，符合国家发展循环经济，建设节约型社会的需要。

1）适用范围。根据秸秆墙各项性能特点，该秸秆石膏轻型板材适用于建筑物的内墙隔断、非承重墙等建筑部位。

2）秸秆石膏轻型板材性能指标。该类型墙板经检测各项性能见表 5.42。

以秸秆为原材料制成的墙板，质量仅是一般红砖的 1/16，强度相当于 190 号混凝土，并且无毒无味、防水防火性能很好，安装非常方便。用这种材料房子的总造价可降低 8%～15%。

3）秸秆墙特点。秸秆墙的制作方法科学合理，性能稳定可靠，墙体有较好的防震、防水和阻燃性能，同时隔音效果好，并且生产工艺简单。

表 5.42   秸秆墙性能检测指标

抗冲击性能	大于 8 次	面密度/(kg/m²)	65（60mm 厚）
抗弯破坏载荷/自身重量倍数	2	干燥收缩率/(mm/m)	0.46
抗压强度/MPa	4.2	吊挂力/N	1068
软化系数	0.7	空气隔声量/dB	35

4）秸秆墙的主要组成。包括下面按重量份数计的材料配制组成：熟石膏：90～110，粉碎秸秆（5～10mm）：20～40，可再分散乳胶粉（是由一种醋酸乙烯酯与叔碳酸乙烯酯－VeoVa 或乙烯或丙烯酸酯等二元或三元的共聚物，经过喷雾干燥得到的改性乳液粉末）：0.2～0.4，石膏缓凝剂：0.5～0.7，聚乙烯醇（PVA）粉：0.2～0.4，白水泥：5～15 和消泡剂：0.1～0.2。

5）秸秆墙制作工艺。

a. 将稻麦秸秆用秸秆粉碎机粉碎至规定长度（5～10mm），放入反应釜，加入清水调节，水的质量为秸秆质量的 2 倍，盐酸调节 pH 值到 5～6，同时升温到 50～60℃。

b. 加入秸秆质量千分之一的纤维素酶，搅拌 60 分钟，加入水玻璃调节 pH 值到 9，使酶失活。

c. 出料，离心机滤除水分，晾干待用。

d. 分别取如下成分，按重量份数计：煅烧的石膏粉 90～110、预处理好的粉碎秸秆粉 20～40、水 30～50 以及石膏缓凝剂 0.5～0.7、可再分散乳胶粉 0.2～0.4、聚乙烯醇粉末 0.2～0.4，白水泥 5～15 和消泡剂 0.1～0.2，按要求比例在搅拌机内混合均匀。

e. 将混合好的分散性混合物放到铺装机铺装成板坯，在常温和压力为 5kPa 的情况下紧固冷压成板。

f. 将板坯计量齐边，堆垛加压用锁紧器螺栓紧固到底锁模、开模。

g. 将板坯拆垛，然后将其干燥。

h. 将板坯锯边分等堆垛，然后砂光，完成后即可将墙板入库储存。

（2）农村地区用阻火包。随着农村地区物质文化生活水平的不断提高，电力设施如各种类型的变电站建设逐年增加。而电线电缆一般集中在电缆通道内部或电缆沟内，并穿越各种各样的管道。通常电线电缆是用聚乙烯、聚氯乙烯等可燃性塑料制成，一旦发生建筑火灾，火和烟气等毒性气体往往通过电线、电缆和各类管道等穿越的孔洞向邻近房屋场所或其他楼层扩散，使火灾事故扩大，造成严重后果。因此，阻燃防火已成为厂房建筑设计中的重点。防火堵料也在这个大环境下孕育而生。

阻火包就是一种应用很广泛的防火阻料。阻火包用于封堵各种贯穿物，如电缆、风管、油管、气管穿过墙壁或楼板时形成的各种孔洞。在农村地区阻火包适用于变电站、工矿厂房等场所电缆隧道和电缆竖井的耐火墙或耐火隔层，具有隔热耐火效果。它不仅具有优良的防火功能和理化性能，而且便于施工及更换。

1）适用范围。用于封堵各种贯穿物，如电缆、风管、油管、气管等穿过墙（仓）壁、楼（甲）板时形成的各种开口，以及电缆沟、电缆桥架的防火分隔。可广泛应用于发电厂、变电站、工厂、矿山、各种工业及民用建筑、地下工程等。

2）阻火包的性能指标。表5.43列出了阻火包的性能指标，性能满足《防火封堵材料的性能要求和试验方法》（GA 161—1997）所规定的耐火极限及其他技术指标要求。

表5.43 阻火包的性能指标

序号	项目	技术指标			缺陷类别
		无机防火堵料	有机防火堵料	阻火包	
1	外观	均匀粉末固体，无结块	塑料固体，具有一定柔韧性	包体完整，无破损	C
2	干密度/(kg/m³)	≤2500	—	—	C
3	密度/(kg/m³)	—	≤2000	—	C
4	松散密度/(kg/m³)	—	—	≤1200	C
5	耐水性/d	≥3	≥3	≥3	B
6	耐油性/d	无溶胀	无溶胀	内装材料无明显变化、包体完整	C
7	腐蚀性/d	≥7	≥7	无破损	B
8	抗压强度/MPa	0.8≤R≤6.5	—	≥0.05	B
9	抗跌落性	—	—	5m高处自由落在混凝土水平面上，包体无破损	B
10	初凝时间/min	15≤t≤45	—	—	B

注 "—"表示此项未作要求。

3）防火机理。

a. 技术方案中，对阻火包生产所需的各组成成分进行精确地计量，确保其满足产品的生产要求。

b. 包受火时，膨胀蛭石粉等在阻燃剂的共同作用下，包体膨胀形成导热系数低的蜂窝状的整体，能有效地将孔洞、缝隙严密封堵，组织火焰和延期蔓延。

c. 包装袋的材料为细眼的低碱玻璃纤维布或无碱玻璃纤维布。纤维布本身质轻、化学稳定性好、不燃烧，耐热性好，软化温度高达850℃，并且具有一定强度，不容易破坏，有效约束包内的耐火材料，便于阻火包重复使用。

4）设计加工工艺。设计加工工艺分三部分，即阻火包加工工艺、阻火包布袋加工工艺以及混料装袋缝合工艺。阻火包成品规格要求是240mm×160mm×30mm。

a. 阻火包加工工艺。型号：YZB - I。规格：240mm×160mm×30mm。成品要求：宽度：（160±20mm）；长度：（240±20）mm；厚度：（30±20）mm。

b. 阻火包布袋加工工艺。布袋要求：宽度：（180±20）mm；长度：（280±20）mm。

a）下料：下料用料：外购7628布，幅宽1270mm。下料规格：宽度420mm（布幅宽均分成3份）；长度（300±5mm）（图5.55）。

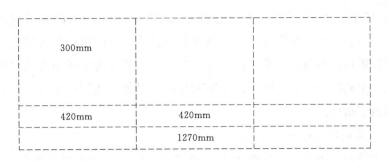

图 5.55 剪裁示意图

b）锁边：将一个长边（420mm 长）锁边。针脚 4～6 针/10 mm，用涤纶线锁边（图 5.56）。

c）缝合：缝纫用纱：防火线；针脚：每 10mm 3～4 针；将布块两个短边对折，形成一个长 300mm，宽 210mm 的双层布块，然后用缝纫机将两个毛边缝合上，缝合后长度 210mm 的边距离锁边的边（280±10）mm，另一个 300mm 的边距离对折边 195mm（图 5.57）。

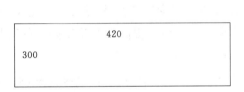

图 5.56 锁边示意图   图 5.57 缝合示意图

d）将缝好的阻火包布袋剪去线头、翻个、抻平整，检验一下尺寸。

e）将合格的阻火包布袋每 20 个扎成一捆，装箱待用。

c. 混料装袋缝合工艺。

a）辅料混合：每次按照表 5.44 混合，混合好后待用。

表 5.44 各种原材料配重一览

材　料	重量/kg	材　料	重量/kg
原矿蛭石粉	4～5	氯化石蜡	2～3
膨胀蛭石蛭石粉	4～5	尿素	2～3

b）主料开松混合。将硅酸铝纤维及其下脚在和毛机进行开松混合，装编织袋待用。

c）将开松混合好的硅酸铝纤维及其下脚与辅料混合，然后装入合适塑料袋中，封口。混合时辅料占 10％左右，其余为主料，重量 135～145kg 之间。装袋合计重量 300g，偏差 30g。

d）缝合。将装好料并封好口的塑料袋装入做好的阻火包布袋中，开口边折入 15mm 左右，用缝纫机将开口处缝合，缝合线用线号 180TEX 的玻璃纤维缝纫线，检验后贴合格评定中心标志，再装入阻火包用的纸箱中。

5) 施工方法及使用指南。根据国家关于电缆通道封堵及防火分割制作的有关规定，在需要设置防火墙处将阻火包整齐、严密排列码放，电缆贯穿部位及周围缝隙可用防火堵料进行封堵，形成美观、完整的耐火设置构件，在封堵电缆通道竖井、横井时，要先用涂刷防火涂料的铁丝网或阻火板做支架，再行施工。①储存于阴凉干燥处；②用木板或易燃物作支架；③阻火包着水后，应在干燥处阴干，不得在高温下烘烤。

3. 适用于农村地区的防火涂料

(1) 饰面型防火涂料。随着人们生活习惯和消费方式的改变和农村机械化作业程度越来越高，农村用电、用气、用油、用火大量增加，家中私藏油料、个别家庭私售汽油、柴油等造成火灾隐患急剧增多，对推动农村经济的发展和人民群众生命财产安全构成严重威胁。近几年，农村火灾多发，人员伤亡和财产损失严重，不仅威胁农民的生命权、财产权等基本权益，还直接影响农业经济发展、农村社会进步和社会稳定。

目前，对农民的住宅规划和建设中，建筑多采用砖木承重结构，而且农村建房随意性比较大，因此必须考虑推广使用耐火建筑材料构件等技术。在建筑材料的阻燃技术中，除对各类可燃易燃的建筑材料本身进行阻燃改性外，还可应用各种外部防护措施及阻燃防护材料。阻燃防护材料和措施中，应用最广、效果显著的是防火涂料，但由于经济等各方面的原因未能在农村建设中广泛应用。开发农村建筑建造用低成本实用型木结构饰面型防火涂料，对于提高农村建筑防火的科技含量非常重要。

1) 适用范围。木结构防火涂料可广泛应用于各种公共建筑和厂房、供电等建筑物中可燃装修材料及围护结构的防火保护。涂于木隔墙、木屋架、纤维板、胶合板顶棚及木龙骨表面等等木构件上，可起到防火阻燃作用，并可代替油漆起装饰作用。

2) 施工方法（图 5.58）。

a. 方法：刷、喷涂均可。小面积宜用排笔、漆刷等工具手工刷涂，大面积可用喷涂机进行喷涂。

b. 准备：清扫基材表面，以腻子填补洞眼、缝隙和凹坑不平处。涂料存放时间长，要充分搅匀。若太稠可加水分稀释。

c. 气候：温度高于 15℃，相对湿度小于 90%。

d. 涂覆量与间隔时间：建筑物等可燃基材 500g/m²。左右，一般涂 3 次，间隔时间 4h。涂层厚度约 1mm。

e. 颜色与光泽：可调配成需要的颜色，达到理想的装饰效果。干涸后的涂膜表面，再涂一层罩光液（如丙烯酸或酚醛树脂液），可具有一定光泽，并提高涂膜的耐水性能。涂刷施工前，可燃性基材的含水率不应超过 12%。施工环境应保持空气流通，但须避免尘土飞扬。

3) 贮存。贮存温度应保持在 5~45℃ 之间，并保存在通风、干燥的库房内，防止阳光直射、雨淋，远离火源。保质期一般为 12 个月。

(2) 钢结构防火涂料。随着国家农村地区建筑节能和环保意识增强，黏土砖已经被淘汰使用。农村地区钢结构建筑不断增多，例如，北新房屋有限公司提供的轻钢结构房屋体系已经在郊区农村

图 5.58 饰面型防火涂料施工照片组

逐步推广。由于钢材自身不燃，因此钢结构的防火隔热保护问题曾一度被人们所忽视。根据国内外有关资料报道及有关机构的试验和统计数字表明，钢结构建筑的耐火性能远较砖石结构和钢筋混凝土结构为差。对裸露的钢构件，在大多火灾温度下，也只有几分钟其温度就可上升到 500℃ 而达到其临界值，进而失去承载能力，导致建筑物垮塌。因此，对钢结构房屋进行防火保护势在必行。

1）适用范围。适用于耐火极限为 0.5～1.5h 的农村轻型钢结构房屋的各类钢结构网架、框架、桁架、室内隐蔽钢结构及单层钢结构厂房的防火保护。

2）配方设计要求（表 5.45）。

表 5.45　　　　　　　　　　　　　　钢结构防火涂料配方含量表

钢结构防火涂料配方成分	成分含量/g	钢结构防火涂料配方成分	成分含量/g
氨基树脂	25	氢氧化铝粉	1
丙烯酸树脂	180	硼酸锌	1.2
高聚磷酸铵	200	氯化石蜡（70 型）	72
季戊四醇	88	有机膨润土	3
三聚氰胺	92	分散剂（801）	2.5
二甲苯	190	消泡剂	0.3～0.4
金纪石钛白粉	56		

3）加工所需主要设备以及过程。加工钢结构防火涂料需要的主要设备就是球磨机。

加工的过程为：①先把二甲苯、氨基树脂、丙烯酸树脂、分散剂、一半左右的消泡剂和所有粉状的配料放入球磨机中进行研磨，研磨到细度为 $100 \sim 120 \mu m$；②之后加入增稠剂（有机膨润土）继续研磨；③最后加入剩下的消泡剂搅匀。

4）施工指南（图 5.59）。

图 5.59　农村地区轻钢结构房屋以及薄涂型钢结构防火涂料施工照片

a. 薄涂型钢结构防火涂料的底涂层（或主涂层）宜采用重力式喷枪喷涂，其压力约为 0.4MPa，局部修补和小面积施工，可用手工抹涂。面层装饰涂料可刷涂、喷涂或滚涂。

b. 双组分装的涂料，应按说明书规定在现场调配；喷涂后，不应发生流淌和下坠。

c. 底涂层施工应满足下列要求：①钢基材表面除锈和防锈处理符合要求，尘土等杂物清除干净后方可施工。②底层一般喷 $2 \sim 3$ 遍，每遍喷涂厚度不应超过 2.5mm，必须在前一遍干燥后，再喷涂后一遍。③喷涂时应确保涂层完全闭合，轮廓清晰。④操作者要携带测厚针检测涂层厚度，并确保喷涂达到设计规定的厚度。⑤当设计要求涂层表面要平整光滑时，应对最后一遍涂层作抹平处理，确保外表面均匀平整。

d. 面涂层施工应满足下列要求：①当底层厚度符合设计规定，并基本干燥后，方可施工面层；②面层一般涂饰 $1 \sim 2$ 次，并应全部覆盖底层。涂料用量为 $0.5 \sim 1.0 kg/m^2$。

5）注意事项。

a. 雨天或结构件表面结露、结霜不宜施工，涂后 24h 内避免雨淋。

b. 施工现场和涂膜未实干前禁止明火。

5.4.4 农村消防设施建设要求

1. 农村消防车道建设要求

消防车道是供消防车灭火时通行的道路。设置消防车道的目的就在于一旦发生火灾，使消防车能顺利到达火场，消防人员迅速开展灭火战斗，及时扑灭火灾，最大限度地减少人员伤亡和火灾损失。农村应合理规划建设或改造消防车通道。农村建筑消防道路规划应遵循以下原则（设计准则）。

（1）农村居民集中生活的农村内的道路宜考虑消防车的通行需要，供消防车通行的道路应符合下列要求：①消防车道宜纵横相连，两条消防车道间距不宜大于 160m。②消防车道的净宽、净空高度不宜小于 4m；当管架、栈桥等障碍物跨越道路时，其净高不应小于 4m。③消防车道宜成环状布置或设置平坦的回车场地，尽头式消防车道应设回车道或面积不小于 12m×2m 的回车场。④消防车转弯半径不宜小于 8m。⑤路面应能承受消防车的荷载。

（2）村庄之间以及与其他城镇连通的公路应满足消防车通行的要求。

（3）供消防车通行的道路严禁设置隔离桩、栏杆等障碍设施，建房、挖坑、堆柴草饲料等活动，不应影响消防车通行。

（4）消防车道应尽量短捷，并宜避免与铁路平交。如必须平交，应设置备用车道，两车道之间的间距不应小于一列火车的长度。

2. 农村消防给水建设要求

消防给水是用于保证建筑消防安全所需而设置在建筑内外的给水系统的总称，建筑消防给水主要包括消火栓给水系统和自动喷水灭火系统。对于农村建筑，常用的消防给水类别为室外消防给水系统，消防给水是农村建筑消防扑救体系的重要组成部分。农村建筑消防给水建设应遵从以下原则。

（1）农村应设置消防水源。消防水源可由给水管网、天然水源或消防水池供给。600 户及以上的四级耐火等级建筑密集的农村，宜设置专用消防水源和消防加压设备。

（2）具备给水管网条件的农村，应设室外消防给水管网。消防给水管网宜与生产、生活给水管网合用，并应满足消防供水的要求。室外消防给水管网和室外消火栓的设置应符合下列要求：①当村庄在消防站的保护范围内时，消防给水管网的压力不应低于 0.1MP；当村庄不在消防站保护范围内时，消防给水管网的压力应满足直接出水灭火的要求。②消防给水管网的最小管径不宜小于 100mm。③室外消火栓间距不宜大于 120m；三、四级耐火等级建筑较多的农村，室外消火栓间距不宜大于 60m。④室外消火栓应沿道路设置，并宜靠近十字路口，与房屋外墙距离不宜小于 5m。⑤寒冷地区的室外消火栓应采取防冻措施，或采用地下消火栓、消防水鹤。⑥室外消火栓应沿道路设置，并宜靠近十字路口，与房屋外墙距离不宜小于 2m。⑦消防给水管网的流量、压力不满足要求时，应设消防水泵。

（3）不具备给水管网条件的农村，应利用天然水源或建设消防水池，并应配置机动消防泵、水带、水枪等消防设施。并满足以下要求：①机动消防泵应储存不小于 2h 的燃油总用量，每台泵至少应配置总长不小于 150m 的水带和 2 支水枪。②350 户以下的农村配置的水带不应少于 10 条，水枪不应少于 4 只。每增加 100 户应增配水带 10 条，水枪 4 只。③250 户以上的农村，其消防水泵的数量不应少于 2 台；每增加 100 户应增配 1 台；50 户及以下的可配置 1 台；④设手抬机动消防泵时，应储存不小于 3h 的燃油用量，每台机动消防泵至少应配置 150m 水带，2 支水枪。⑤当采用潜水泵作为消防供水设施时，其电源应采用单独的供电回路。

（4）消防车无法到达的农村，室外可设简易消火栓，间距不应大于 60m。江河、湖泊、水塘、水井、水窖等天然水源当符合下列要求时，可作为消防水源：①能保证枯水期和冬季的消防用水；②应防止被可燃液体污染；③有取水码头及通向取水码头的消防车道；④供消防车取水的天然水源，最低水位时吸水高度不应超过 6.0m。

（5）消防水池当符合下列要求时，可作为消防水源：①消防水池的容量不宜小于 100m³。600 户及以上的四级耐火等级建筑密集的农村，如采用消防水池作为水源时，消防水池的容量不宜小于 300m³。②消防水池应采取消防用水不作他用的技术措施。③供消防车或机动消防泵取水的消防水池应设取水口，且不宜少于 2 处；水池池底距设计地面的高度不应超过 5.0m。④消防水池的保护半径不应大于 150m。⑤设有 2 个及以上消防水池时，宜分散布置。⑥寒冷和严寒地区的消防水池应采取防冻措施。

（6）居住建筑的院落宜设蓄水设施，缺水地区应设雨水收集等储存消防用水的蓄水设施。

（7）农村应充分利用满足一定灭火要求的农用车、洒水车、灌溉机动泵等农用设施作为消防装备的补充。

本 章 参 考 文 献

［1］ 镇（乡）村建筑抗震技术规程（JGJ 161—2008）［S］. 北京：中国建筑工业出版社，2008.
［2］ 葛学礼，朱立新，黄世敏. 镇（乡）村建筑抗震技术规程实施指南［M］. 北京：中国建筑工业出版社，2010.
［3］ 蓄滞洪区建筑工程技术规范（GB 50181—93）［S］. 北京：中国建筑工业出版社，1993.
［4］ 村庄整治技术规范（GB 50445—2008）［S］. 北京：中国建筑工业出版社，2008.
［5］ 刘传正. 地质灾害防治工程的理论与技术［J］. 工程地质学报，2000，8（1）：100‐108.
［6］ 唐林. 强震后都汶高速公路隧道穿越次生地质灾害体风险评价与处治对策研究［D］. 成都：成都理工大学，2012.
［7］ 田野. 巫山县高塘观滑坡稳定性评价及防治工程设计［D］. 成都：成都理工大学，2012.
［8］ 张伟锋. 危岩体危险性评价及防治对策研究［D］. 成都：成都理工大学，2007.
［9］ 阳友奎. 崩塌落石的 SNS 柔性拦石网系统［J］. 中国地质灾害与防治学报，1998，9（增刊）：313‐321.
［10］ 蒲达成. 汶川震区典型崩塌、滑坡、泥石流分析及防治措施探讨［D］. 成都：成都理工大学，2010.
［11］ 农村减灾防火研究报告［R］. 北京：北京工业大学建筑工程学院，2010.

第6章 农村综合防灾减灾的监测预警

我国幅员辽阔、地理环境复杂、致灾因子多样，我国城乡区域遭受着严重的自然灾害的侵袭和威胁，如何有效地提升农村地区自然灾害的应对能力面临着诸多问题和困难。加强灾害监测预警及信息发布是防灾减灾工作的关键环节，是防御和减轻灾害损失的重要基础。根据国际的发展经验，以加强灾害监测预警体系的建设作为提升自然灾害应对能力的"抓手"，夯实城乡的防灾减灾工作，对减少灾害发生、降低灾害所造成的人员伤亡和经济损失有着重要作用。而有效的应急行动离不开科学及时的预警信息，如果预警信息错误或者不够及时，带来的后果将会非常严重；考虑到农村与城镇的差异性，农村灾害预警信息的发布的适宜性、准确性、及时性至关重要，这就要求建立适合农村地区的灾害预警信息发布方法和系统。因而，构建一套科学有效的农村灾害监测预警体系，及时、准确地做好各种灾害发生前的预警，将灾害消灭于萌芽状态或最大限度地减少灾害所带来的损失，以保证农村经济社会的稳定发展。

6.1 国外灾害监测预警体系

针对复杂而严峻的灾害形势，国际上发达国家积极探索灾害预警体系建设，并取得了显著的成绩和宝贵的经验，为发展中国家的灾害预警体系建设提供一定的经验借鉴和实践指导。分别以美国和日本的灾害预警体系建设为例进行分析研究，总结国内外灾害预警体系建设的先进经验。

6.1.1 美国

美国灾害监测预警体系以科学、全面和系统等特点而著称，融合协调机构、预警法制体系、教育培训体系和应对计划，形成一体化的灾害预警体系[1-11]，详见表6.1。

表 6.1 美国灾害监测预警体系

项目	主 要 内 容
组织体系	整个预警体系覆盖全国范围，确保城市和乡村的安全、防灾减灾工作顺利开展；涉及不同尺度的行政区政府、不同区域的行政部门，实行联邦政府、州和地方三级响应机制。 国家安全委员会是美国灾害预警体系的最高决策中枢，联邦应急管理局和国土安全部是美国灾害预警体系的综合协调结构，911中心和紧急警报委员会基本覆盖整个国土面积
法制体系	完备的灾害预警法律体系，为美国灾害预警体系的发展提供了强有力的法律支撑。 建立了以《火灾法案》《反恐怖主义法》《国家安全法》《斯坦福减灾和紧急救助法案》《全国紧急状态法》为核心的综合法制体系，指引联邦政府建立灾害预警法制化体系

续表

项目	主要内容
教育培训机制	注重灾害宣传教育工作。利用各种媒介方式对人民进行灾害预警、灾害应急等知识、信息的传播和教育，普及灾害预警知识和应急措施，加强民众的防灾意识； 重视灾害预警的培训。不仅仅是针对政府公务人员，也为社会民众设立了专业的培训课程，从而不断提高全社会民众的防灾减灾意识； 重视灾害预警的社会实践活动。不定期在社区或家庭中模拟一些典型的灾害事件，如地震、火灾等，教授人们避灾、减损等手段，从而增强民众对应急知识的掌握
联邦应急计划	灾害预警体系的建设离不开完备的应对计划。《联邦应急计划》作为美国的基本法案，发挥着灾害预警中应急预案的作用，还提供科学可行的指导意见，方便公众及时采取应对措施
信息化平台	信息化平台是灾害预警系统的基石，综合利用地理信息系统、计算机辅助调度和专家决策系统，调度多种信息系统资源，建立灾害监测、采集、评估、预警、辅助决策信息发布等机制。 综合公共警报与预警系统（IPAWS）是高度开放的以互联网为基础的预警平台，可以利用相关软件通过网络接入该系统并免费发布信息，其服务对象主要是联邦政府、州政府、领地、部落和地方政府以及部分具有公共安全职责的公共部门和私立部门组织

6.1.2 日本

在长期的减灾防灾工作中，日本积累了丰富的灾害预警经验，其灾害预警系统建设、灾害信息发布系统建设、灾害预警体系建设等技术更为先进，形成了符合日本实际的灾害监测预警体系[12-18]，见表 6.2。

表 6.2 　　　　　　　　　　　　**日本灾害监测预警体系**

项目	主要内容
完善的组织框架	日本的灾害预警体系组织由三级行政单位中央、都道府县以及市町村组成，也鼓励公众、社会团体、企业单位以及社区居民的积极参与。日本气象厅是集成多灾种预警职能的综合政府机构，主要负责灾害监测、处理和灾害信息发布等多个环节。 灾害情报收集（情报收集室）→灾害情报分析与总结，并向内阁首相汇报（内阁官邸）→灾害预警与制定灾情应急对策（内阁会议）→灾害预警信息发布与协调（日本气象厅及相关省厅部门）→社会公众获取灾害预警信息，并按照相关规划或应急对策开展应急行动

内阁官邸 → 内阁首相

灾害情报的分析
- 24 小时全天候运作
- 有关灾害风险状况信息的分析灾害情报的汇总
- 地震灾害情报（内阁官邸）
- 图像情报（直升机等）
- 关系省厅、公共机关原始情报

要员召集 → 内阁会议

灾害规模的把握和确定政府基本应急对策

情报收集（灾害情况，应急状况）
- 关系机关、公共机关的情报收集与汇总
- 政府组织内部情报的共享
- 国内外通讯社

灾害应急对策本部设置
本部长：首相
设置场所：内阁官邸
秘书处：内阁官邸
本部的运行：
- 气象厅负责联络会议
- 各相关省厅的应急对策调整
- 政府调查团的派遣与调整
- 现场灾害对策的管理协调

续表

项目	主 要 内 容
健全的法制体系	建立了防灾基本大法——《灾害对策基本法》，还颁布了与灾害各个阶段"备灾—应急—灾后恢复重建"相关的多项法律法规，逐步建立了相对完善的灾害管理的法律体系。 《大规模地震对策特别措施法》《石油基地等灾害防治法》《原子能灾害对策特别措施法》 《灾害救助法》《消防法》《水防法》《警察官职务之刑法》《水难救护法》《道路法》《航空法》《电波法》《广播电视法》《有线电器通信法》《国际紧急援助队派遣相关法》 《消防组织法》《警察法》《海上保安厅法》《自卫队法》《水害预防组织法》《日本红十字法》
先进的预警设施与应急预案	利用最先进的硬件技术，配备先进的预警设施，在最短时间内分析灾害情报信息并发布预警信号。 日本内阁官邸的灾害管理中心，有各种先进的通信设备（如电话、传真、卫星电话、紧急集团电话等）、防干扰情报通信设备、情报通信网络以及各类数据终端设备等。 政府利用卫星、飞机、直升机航拍、固定摄像、远距离小型图像传送仪等技术进行情报收集，还利用卫星通信、移动通信和固定通信构建以政府为主体的防灾无线网。 日本气象厅研发了"紧急地震速报"（EEW）。 制定科学合理的灾害预警应急预案，防灾减灾训练制度化、常态化，建立防灾应急动员制度
高效的信息管理机制	设立内阁信息中心，对灾害信息实时监测； 日本气象厅具有实时监控、采集分析数据、发布预警信息以及辅助决策等职能； 通过防灾通信网络和公众警报系统，向社会公众、大众媒体、其他社会组织发出预警信息，向当地居民发布预警信息和避难指示； 居民可以通过电视、无线电收音机、手机短信、互联网、移动互联网、智能终端设备等媒介方式接收预警信息 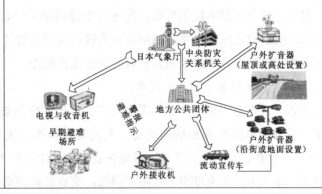
全面的教育宣传体系	注重灾害预警教育宣传，每年大量经费投入到灾害预警方面的教育宣传；每年的全民防灾日，进行各种防灾预警演习；重视对中小学生灾害意识的培养，定期举行实地防灾演习； 设有大量的避难指示牌告知民众；设置了免费的防灾体验中心，让民众可以亲身体验灾害情况；积极引导媒体参与灾害风险的预警和救援工作

189

6.1.3 经验总结

通过分析美国和日本的灾害监测预警体系的建设情况，可以看出国外的灾害预警体系值得我国学习和借鉴的经验主要有以下几个方面。

1. 强大的中枢指挥系统

中枢指挥系统是灾害预警的重要构成部分，综合协调和负责灾害的预警和应对工作。美国、日本的中枢指挥系统功能强大、效率很高，对灾害预警工作起到了战略指挥作用。美国、日本的中枢指挥系统的共同特点是以政府首脑作为核心[19]，权力极大，既能保证从国家安全的战略高度去决策和指挥应对灾害事件，也确保了决策的权威性和执行性。

2. 常设的灾害预警综合协调机构

在政府、民间团体、社会大众之间的有效沟通和协调方面，常设的灾害预警综合协调机构发挥着重要作用[20]。美国的国土安全部和联邦应急管理署，日本的气象厅等都是常设的预警综合协调机构，在预警过程中协调涉及灾害预警的所有部门和机构，以进行有效的灾害预警。

3. 完善的法律法规体系

完善的法律法规体系是灾害预警措施得以快速有效实施的保证，它对减少灾害给人类生命财产安全带来的损失以及尽快恢复正常社会秩序有着重要的意义。国外政府非常重视灾害预警体系的法律法规建设，美国、日本就是其中的杰出代表。这些法律法规为灾害预警体系的建设打下了坚实的法律基础，对保障政府部门行使权力和应对灾害起着重要作用。

4. 完备的应急预案和先进的预警设施

完备科学的应急预案是对整个预警过程的科学部署，有利于政府有条不紊地开展各项应急管理工作。先进的预警设施是预警快速有效的物质保障，日本根据预警需要配备了最先进的信息化设备，保证信息的真实性和及时性，促使政府能够对灾害做出迅速反应，提高预警的效率。

5. 发达的预警情报系统

信息是灾害预警的关键要素，发达的预警情报系统负责收集和分析所有与灾害相关的信息，同时向该系统的核心领导汇报分析结论，为政府灾害预警工作的开展提供及时可靠的数据资源[21]。发达的预警情报系统能够极大提升政府的灾害预警能力。

6. 社会化的灾害意识和广泛参与

美国、日本等国家都十分重视全民灾害意识和应急管理的培训教育工作，并注重利用现代化的技术和手段来提高教育和培训质量。尤其是在日本，灾害忧患意识已经深入骨髓，除了在每年的"防灾日"举行综合防灾训练外，各地区还自发组织了防灾救灾团体，参与比例高达 65.3%；美国每年在 120 多个人口密集城市开展防灾训练，重点是防范恐怖事件[22]；总体而言，通过建立完善的教育培训体系，达到了树立全社会灾害预警意识、提高民众应急能力的效果。而社会力量的广泛参与，既能够缓解政府部门的压力，同时也能发挥社会民间力量的群众优势，提升整体灾害预警的能力与水平。

6.2　我国灾害监测预警体系

我国对自然灾害的预测、预报、预警以及防灾救灾过程的监测非常重视。经过"十五""十一五""十二五"期间的快速发展，我国在灾害监测预警方面已经取得了显著成绩，见表6.3。

表 6.3　　　　　　　　　　　　　　　我国灾害监测预警体系

项　目	主　要　内　容
灾害预警机制	民政部、国土资源部、水利部、农业部、林业局、地震局、气象局等，全面加强了灾害预警系统建设，保证灾情信息以多种形式及时提供给公众，建立灾情会商机制； 重大灾情协商机制得到了进一步完善，建立了部门间的信息沟通机制
灾害预报体系	形成了由地面气象站、高空探测站和新一代天气雷达组成的气象监测预报网络； 由48个地震台组成的国家数字地震网、23个省级区域数字遥测地震台网和56个地壳运动观测网络、400多个站台组成的地震前兆观测网络； 另外，水文检测、森林防火和森林病虫害预测预报网络也已经形成并投入使用
灾害预警设施	逐步完善各类自然灾害的监测预警预报网络系统，加强洪涝、干旱、台风、风雹、沙尘暴、地震、滑坡、泥石流、风暴潮、赤潮等频发易发灾害，以及高温热浪等极端天气气候事件的监测预警预报能力建设
存在主要问题	缺乏应急联动体制，监测预警精细化程度不高，农村灾害预警发布终端方式简单

6.3　农村灾害监测预警体系

由于我国多数农村分布零散，信息传递不畅，同时，当前的农村自然灾害预警存在预警区域偏大、不够精细，预警对象范围宽泛、服务针对性不强等缺点，导致我国很多农村地区出现接收的自然灾害预警信息不准、滞后等现象，给农民造成严重损失。因此，亟须建立一套全面、系统的农村灾害监测预警体系来保障农村防灾减灾工作。

借鉴国外监测预警体系建设经验，结合我国农村灾害的实际情况，主要从农村灾害研究、灾害监测与预警预报、防灾应急预案等三个方面进行研究，构建农村灾害监测预警体系[23-28]，见表6.4。

表 6.4　　　　　　　　　　　　　　　农村灾害监测预警体系

项目	主　要　内　容
农村灾害研究系统	开展农村灾害成灾机理的研究，建立农村灾害基础资料数据库； 全面搜集农村灾害资料与信息，建立或更新基础资料数据库，实现数据信息共享； 要明确农村辖区内灾害隐患分布及其风险水平，建立灾害风险数据库
农村灾害监测系统	农村自然环境复杂多变，监测站点少，设施落后与技术人员不足制约着农村灾害预报预警能力建设； 增加农村的监测点密度，将农村监测区域按照灾害分布特征划分成更小单元，多角度地进行农村环境的大气、水、土壤、病虫害的实时、动态监测，形成预报到村的农村灾害监测系统网络； 建立点、线、面三维空间的监测网络和警报系统，进一步健全灾害群测群防体系； 发展农村灾害的自动化监测与直接预报体系，提高农村自然灾害的综合监测能力

续表

项目	主 要 内 容
农村灾害预警系统	发展县级自然灾害预警统一平台，直接面对广大农村开展预警服务； 建立严密的农村灾害监测预警管理制度。建立县、乡、村三级灾害预警工作网络，制定农村灾害预警管理模式，可在新农村建设中构建专门负责灾害预警管理的部门； 加快农村灾害预警信息发布系统建设。加强信息传输基础设施改造和建设，提高农村应急通信、指挥和交通装备的水平，建立覆盖面广的灾害信息发布网络，推进预警信息发布平台建设； 健全农村灾害监测预警联动机制。加快构建国土、气象、水利、林业等部门联合的监测预警信息共享平台，建立健全灾害监测预报预警联动机制； 完善农村灾害监测预警信息传递渠道。建立起空中与地面相结合、有线与无线相结合、固定与机动相结合、传统手段与先进技术相结合的立体化监测预警信息传递系统；建立和完善公共媒体、地方农村应急广播系统、无线电数据系统、卫星专用广播系统等多种手段互补的灾害预警信息发布系统；加强农村基层偏远地区预警信息接收终端建设，因地制宜地利用有线广播、高音喇叭、鸣锣吹哨等多种方式及时进行灾害预警信息传递
农村防灾应急预案	制订应急预案和分级响应机制是应急救援快速、有效进行的保证，是灾害预警实施的技术关键； 农村灾害应急预案的制定要综合考虑包括灾害应急指挥、灾害情报、救灾抢险、应急医疗、应急避难和交通管理 6 个基本要素体系； 农村应急预案体系一般应包括村级应对突发灾害的总体预案和应对地区性频发灾害的专项预案； 各灾害预警等级应与应急预案的等级一一对应

本 章 参 考 文 献

［1］　沈荣华．国外防灾救灾应急管理体制［M］．北京：中国社会出版社，2008

［2］　Yusuf Arifin Jusep．美国防灾减灾管理体系研究［J］．山西能源与节能，2009（4）：87 - 91.

［3］　U. S Department of Homeland Security. 2009 Federal Disaster Declarations［EB/OL］．http：//www. fema. gov / news /disasters. fema? year＝2009，2009 - 05 - 12.

［4］　郭太生．美国公共安全危机事件应急管理研究［J］．中国公安大学学报，2003（6）：12 - 18.

［5］　姚国章．典型国家突发公共事件应急管理体系及其借鉴［J］．南京审计学院学报，2006（2）：5 - 10.

［6］　ED Grabianowski．美国联邦紧急事务管理局（FEMA）［EB/OL］．http：//people. Bowenwang. com. cn/fema. htm，2009 - 05 - 16.

［7］　鞠娜．城市突发事件应急管理研究［D］．上海：华东师范大学，2008.

［8］　王政．公共突发事件的应急管理体系及其优化研究［D］．上海：上海交通大学，2008.

［9］　傅思明．突发事件应对法与政府危机管理［M］．北京：知识产权出版社，2008.

［10］　朱正威，张莹．发达国家公共安全管理机制比较及对我国的启示［J］．西安交通大学学报（社会科学版），2006，26（2）：46 - 49.

［11］　杨柳．突发公共事件的政府预警机制研究［D］．成都：四川大学，2007.

［12］　Early warning sub - committee of the inter - ministerial committee on international cooperation for disaster reduction. Japan's natural disaster early warning systems and international cooperative efforts［EB/OL］．http：//www. bousai. go. jp/ kyoryoku/pdf/soukikeikai. pdf，2006 - 03 - 01.

［13］　姚国章．日本灾害管理体系：研究与借鉴［M］．北京：北京大学出版社，2009.

［14］　姚国章．日本自然灾害预警运行体系管窥［J］．中国应急管理，2008（2）：51 - 54.

［15］　袁宏．我国突发公共事件预警体系建设研究［D］．开封：河南大学，2009.

［16］　马超．日本用法律保障综合减灾［N］．人民日报，2008，3（19）：13.

［17］　沈伟．日本广播电视灾害紧急警报系统研究［J］．现代电视技术，2011，128 - 131.

［18］　代志鹏．浅析日本中小学防灾教育［J］．外国中小学教育，2009（2）：63 - 66.

[19]　杨峰. 完善我国公共危机预警机制的思路与对策 [D]. 成都：电子科技大学，2008.

[20]　晁阳. 我国公共危机事件预警机制建设刍议 [J]. 天中学刊，2009 (24) 4：4 - 6.

[21]　陈国贤. 我国应急管理机制研究 [D]. 南京：东南大学，2007.

[22]　郑昊. 四川省新农村预警信息发布系统建设 [J]. 通信与信息技术，2011 (6)：65 - 67.

[23]　姚国章. 日本自然灾害预警系统建设报告 [J]. 电子政务，2007 (11)：67 - 82.

[24]　陈树德. 建立自然灾害预警机制 [N]. 人民政协报，2012 - 10 - 22，(A03).

[25]　薛宁波，马清文，王成华. 地质灾害易发山区群测群防体系与突发性灾害预警 [J]. 中国水土保持科学，2008，6 (增刊)：12 - 15.

[26]　胡蓉. 河南省农村灾害监测预警体系构建初探 [J]. 决策探索，2010 (10)：28 - 29.

[27]　邹积亮，马彬. 推进基层灾害监测预警体系建设的路径探索 [J]. 中国应急管理，2012 (3)：24 - 27.

[28]　栾春凤，曹阳. 农村自然灾害精细化预警系统建设 [J]. 山西建筑，2013，39 (3)：234 - 235.

第7章 农村灾害应急救援与恢复重建

灾害救援和恢复重建是一项极为复杂的系统工程。在灾害不可避免的情况下，灾害救援、恢复与重建作为灾后三个紧密相连的减灾阶段，统筹各方力量、各种手段和资源迅速有效地开展救灾活动。多数自然灾害发生在农村或是影响多个农村，农村的应急救援、灾后恢复重建过程与城市相差无几，只不过考虑到农村与城市的不同特点，应该因地制宜地采取相应的救援、恢复重建对策和措施。

7.1 农村灾害应急救援

7.1.1 城乡应急救援差异分析

城乡差异的"城"和"乡"，是指在同一地区（如：同一县域或比此略大的范围内）的城市和农村。灾害应急救援主要工作是在灾时或灾后初期，采取各种应急措施，最大限度地减少灾害对农村居民及其生存环境的影响。城乡在社会经济、基础设施水平等多方面存在差异，城乡差别在灾害应急救援领域也同样存在[1]，以地震灾害应急救援为例进行说明分析，见表7.1。

表 7.1   城乡应急救援存在的差异

项目	差异	原因分析
居民房屋	城市房屋抗震性能总体强于农村房屋	农村建房质量缺乏有效监管，农村居民的生活水平比较低，无力建造抗震能力强的房屋，导致农村房屋抗震性能普遍偏低
道路交通	一般通往城市的道路条件明显优于农村地区	广大的农村地区还远未实现全部通公路这一目标，尤其是我国西部山区、偏远落后地区
基础通信	城市地区通信条件优于农村	我国城市和农村有线电话和无线手机使用都比较普遍，主要差别在有线电话终端数和无线通信信号的覆盖率，在广大的农村地区电话终端数量及手机信号覆盖率普遍低于城市，特别是我国西部地震多发的山区和高原地区尚存在很多手机信号盲区
主观紧急避震逃生	震时主观紧急避震逃生能力的差异上，城市居民强于农村居民	与其受教育程度有关，居民受教育程度的高低，决定或影响着人们对于防震、避震知识的掌握，进而影响到他们在地震应急期间所采取的行动。农村居民平时接受的防震减灾知识宣传教育机会少于城市居民
逃生难易程度	一般，同一地区的城市居民逃生条件要比农村逃生条件差	城市地区的楼层高，街道相对狭窄，空旷地带少，居民震时撤离到安全地区的难度较大。农村地区的房屋一般较城市房屋楼层低，间距大，地震发生时，对平原和丘陵等地区农村居民来说，更容易逃出户外到安全地带避震。但对于山区农村居民来说，由于地震可能导致的山体崩塌滑坡，从而给他们的逃生造成新的困难

项 目	差 异	原 因 分 析
解救难易程度	一般而言，城市的解救人员难度要困难于农村地区	城市地区，楼高密度大，多使用钢筋混凝土材料，埋压深度较大且埋压物重，救援难度大；农村地区大多房屋低矮、分散，建材多为砖瓦木料，钢筋混凝土的数量较少，救援难度较为容易
应急期的居民生活自救能力	农村强于城市	农民家庭粮食有储备、饮用水问题相对容易解决，震后灾民安置帐篷可以很容易搭建（除山区外）；城市地区，居民日常生活所需的一切物品几乎全部依赖外部供应，震后外界供应一旦停止或延缓，他们的基本生活就很难维系，城市的应急避难场所则需要特别准备
医疗条件	农村医疗水平低于城市	灾区受伤人员的紧急救助只能依赖本地的医疗力量。农村医疗设施简陋、落后、陈旧；医疗卫生人才缺乏，流失严重；医疗卫生投入不足
专业救援力量配置	农村低于城市	执行地震应急救援任务的基层力量（如武警、消防等）一般常驻县城，乡镇及以下农村地区没有专业救助力量，其他消防力量更远离农村

总体而言，农村是地震应急救援的薄弱环节。在我国绝大部分农村地区，灾难救援的响应系统、预警机制、救灾资源和技术能力远不如城市，这就必然导致农村灾害救助自救能力弱。此外，由于农村社区组织化程度比较低，具有一定自救能力和复原能力的社区非政府组织相对匮乏，因而一旦遭受自然灾难，大部分农村地区将更加依赖于外部力量的介入救援与支持。因此，在应对地震等自然灾害时，往往存在很多的问题，导致农村地区"小震致灾"，甚至"小震大灾"的情况普遍存在。

7.1.2 农村灾害应急救援体系

为了构建平安少灾的社会主义新农村，针对农村处置灾害的茫然性和被动、滞后性等问题，非常有必要建立健全农村灾害应急救援体系。因此，本节从机制、人员、设备、物资等多个方面入手，构建农村灾害应急救援体系[2,3]，见表7.2和表7.3。

表7.2　农村灾害应急救援体系

项 目	主 要 内 容
建立健全市县灾害工作机构和基层政府应急考核责任制	各级市、县、乡人民政府应把包括地震在内的灾害事件应急准备切实摆到重要议事日程上，并建立起相应的考核责任制，真正落实到社区、街道、乡、村的最基层
加快完善各类灾害应急预案体系	完成各类灾害应急预案的编制修订，重点完善对巨灾的分类及其应急、保障措施。建立灾害应急预案的备案、督查、评估与动态完善制度
完善农村应急指挥体系	村一级要以两委班子为重点，建立应急救援领导小组，合理划分各应急救援分组
应急救援人员建设	组建本村地震应急志愿者队伍，加强实战演习，不断提升应急应变和紧急救援水准
农村基础设施建设	加强城乡基层尤其是广大农村和边远山区的应急基础建设，着力提高基层属地处置和民众就近救助的能力，发挥其在第一时间、第一现场的应急救援作用

表 7.3　　　　　　　　　　　　　　　　　不同灾区救灾基本对策

	重 灾 区	一 般 灾 区	轻 灾 区
救灾体制	需要外援救灾，集中组织指挥	自救与外援相结合的救灾体制	自救和自我恢复为主的救灾体制
领导机构	中央或省（自治区、直辖市）领导，全面组织救灾	省（自治区、直辖市）政府的直接领导下，成立以地区为主的救灾指挥部，全面领导本地区的救灾工作	以本地区党、政、军领导机关为主组成救灾指挥部，全面领导本地区的救灾和恢复工作
救援人员	军队和专业救援队，并组织自救互救工作	军队、外援专业人员与本地区专业人员	以本地区专业救护人员和部队医疗人员为主进行救护医疗工作
保障措施	前线与后方相结合的救灾体系，现场紧急救灾要以邻近轻灾区为依托，实施空运、公路、铁路、航运等全面交通保障，实行地区封锁	对边远地区要有较多的支援和空运保障。实行地区封锁和交通管制	本地区自力更生进行恢复与重建工作。上级机关在财力、物力和专业技术上予以必要的支援

7.2　农村灾害恢复重建

灾后恢复主要是为尽快恢复受灾居民的基本生活而采取的各种临时手段，主要包括对人工环境的修复、社会功能的修复和社会组织的修复等。灾后重建是在科学规划的基础上，以发展为最终目的，将灾区重建与创新发展充分结合，社会经济恢复与生态系统修复有机协调，进行长达数年的灾区各类产业、基础设施、生态环境等的全面建设。

7.2.1　农村灾后恢复重建层次

这里的灾后恢复是从救援阶段向重建阶段转化的过渡时期，在这个时期，恢复的主要工作是为灾区人民创造简易的生活和生产条件，制定重建总体规划，着手清理灾害废墟，分配和管理救灾物资，预防次生灾害的威胁，为灾后重建做好充分准备。它是灾后恢复到正常生产生活状态、精神状态和社会秩序的系列活动。根据灾区群众的需求，可将灾后恢复分为 4 个不同的层次[4-5]，如表 7.4 所示。恢复框架结构，如图 7.1 所示。

表 7.4　　　　　　　　　　　　　　　灾后恢复层次及恢复内容

恢 复 层 次	恢 复 内 容
第一层次：生命安全保障系统的恢复	在灾害发生后，为了避免灾民遭受灾害事件或次生灾害的二次伤害，确保未来自身生命安全需求。因此在恢复阶段首先需要开展的工作是使生命安全保障系统得以恢复，需要恢复的对象主要包括应急救援设施、应急医疗设施和场所、应急电力、应急通信等
第二层次：基本生活支持系统的恢复	主要是恢复与受灾群众的温饱和住宿等基本生活相关的受损对象，如房屋、水源、电力、交通、医疗等
第三层次：基本生活支持系统的恢复	恢复能够保障受灾群众的心理等更高层次需求的受损对象，例如通信、心理援助等
第四层次：组织交流活动系统的恢复	发动灾民群众进行自救和互救，协助有关部门进行恢复重建

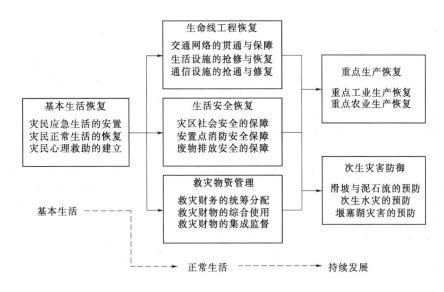

图 7.1 灾后恢复流程框架

7.2.2 农村灾后恢复重建内容

一般地，农村重建时间要比城市短，城市恢复在 5～10 年，农村则在 1～2 年。主要是因为农村建筑简单，没有高层，生命线工程没有城市复杂；农村重建过程较城市也简单些。

对 20 世纪多次农村地震灾区的恢复重建工作进行归纳、总结，分析农村地震灾区的恢复重建内容、特点及存在的问题，进而提出农村灾后重建建议，让地震灾区新农村建设成为我国新农村建设的新起点。农村震后重建的主要内容及特点[6-10]见表 7.5。

表 7.5 农村震后重建的主要内容

项目	主 要 内 容
重建选址及模式	地震灾区农村建设首先要考虑的就是选址问题。在重建选址上坚持科学论证，合理避让地震断层、生态脆弱区和可能发生泥石流、山体滑坡等地质灾害危险区域，注重交通道路的合理退让。 　　对于农村中的医院、通信、供电、供水、燃气等生命线工程以及学校等人流集中的公共服务设施建筑，应该选择更有利的建房地段，避开危险地段，在选址时，应通过专业人员的勘探考察。 　　重建可以分为：原址分散重建、原址集中重建、新址集中重建、迁至场镇新建、旅游沿线重建等模式
重建规划编制	在编制规划时要树立新的理念，应该更加突出以人为本，农民生活优先，基础设施恢复重建优先，生态环境恢复重建优先。编制规划时，充分体现产业的发展性、基础设施的共享性、建筑风貌和形态的多样性、与当地环境的相融性等多方因素。对规划建设内容要科学地进行分区，如居民区、商业区、工业区、养殖区及种植区，要科学合理地进行布置和划分。 　　重建规划应分阶段、分步骤，可分为近三年和后五年。近三年主要以恢复重建为主，目标、任务和政策措施要明确具体，有可操作性；后五年以发展提高为主，明确发展方向和目标要求，体现战略性
房屋恢复重建	住房问题解决过程：搭建临时窝棚、帐篷等→修建简易房→修建永久性住房。 　　房屋恢复重建工作必须遵循一定的原则，制定符合灾区实际的规划，进行科学的抗震防灾设计，狠抓施工进度，适当加大建房投入和房屋建设监管工作。 　　应选择抗震性能良好的结构型式；应采取必要的抗震构造措施；确保墙体的抗震承载力等措施

续表

项目	主 要 内 容
生命线工程恢复	城市生命线工程复杂，涉及电力、给排水、通信及道路等系统，恢复起来较困难；而农村地区生命线工程包含系统较少，且各系统相对较简单，比较容易恢复。农村地区的电、水、路恢复用时较短，一般震后几天基本恢复
农业生产恢复	加强改种、补种和种植结构调整过程中的科学指导、引导，尽快重建农业基础设施；要组织社会力量帮助抢种抢收农作物，抢修被毁农田、道路、水库，加强农业技术推广，免费供应灾民农业生产的种子；加大对灾区农民购买的化肥、农药、农机等的补贴力度；进行农业和农村产业结构的调整，发展特色农业、生态农业、生态旅游等，推进农业的产业化经营
生活、生态环境恢复	在农村灾后重建的过程中，要把农村生态环境、生活环境保护放在突出位置，避免出现新的污染。对于不宜居住和发展农业耕作的生态脆弱地区，容易发生山体崩塌、泥石流等自然灾害地区，要坚决让农民退下来，切实解决生态的恢复问题。必须建立生态补偿机制、加大财政转移支付力度，使不适宜再发展工业的灾区今后能够集中精力搞好生态环境建设
灾民心理恢复	震后要做好思想政治工作，宣传各级各部门对灾民的关怀，消除消极的灾民意识，唤起灾民的主体意识，鼓舞灾区人民增强抗灾自救的信息。同时，宣传防震、抗震知识，消除灾民恐惧心理，安定群众情绪

1. 农村地区灾后重建过程

灾后重建过程可以分为 3 个阶段，第一个阶段是灾害评估阶段，第二个阶段是重建规划阶段，第三个阶段是重建实施阶段。

灾害评估主要包括地质环境安全性评估、资源环境承载力评估等方面，主要服务于灾区的重建工作。地震灾害会引发山体滑坡、泥石流、堰塞湖等一系列次生灾害，还可能伴随较长一段时间的余震，严重时会改变灾区的地质、地貌。地质环境的改变可能引发地质灾害，造成对人类安全的威胁，因此在全面开展灾后重建之前，必须进行安全性评估，为重建选择提供决策参考。地质环境安全性评估的内容应包括：灾区地震次生地质灾害的基本情况、特征、造成的危害及其潜在威胁，灾区的地震构造与活动情况，候选重建区域的地质灾害危险性评估等。资源环境承载体评估是为了分析灾区资源环境还能承载多少人，还能发展什么产业。应在区域生态环境现状、区域产业结构特点及排污特征以及气象和水文条件的调查基础上，分析灾区生态环境变化趋势，从生态重要性、生态系统脆弱性、环境容量、经济发展水平等方面科学评估区域的资源承载力、环境承载力和生态弹性力，三者综合评估结果是灾区重建发展规划的重要决策依据。

灾区重建规划主要包括确定城镇和村庄的选址、做好灾区重建规划、农村居民点的安置等方面。在综合分析区域环境承载力的基础上，灾区的恢复重建必然要涉及城镇和村庄的选址问题。一般来说，重建类型可分为原址重建和异地重建两个方面。在城镇和村庄的选址问题上，应坚持"原址重建为主，原址重建和异地重建相结合"的原则。对于地质承载能力较强，地震破坏不大的城镇和村庄，尽量进行原址重建对于部分由于地震对当地生存条件造成严重破坏的城镇和村庄，或者今后仍将存在滑坡、泥石流等重大安全隐患的居民点，本着对当地群众生命财产安全负责的原则，必须选择新址进行建设，避免造成更大程度的人员伤亡和资金的浪费。在城镇、村庄选址确定后，优先开展重建的前期规划工作，统筹把握重建过程的各个步骤和环节，明确重建中面临的困难，提出相应的解决措施。规划中需要重点考虑的因素有：①从区域资源环境承载力的角度，合理确定城镇、村庄的建设标准和建设规模；②协调好城镇、村庄建设中生产和生活之间的关系，合理确定城镇功能分区和各项建设用地布局；③协调好经济社会条件恢复和生态环境建设之间的关系；④详细论证重建中滑坡、泥石流等各种自然灾害的防治措施；⑤安排好建设时序，其中近期应首先考虑群众亟须解决的住房、生活等问题。在灾区的重建过程中，应提高对农村居民点恢复重建的重视程度，对农村地区提供建筑设计和施工技术指导，照顾好弱势群体的利益，使得农民真正享受到同城市居民一样的帮扶待遇，从而快速恢复农村地区正常的生产生活条件。

重建实施阶段主要包括家园建设、基础设施建设、产业建设、精神建设、生态建设等方面。家园建设从临时住房建设和永久性住房建设两个方面开展。临时性住房建设主要是进行过渡型简易房屋建设，永久性住房建设主要是对受损住房进行鉴定，拆除危房，维修受损程度较轻的房屋，做好永久性住房建设规划，房屋抗震设计等。灾害中公共服务和基础设施损毁严重，援建单位要从经济设施、基础设施和公共服务设施建设等方面援建。产业建设主要包括农业产业、工业产业和商业产业建设。精神重建主要从心理重建、文化重建、人才培养3个方面开展。援建单位要充分认识生态重建的重要性，提供必要的人才、资金和设备等，帮助灾区对生态受损情况进行评估，协助灾区政府做好珍稀动植物的保护工作，完成灾区生态建设。

2. 农村地区农居重建内容

与城市住房相比，农居在环境、功能、产权、建造方式等方面存在较大差异，因而形成了其自己的重建方式与规律。农居建造需要有相应的技术策略和组织措施来实现其目的，从重建的过程来概括，主要包括：规划、技术、组织和资金。

（1）村庄规划。灾后重建，规划必须先行。"重建规划不是一般意义的法定规划，是一种带有应急、恢复、投资、复兴、政策性质的兼具指导性和操作性的规划"。农村是灾后重建的重点，从重建时序来看，农村也往往是重建的先行者。农村重建时间紧迫，相关研究欠缺，往往套用城市建设的模式和做法用于村庄建设，可能产生较多问题。因此，应充分考虑农村与城市的差异，将空间关系作为规划最核心要素。对农民来说，他们生产、生活和生态三者的空间是重合的，是不可分离的，但是城市是分离的。

住房建设需要解决一系列问题，例如：重建地点选择、住房规划、住房的材料、住房设计和施工，但其中最重要的因素是地点的选择。规划选址大体可分为三类：原址、异址重建和生态移民。原址重建是在震后原地进行建设，不影响原有的社会、文化网络，不会产生产权等纠纷。罗宾·斯彭斯认为，"原地重建好处多。因为人们适应于某个特定的地方，熟悉周围的环境和人群，重建最好在原址进行，只需对原有规划做些调整就可以，比如拓宽道路以便出入更方便，同时对其他设施加以改进。"我国灾后重建基本以原地重建为主，唐山和丽江都是此类案例。日本的灾后重建就是将原址重建作为重要原则，并在历次实践中加以贯彻执行。异址重建是指在原村庄或乡镇范围进行就近相对集中建设，由于土地位置改变将住房改变地点建设。"异址重建"原因归结为三个方面：①原地点位于自然灾后地带，不适于重建；②原地点被彻底破坏，新地点重建更适于快速重建时；③新安置土地属于政府，因而重建不必为此付出土地出让金。

无论是原址还是异址重建，在震后重建中往往根据具体情况综合采用。"2001 年印度古吉拉特邦地区发生了 7.8 级特大地震，这次地震造成 450 余村庄被夷平，无家可归人数达 100 万，灾后政府在征求受灾民众的意见的基础上，提出了多种方式相结合的重建模式：对重灾区进行转移重建，而对轻度灾区进行修复和原地重建工作"。重建中"安全"是第一为的要求，选址应该对存在地质危害的地段进行科学合理避让。在空间、地理环境中的大范围、长距离的迁移人口进行重建的方法就是移民，因而移民从某种意义上也是一种异址重建。生态移民是为避让地质危害地带或保护特定区域特殊的生态环境而进行的人口迁移。

农居是村庄物质环境组成的最重要的基本要素，居住模式构成了村庄人居环境的基础。聚居和散居同样也是灾后重建的重要选择。从节约土地角度出发，聚居是必然选择；从农居的功能性出发，农业"耕作半径"的范围限制了农居与土地的距离。

（2）设计策略。设计是建造的起点，重建中的农居设计是建筑学实践的重点。技术是建造的核心要素，是建造实现的途径。设计除去形态、功能、文化层面的安排和考量，还有技术的选择和运用。灾后重建中的设计具有一定的特性，这种特性是由重建的性质决定的，如大规模、短时间、低成本、易实施、系统性等等，因而设计需要更为缜密的思考与综合。设计必须针对重建的特性与农居的功能相结合进行的，而且在降低成本的同时必须满足住房的功能与舒适度要求。

（3）技术应用。技术的选择和应用往往与安全、创新、低成本、快速、可参与等符合重建的种种特性相结合。农居震害调研和分析表明：地震对于不同结构形式的农宅的破坏程度有较大差别，生土结构、砌体结构的房屋破坏严重，木结构、砖木结构表现稍好，钢结构、钢筋混凝土框架结构的房屋破坏较轻。但造成结构破坏的主要原因是成本限制和忽视结构性能问题，造成多数农居基本没有抗震能力[10,11]。因此，通过技术来实现低成本建造也是农居重建的重要内容。地震给农村地区造成的巨大破坏和财产损失，为震后失去家园的灾民和城市边缘的弱势群体改善居住环境，以较低的成本获得较高的质量或实现更多目标，应该成为建筑师思考的方向。低成本建造还体现在地方材料的利用和建筑垃圾的循环利用；低成本建造技术还有关于灾民参与自我建造以节省建造人工费用的方法，这必须从建造技术的可参与性去综合考虑。

（4）建造组织。重建一般有主要有以下两种方式：一种是政府主导的重建；另一种是灾民主导的重建。由于政治体制缘故，中国的重建方式往往采取第一种方式。政府主导的重建存在许多优点：政府可以对灾后重建物资进行统一调配管理，保证重建的顺利进行；统规统建保证了实施时间和效率，建筑施工质量有一定的监督和保障。唐山地震、丽江地震等灾后重建中大多采用此方式。然而政府组织包揽住房的重建工作往往会存在以下弊端[11,12]：①由于政府包揽了大部分住房重建，会扼杀广大住房所有者自力更生进行重建的积极性；②由于市场配置资源的功能未得以发挥，重建过程中的浪费现象普遍存在；③统一进行重建的结果导致了重建后建筑风貌单一呆板。灾民主导的重建是由灾民参与到规划、设计、建造等过程中，并成为其中的决策力量。这种方式保障了灾民参与重建的权利，有助于灾民具体问题的解决，从而成为一种有效的建造方式。

日本政府对其在重建中的角色定位明确：灾民是灾后重建主体，政府的职责是为受灾群众自立创造良好环境，私有住房因灾受损，主要由个人负责修复或重建。巴基斯坦在2005年地震之后的农居重建中实行了"自我重建战略"，鼓励灾民自建，政府则提供资金、技术和指导，并取得了较好的重建效果。

（5）资金来源。住房重建困难在于资金缺乏。一般来说，重建的资金来源有三部分：一是国家补助资金；二是商业贷款、保险金以及社会捐助资金；三是灾民自有资金。灾民面对巨大的重建资金仅凭其自身是往往是无法化解的，需要其他资金的注入来帮助其顺利实现重建工作。国家补助资金根据国家体制的不同而有所区别，商业贷款和保险金在各国的重建中所占比例也有所不同。中国以国家补助为主，灾民参加保险意识较低，因此在重建中的灾民住房的商业保险几乎完全没有。台湾地区的重建资金以贷款为主。日本形成了完善的法律制度对重建的资金来源进行合理安排，还建立了复兴基金，用于生活再建支持，包括无偿的财政支付和赈助性质贷款两种形式。

总体来看，应该多渠道来补充重建资金，将财政、金融、保险和民同捐赠资金于一体，有助于利用和发挥市场机制、社会捐助的作用，一方面分散风险，共同应对灾害，另一方面灾民可以受到公平的待遇。

本 章 参 考 文 献

［1］ 章熙海，朱庆和，万群，等．地震应急救援中的城乡差异问题［J］．灾害学，2015，30（3）：156 - 160.
［2］ 顾建华，邹其嘉，卢寿德，等．紧急救援有关问题的探讨与思考［J］．国际地震动态，2003（3）：17 - 23.
［3］ 陈亚红，赵亚国．关于农村应急救援体系的思考［J］．中国应急救援，2009（3）：39 - 40.
［4］ 徐玖平．救援·恢复·重建系统工程［M］．北京：科学出版社，2011.
［5］ 迟菲．灾后恢复重建问题探讨［J］．高科技与产业化，2011（178）：72 - 73.
［6］ 尹强．汉川特大地震的反思与重建规划的思考［J］．城市规划．2008（7）．
［7］ 仇保兴．"5.12"灾后住房重建工作的对策与建议［J］．住宅产业，2008（8）：10 - 12.
［8］ 贾燕．地震灾区恢复重建研究——以农村地震为例［D］．北京：中国地震局地质，2006.
［9］ 张克俊．地震灾区农村重建的思考与对策［J］．四川灾情，2008（6）：30 - 31.
［10］ 李碧雄，陈剑，邓建辉，等．汶川和芦山地震灾区农村民房震害分析与重建建议［J］．工业建筑，2014，44（增刊）：16 - 166.
［11］ 吴慧娟，曲琉，葛学礼，等．地震高发地区农村抗震能力建设与震后重建［J］．工程抗震与加固改造，2004（5）．
［12］ 沈清甚，马继武．唐山地震灾后重建规划：回顾、分析及思考［J］．城市规划学刊，2008（4）．

第8章 我国地方农村抗震减灾的经验

尽管我国农村房屋抗震能力建设工作存在很多问题，有的问题一时很难得到解决，但是已有的灾害经验表明，90%以上的人员伤亡是由于房屋倒塌所致，70%以上的经济损失是由于房屋损毁构成的。为了减少人员伤亡和财产损失，可采取工程预防措施（工程预防是指新建和改、扩建工程必须达到国家规定的抗震设防标准，对已有未设防的建筑物进行适当加固，提高其抗震性能）。在城市和城镇中的正规建筑物，可以通过抗震设计和保证施工质量来实现工程预防措施。但对于广大农村来说，不可能套用城市中的预防经验，但是我们也可以采取一些相应的措施，实践表明这些措施对提高农村房屋的抗震有着很好的效果。下面对我国部分省市对农村抗震防灾工作中的经验进行总结。

8.1 各省市加强对农村建筑的抗震设防工作

目前，各地普遍重视对小城镇和农村建设抗震设防的指导，根据住房与城乡建设部《关于加强农村建设抗震防灾工作的通知》（建抗〔2000〕18 号）精神，明确提出了在编制农村建设规划时增加抗震防灾的内容，并明确将农村建设中的基础设施、公共建筑、中小学校、乡镇企业、三层以上的房屋工程作为抗震设防的重点，必须按照现行抗震设计规范进行抗震设计、施工。

8.2 新疆经验

新疆是我国地震高发区，1996 年以来新疆发生破坏性地震 34 次，造成 327 人死亡，5000 余人受伤，直接经济损失 35 亿多元。从 2004 年开始，新疆开始实施抗震安居工程，计划用五年时间基本解决全区域城乡老百姓房屋抗震性能差的问题。

2004 年自治区成立了抗震安居工程领导小组。工作人员从自治区计划、建设、农业、地震等部门抽调人员组成。目前全疆各地、州、县（市）、乡（镇）均已成立了抗震安居办公室，主抓抗震安居工程，初步形成了一级抓一级，地、州、县市乡镇层层抓落实的良好局面。自治区组织专家编印了《农村住房抗震设防挂图》《农村建筑构造图集》《农村居民抗震鉴定实施细则》《农村住房抗震设防挂图培训读本》等一系列技术性文件，为抗震安居工程的实施奠定了基础。

2004 年在新疆全区范围内组织开展了房屋普查鉴定工作。自治区组成若干调研组分赴南北疆各地，对农村住房现状进行了调查，在此基础上制定了《农村居民抗震鉴定实施细则》发放到各地，供农村房屋普查鉴定时使用。城市房屋按照现行标准《建筑抗震鉴定标准》（GB 50023—2009）进行鉴定。

城镇抗震安居工程实施结合旧城改造、房地产开发，按照"谁所有、谁负责"的原则进行加固和改造。2004 年完成了抗震安居工程 18.5 万户，约 60 万人搬进新居。实施抗震安居工程，不仅增强了地震多发区人民群众的抗震防灾能力，而且极大地改善了人民群众的居住条件，改变了乡村面貌，受到了人民群众的拥护。2005 年 2 月 15 日在阿克苏地区乌什县境内发生了 6.2 级强烈地震，该县所建的 2458 户抗震安居房无一倒塌、裂缝情况发生。

8.3 云南经验

云南省住房和城乡厅出台了《云南省高烈度小城镇建设抗震工作要求》（表 8.1），要求位于高烈度区的小城镇在城镇规划、城镇建设和农房建设中考虑抗震防灾要求，并在总结农村震害经验的基础上，组织编制带有不抗震房屋震害图片和抗震房屋正确建造方法的农房抗震图集。云南省建设厅还将首印 2 万册的《云南农村抗震防灾建房指南》无偿赠送给全省 1.6 万多个农村基层组织。在地震灾害频发的云南，这本面向农村初中以上文化程度的农民、工匠、建房主等群体的书，将在减少灾后损失方面起到积极、重要的作用。

表 8.1　　　　　　　　　　　云南省高烈度区小城镇建设抗震工作要求

序号	项目			要求
1	总体目标			预防为主、城乡并举，以新建工程抗震设防和现有工程抗震加固为重点，重点加强民房建设管理，全面提高高烈度地区小城镇工程建设和城乡建设的综合抗震防灾能力
2	组织机构			设立由乡、镇长或书记挂帅的领导小组，指定一人以上负责抗震工作
3	农村抗震防灾规划		农村地震应急预案	组织编写含地震应急时领导小组组成名单和职责分工、抗震防灾应急措施（含疏散场地和措施震害调查）、应急预案启动程序等内容的农村抗震防灾预案
			农村土地利用规划	结合实际，充分考虑地震环境因素，合理利用土地，从而使农村建设布局更加合理，尽量减轻在可能遭遇的强烈地震影响下出现的灾害。地形坡度在 30°以上的土地应指定为绿化保护区，一般不进行开发建设；坡度为 10°～30°的土地，进行加固、夯实处理以后，可进行有限的开发利用
			避震疏散规划	从实际出发，结合人口基本情况，根据震时需要和可能提供的场地，详细进行规划，并制定出管理制度，尽量避免震时可能出现的恐慌和不安。可制定出就地疏散方案、中程疏散方案、远程疏散方案
		农村生命线工程防灾规划	道路和桥梁	平时应定期对道路和桥梁进行检修，震时应组织一支随时待命的抢修队
			通信	设有无线通信基站的乡镇，应提高基站的抗震设防标准，有条件的乡镇应配备无线对讲设备
			供电	在 7 度和 7 度以上设防区，应将变压器等设备直接安装在基础上，并采取固定措施，对易液化震陷的地段上的杆塔应定期进行检查加固，以保障电力随时畅通
			供水	供水管网是供水工程设施中抗震的薄弱环节，管道的铺设应尽量避免通过或远离断裂带，管道接口应尽量选择柔性接口，以便提高抗震能力
			医疗卫生	对乡镇现有的卫生所、医院的建筑物进行全面的鉴定，不符合设防标准的要进行加固处理；新建的工程要严格按当地的设防烈度设计，设备、仪器要进行加固，要储备一定数量的药品，要对医务人员进行专项的抢险应急培训

续表

序号	项目			要　　求
4	建设项目抗震设防	公用建筑		严格按照当地的设防烈度设防，选择有资质的设计和施工队伍，严格按照基本建设程序，精心设计、精心施工
		农房	规划及选址	农房建设应符合规划要求，选择有利于抗震的场地和地基，不宜在地形复杂地段（如突出山脊，高耸孤立山丘，滑地，非岩质陡坡等）和不均匀地基（如古河道、暗沟、半挖半填土等）场地上建房
			结构形式	应从实际出发选择合适的农房结构形式，优先选用地方性材料，一般可采用两层生土结构、石结构、砖结构、木构架结构，有条件的地区宜逐步推广 2～3 层砖（小型砌块）墙、钢筋混凝土楼（屋）盖结构和钢筋混凝土构件的框架结构。外形要规整，不做或少做地震时易倒易脱落的门脸、装饰物、女儿墙、挑檐等
			建筑材料	农房建筑材料应保证质量，主要材料应有质量保证书。就地取用的石材，应选用石质紧密、不易风化和无风化剥落、无明显裂缝的石材
			管理	要全面加强对农房建设的管理，农村建设助理员或负责抗震工作者应从规划选地、场地基、结构形式等各个环节严格把关，加强指导
5	抗震防灾宣传			抗震防灾宣传是提高全民防灾意识的重要措施，每年应定期抽出 1～2d 搞有关抗震防灾知识的宣传（每年 11 月 6 日是云南省抗震防灾宣传日），宣传的重点是地震常识、农房防震知识

8.4　江苏经验

1. 健全地方法规、规章

《中华人民共和国防震减灾法》颁布实施后，江苏省及时制订颁发了《江苏省防震减灾条例》等地方法规、规章，以法规形式明确了有关部门的职责和权利，理顺了部门之间的工作关系。与此同时，在总结全省抗震防灾工作经验的基础上，根据国家抗震防灾法规和住房和城乡建设部的规定，省建设厅制订了《江苏省建设工程抗震设防审查管理暂行办法》《江苏省建设厅破坏性地震应急预案》等一系列抗震管理规定，进一步完善了地方抗震防灾规章制度。江苏省抗震防灾法规、规章框架已基本形成，并逐步充实完善，使抗震防灾工作有法可依、有章可循，有力地推动了抗震防灾工作的开展。

2. 认真组织编制抗震防灾规划，积极开展修编工作

由于城市建设发展，原有的城市抗震防灾规划正在抓紧修订。江苏省已颁布了《江苏省抗震防灾规划修编技术要点》，编制了《城市总体规划抗震防灾专业规划编制要点》（草案）。为全面开展城市抗震防灾规划修编工作，做好必要的技术和组织准备。省厅还举办了全省城市抗震防灾规划修编研讨班，邀请了建设部抗震办等有关领导和专家进行讲课。

从 2003 年以来，江苏省先后进行了南通、苏州、徐州、南京、如皋、丰县、宜兴等地、县级市的抗震防灾规划编制工作，在这些城市抗震防灾规划编制工作中，对规划区范围内农村区域的建设用地选址、建筑物防灾减灾对策、工程设施的抗震设防和布局、避灾疏散等也都进行了全面研究和规划，这对我国农村防灾减灾规划的全面推行起到了良好的示范作用。

3. 加强抗震设防管理，提高了工程抗震设防质量

（1）各级抗震和勘察设计管理部门把抗震设防质量作为设计审查重点工作来抓。一是抓审查机构的建立。全省建立了三种形式的审查机构。①独立的抗震审查机构；②在原抗震审查机构基础上建立的施工图审查机构；③新建立的独立的施工图审查机构，均较好地开展了抗震审查工作。二是抓有关法律法规落实。建设单位报审时，按政策性审查要求进行对照检查，不符合有关法律法规就退审，对建设单位没有领取"江苏省建设工程抗震设防审查证书"，或未进行抗震专项审查的工程项目不予发放"施工许可证"，施工图上未加盖"江苏省建设工程抗震设防审查专用章"不得作为质监、施工、监理的依据。三是抓抗震规范标准的执行。各审查机构均制定了质量管理制度；台账登记及文件资料备案存档制度；勘察设计单位不良记录登记制度；为保证审查质量还建立了重大及复杂工程专家会审交换意见制度。审查设计项目审查，分"通过""带条件通过""不通过"三种审查结论意见，不通过需要修改调整的，必须经复审通过后，方可办理有关手续，确保了抗震设防审查的质量。四是实行了技术性分级审查制度。各市、县（市）按照建设部令第 111 号文件要求，对超限高层建筑工程报省里进行抗震设防审查，基本上无越级违规行为。五是规范了审查统一技术标准。印发了《江苏省建筑工程抗震设防审查管理暂行办法》，编制了《建筑工程抗震设防技术审查要点》。

（2）各级施工、监理和工程质量监督管理部门，均按照国务院《建设工程质量管理条例》规定，对工程各方主体责任和义务实行管理和监督。工程开工前要求建设单位提供施工图审查（抗震审查）意见及设计单位复审通过的图纸及资料，仔细验证。开工后，对在建工程按抗震设计进行抗震施工质量监督，使抗震设防审查意见在工程施工中得到落实。工程监理监督中把抗震构造措施的落实作为考核监理的重要内容之一，督察施工和监理单位各负其责，把好抗震设防质量关。

4. 继续搞好抗震加固，增强了原有工程抗震防灾能力

自 20 世纪 80 年代以来，省财政每年仍补助抗震加固经费 250 万元，每年加固约 10 万 m²。至 2004 年年底，全省已加固各类建筑近 1300 万 m²，约占全省需要加固面积的三分之一，投入资金 3 亿元，其中国家和省财政补助 1.4 亿元左右。

在加强对原有工程抗震加固管理的同时，加强了对加层改造工程的抗震安全管理。2002—2004 年建设厅组织审查加层改造建筑工程 74 项，计 36 万 m²，提高了现有工程抗震能力，延长了这些建筑的使用期。

5. 积极推进农村抗震防灾工作，提高了农房抗震能力

一是把农村抗震防灾与农村规划、建设和管理有机结合起来。为把抗震管理措施落到实处，抗震与农村建设部门密切配合，把抗震防灾规划技术要点纳入农村总体规划一并实施，把是否持证进行农房抗震设计和施工，作为农村建设审批的重要内容，取得了成效。二是积极推进农村住宅抗震示范小区试点，以点带面，逐步推广。近几年来，我省已开展了农房抗震示范小区（示范村）12 个，面积达 3 万 m² 以上。三是引导农民建房采用具有抗震构造措施的地方标准图集，为农民建造符合抗震要求的房屋提供方便。针对苏中、苏南地区空斗墙较普遍的特点，省政府、省建委多次发文，明确规定农民新建二层和二层以上房屋不得再砌筑空斗墙和毛石砌体。有的市在试点的基础上对农村建设助理员进行培训，加强技术指导。

江苏省编制农房抗震标准图集，制定了一些农村建房技术标准并加以推广，如《农村住房混凝土抗震技术措施、农村住宅抗震构造图集》《新世纪农村康居—江苏省农村住宅优秀设计方案选编》以及《新世纪农村康居——江苏省农村住宅优秀设计施工图选编》等对农村建房提出了抗震设计的基本原则和措施要求，指导引导农民建造具有抗震能力的房屋建筑。江苏省还开展农房抗震试点小区工作，以点带面、有序推广，并对农村建设助理员进行培训，贯彻落实相关文件精神，加强技术指导，农村建造空斗墙的现象越来越少，农村抗震设防工作取得了一定的发展，全省农房抗震设防率达 50%～60%。全省现有 60%县（市）成立了抗震管理机构，其中包括有专人负责的合署办公机构。

6. 利用多种形式，开展抗震防灾知识宣传，增强全民抗震防灾意识

为更好宣传普及抗震防灾知识，江苏省利用现代化传媒技术，与建设厅信息中心密切配合，在江苏建设信息网开设"抗震防灾"专题，主要内容包括：工作动态、法规文件、抗震规划、抗震设防、抗震加固、加层改造、农村抗震、抗震知识、工程震害等内容。"抗震防灾"专题的开设，扩大了抗震防灾知识的宣传面，有利于在更广范围宣传普及抗震防灾知识。

8.5　安徽经验

安徽省多年来坚持"预防为主、平震结合、常备不懈"的方针，由单体工程抗震加固管理发展到新建工程的全面抗震设防；由一般防御发展到编制实施城市抗震防灾规划和设防区划的综合防御；由城市延伸到乡村。基本实现了全过程、多层次、多方面地抗震防灾工作。

1. 建立了全省抗震防灾工作管理体系

唐山地震后，安徽省抗震设防区的地、市、县相继成立了抗震办公室或有专人负责抗震工作，在全省范围内基本形成了抗震管理体系。2001 年机构改革中，将抗震办和勘察设计标准定额处合署办公，一个机构、两个牌子。从组织上保证了抗震职能的有效履行，保证国家抗震方针和政策得到落实。

2. 加强宣传，提高全社会对抗震设防审查的认识，尤其是使有关部门领导达成共识

1998 年以抗震设防为主题，在《安徽日报》开出专版，每周一期，连续 10 个月；1999 年在《安徽建筑》杂志开出专刊进行宣传。

3. 建章立制，全面推行抗震设防审查制度

（1）1995 年，根据建设部第 38 号令，安徽省建设厅出台了《安徽省新建工程抗震设防管理办法》，实行抗震设防质量"一票否决"的专项审查制度，使审查工作有章可循。

（2）制定颁布了全国第一部"抗震设计审查规范"——《安徽省建筑抗震设计审查规范》。把抗震设防审查的重点要求和内容，通过强制性的规范来贯彻实施，保证这项工作走入规范化、制度化

管理的轨道，落到实处。

（3）为加强工程建设场地抗震性能评价的管理，避免与地震部门的职能交叉，出台了《安徽省工程建设场地抗震性能评价标准》，规范管理建设场地抗震性能评价工作。

（4）制定《安徽省建设工程抗震设防技术审查须知》将审查的程序规范化、制度化。

（5）部署各市按照国家和省里关于抗震设防审查的法规规章，将"抗震设防审查"纳入基本建设管理程序形成制度，使抗震设防审查成为基本建设活动中的必要环节。

（6）省成立了"安徽省建设工程抗震设防审查专家委员会"，各市也相应成立了抗震审查机构。

4. 做好抗震防灾规划和抗震设防区划的编制和实施工作

目前，安徽省已完成 58 个市县和两个企业的抗震防灾规划，并要求已完成抗震防灾规划编制的市县，要结合总体规划的修编同步修编。

安徽省在做好编制工作的同时，着重做好抗震防灾规划和设防区划的实施工作，使其成果及时应用于工程建设和城市建设中，在建设项目的规划管理环节上，做好抗震设防审查制度的"规划把关"工作。

5. 结合施工图审查制度，进一步强化施工图抗震设计专项审查

自 1998 年 12 月起，安徽省在全省范围内，全面实施施工图审查制度。施工图的抗震设计审查，分一般工程和超限高层建筑工程区别对待。"一般工程"统一纳入施工图审查，实行一个窗口制度，统一报送、统一受理，通过抗震设计专项审查后，统一办理《施工图设计文件审查批准书》，抗震设计审查的程序和办法，全部纳入施工图审查制度进行管理。"超限高层建筑工程"统一报省建设厅由"安徽省建设工程抗震设防审查专家委员会"，专门进行初步设计和施工图设计的抗震审查。

6. 采取多种方式，全面提高农村建设抗震能力，加强农村建设抗震工作管理

（1）要求各地在编制和修订农村规划时，应将农村抗震防灾列为重要内容，与农村建设规划同步编制，并纳入农村规划组织实施。明确了农村建设的各类工程抗震设防标准。各地从抗震技术、抗震知识宣传等方面，提高农民的抗震意识，积极引导农民正确建房，改变农民建房不注意抗震防灾的习惯。

（2）组织编制了简便易行的《农村居民抗震住房图集》和《农村居民抗震住房配套构造构造详图》。发放到各地引导农村居民建房满足抗震的要求，推广应用农村居民抗震住房图集，全面提高农村住房建设的抗震能力。

（3）以点带面推动示范村抗震试点工作。以此推广抗震样板房。

8.6 福建经验

福建地处东南沿海，由于受地理位置和气候条件的影响，自然灾害频繁发生，危害严重，已经成为社会经济可持续发展的重大制约因素之一。为此，福建省于 1994 年开始建设具有福建特色的防灾减灾五大防御体系，即：工程防洪体系、蓄水工程体系、洪水预警体系、沿海防护林体系、中尺

度灾害性天气预警体系。经过"九五"期间的逐步实施,五大防御体系建设已经取得明显的成效。十五期间,从福建省防灾减灾工作中的薄弱环节等实际情况出发,在继续完善原有五大防御体系的基础上,新增水利工程除险保安体系、渔港(避风港)防灾减灾体系、农林水产疫病防治体系、防震减灾体系、地质灾害防治体系等五个体系,组成福建省"十五"期间十大防灾减灾体系,从根本上增强了福建省抗御自然灾害的能力,见表8.2。

表8.2 "十五"期间十大防灾减灾体系

体　系	详　细　内　容
江海堤防工程体系	建立基本适应社会经济可持续发展要求、符合国家规定标准的防洪防潮工程体系。福州市、泉州市、漳州市防洪标准分别达到100～200年一遇;其他中心城市达到50年一遇;其他重要县(市)城区防洪标准达到20～50年一遇,各市(县)城区除涝能力也达到相应标准;重要海堤防潮能力达到国家新颁布执行的防洪标准
蓄水工程体系	进一步加大蓄水骨干工程建设力度,提高蓄水工程的灌溉、供水、调洪能力,计划新增库容5亿 m³;新增有效灌溉面积50万亩,发展节水灌溉面积250万亩;使福建省有效灌溉面积占耕地比例达81%,灌溉水利用系数超过0.5
洪水预警体系	建立完备的江河洪水预警网络体系。建立和完善福建省防汛指挥系统、72个县级城区洪水预警报系统
水利工程除险保安体系	实现95%以上大中型水库能正常运行,小型水库病库率降到5%左右
中尺度灾害性天气预警体系	"十五"期间,进行三期工程建设。灾害性天气监测、预警能力和气象预报准确率在"九五"基础上明显提高;气象防灾减灾、气候资源开发利用等方面的气象服务能力明显加强;形成较先进的气象服务体系,能提供可靠的气象防灾减灾保障
渔港(避风港)防灾减灾体系	以一级渔港为依托,以二级渔港为补充,发挥一级渔港的辐射作用,使全省渔船就近避风比例从目前的40%提高到70%,船均码头长度从目前的0.1m提高到"十五"的0.5m
沿海防护林和主要江河流域生态林保护体系	
农林水产疫病防治减灾体系	
防震减灾体系	依据地震重点监视防御区内的震情和工业化、城市化发展特点,以福州、厦门、泉州、漳州、莆田、龙岩等6市区和福清、长乐、石狮、晋江、南安、龙海、永安县级市城区为重点防御对象,部分工程布局延伸到其他市、县(区),用3年左右的时间,采用IT、GIS、GPS等高新技术,建立一批防震减灾的基础设施。福建漳州、泉州、厦门还先后进行了抗震防灾规划和综合防灾规划的编制
地质灾害防治体系	基本查清全省各县(市、区)地质灾害情况;初步建立起全省地质灾害群测群防、群专结合的防灾减灾预警系统;按照地质灾害点的危险性和危害性,有计划地开展灾害点的治理或对位于险区的村庄和居民进行避险搬迁,预防和减少地质灾害的危害,使我省地质灾害的发生率和危害性明显降低

8.7　广东经验

1. "三防"减灾工作

建国后,广东已初步建立了三防(防汛、防旱、防风)工程体系,目前全省已兴建的水利防洪工程设施固定资产超过350亿元。广东省已建立起防治水、旱、风灾害的许多非工程措施。

2. 气象减灾工作

针对广东的气候特点，"七五"期间建成了广州区域气象中心；"八五"期间开始建设卫星通信综合应用业务系统（简称"9210 工程"），广东省所有地级市气象局完成了 VSAT 小站的安装调试工作。目前，已建成省、市、县三级计算机网络，实现了业务一体化流程。25 个农业气象站开展了省、市、县农业气象情报预报，使气象预报技术水平不断提高，寒潮暴发、台风路径等预报水平已达到国内先进水平。

3. 防震减灾工作

按照省政府统一领导，各部门分工合作，省、市、县三级负责的原则，建立健全省、市、县三级防震减灾工作管理体系，加强对防震救灾工作的领导。成立省防震减灾指挥中心，地震重点监视防御区内各市要在防震抗震救灾工作领导小组的基础上建立相应的指挥中心，并完成市级"防震减灾规划"的编制和逐年的实施计划。强化省市各级防震减灾部门的社会管理能力，完善地震台站管理体制，积极做好震前防御、地震应急实时响应、震灾评估等工作，为各级政府的防震减灾决策提出科学、准确、快速的建议和依据。

4. 改造农村泥砖房，提高防灾抗灾能力

在救灾救济工作中，省各级民政部门积极推行救灾与防灾相结合的方针，特别是在多灾贫困地区，受灾倒房以后，指导和帮助灾民建混凝土结构的住房，提高防灾抗灾能力；连片倒塌的村庄，具备条件的，鼓励和指导灾民在当地政府和有关部门的统一领导下，有组织有计划地建设以钢筋水泥或红砖结构的灾民新村，做到统一规划，统一设计，统一施工，保质保量。近几年受灾倒房较多的湛江、清远、阳江、肇庆等市共建灾民新村 200 多条，大大增强了农民住房的防灾抗灾能力。

5. 加强灾害管理，综合效益显著

省各级政府均设有由政府主要领导主管，有关部门主要负责人参加的各种防灾抗灾领导机构。坚持以防为主，抗灾、救灾相结合的制度和措施，执行灾害监测预警、紧急决策、指挥、调度、组织实施救灾工作。各级地方政府增加投入，防灾基础设施有了较大改善；科学技术在减灾工作中得到了广泛的应用；全民减灾意识有了较大增强；军警部队支援地方救灾工作，军民关系密切；防灾减灾综合协调能力有所增强，灾害监测、预警水平、防范能力有了较大提高，防灾减灾取得了一定的效益。群众受灾基本能得到政府的及时救助，生活有保障。

8.8 其他地方经验

一些地方还编制了农村救灾应急预案，进行应急救助演练。如甘肃省专门制订了《甘肃省农村自然灾害救灾应急预案》。2004 年 8 月 7 日，黄河洪水灾害应急救助演练在陕西省大荔县举行。地处黄、洛、渭三河交汇处的大荔县，三河沿岸分布着 21 个乡镇 25 个村庄，受洪水威胁人口达 11 万人，是陕西省洪灾防御的重点地区。此次演习对提高各级政府和群众应对灾害的能力，最大限度地减轻泛洪时人民群众的生命财产损失积累了经验。